建筑职业技能培训教材

# 抹 灰 工

## （技　师）

建设部人事教育司组织编写

中国建筑工业出版社

**图书在版编目（CIP）数据**

抹灰工（技师）/建设部人事教育司组织编写．—北京：
中国建筑工业出版社，2005
（建筑职业技能培训教材）
ISBN 7-112-07649-8

Ⅰ．抹…　Ⅱ．建…　Ⅲ．抹灰-技术培训-教材
Ⅳ．TU754.2

中国版本图书馆 CIP 数据核字（2005）第 107226 号

建筑职业技能培训教材
**抹　灰　工**
（技师）
建设部人事教育司组织编写

\*

中国建筑工业出版社出版、发行（北京西郊百万庄）
新 华 书 店 经 销
霸州市振兴制版厂制作
北京建筑工业印刷厂印刷

\*

开本：850×1168 毫米　1/32　印张：9⅞　字数：270 千字
2005 年 10 月第一版　　2005 年 10 月第一次印刷
印数：1—4,000 册　　定价：**19.00** 元
────────────
ISBN 7-112-07649-8
（13603）

本社网址：http://www.cabp.com.cn
网上书店：http://www.china-building.com.cn

本书分为十五章，内容包括建筑识图和建筑材料的一般知识，抹灰工程概述，抹灰工程施工前的准备，以及从普通的各种基层材料的墙面抹灰、顶棚抹灰、楼地面抹灰到技术性很强的装饰抹灰，直至内寓艺术效果的艺术抹灰和传统的古建筑工艺。同时也介绍了机械抹灰和季节性施工、质量标准及安全生产知识等。本书对广大抹灰工学习和提高技术有所帮助；技术范围涉及较广，既有基础知识，又注意了高级技术工人乃至技师的学习和技术素质提高的需要。

*    *    *

责任编辑：吉万旺
责任设计：董建平
责任校对：刘　梅

# 建设职业技能培训教材编审委员会

# 出版说明

为贯彻落实《中共中央、国务院关于进一步加强人才工作的决定》精神，加快培养建设行业高技能人才，提高我国建筑施工技术水平和工程质量，我司在总结各地职业技能培训与鉴定工作经验的基础上，根据建设部颁发的木工等16个工种技师和6个工种高级技师的《职业技能标准、职业技能鉴定规范和职业技能鉴定试题库》组织编写了这套建筑职业技能培训教材。

本套教材包括《木工》（技师　高级技师）、《砌筑工》（技师　高级技师）、《抹灰工》（技师）、《钢筋工》（技师）、《架子工》（技师）、《防水工》（技师）、《通风工》（技师）、《工程电气设备安装调试工》（技师　高级技师）、《工程安装钳工》（技师）、《电焊工》（技师　高级技师）、《管道工》（技师　高级技师）、《安装起重工》（技师）、《工程机械修理工》（技师　高级技师）、《挖掘机驾驶员》（技师）、《推土铲运机驾驶员》（技师）、《塔式起重机驾驶员》（技师）共16册，并附有相应的培训计划和大纲与之配套。

本套教材的组织编写本着优化整体结构、精选核心内容、体现时代特征的原则，内容和体系力求反映建筑业的技术和发展水平，注重科学性、实用性、人文性，符合相应工种职业技能标准和职业技能鉴定规范的要求，符合现行规范、标准、新工艺和新技术的推广要求，是技术工人钻研业务、提高技能水平的实用读本，是培养建筑业高技能人才的必备教材。

本套教材既可作为建设职业技能岗位培训的教学用书，也可供高、中等职业院校实践教学使用。在使用过程中如有问题和建议，请及时函告我们。

建设部人事教育司
2005 年 9 月 7 日

# 前　　言

　　建筑业作为国民经济的支柱产业，在社会主义现代化建设中发挥着越来越大的作用。随着我国建筑业的飞速发展，人们的生活水平逐渐提高，特别是改革开放以来，在建筑工人的努力下，我国的城乡面貌发生了翻天覆地的变化，建筑业从业人员增多的同时也明显感觉出工人队伍中的技术力量薄弱问题。据有关统计表明，当前，建筑队伍中高、中、初级及初级以下等级的工人的比例与建设部要求的技术队伍中高、中、初级的比例相差甚远。为提高工人技术素质，对建筑大军进行职业教育是提高劳动者素质十分重要的措施和当务之急。

　　本教材依据建设部新颁布的建设行业《职业技能标准》、《职业技能岗位鉴定规范》和《职业技能鉴定试题库》，主要针对技师培训而编写。主要内容有：抹灰工程概述；建筑识图；建筑材料；施工准备；墙面抹灰；顶棚抹灰；地面抹灰；装饰抹灰；饰面块材；特种抹灰；细部抹灰；聚合物灰浆抹灰；艺术抹灰；机械喷涂抹灰；季节性施工与安全知识；质量检测与评定标准等。本教材虽为技师编写，但针对目前建筑队伍人员参与技术培训学习较少，技术素质相对偏低，所以本教材有些内容从较初步的知识点起步，逐步升高以使学习者便于理解。

　　由于编者水平有限，如有不当，望业内人士多提宝贵意见，以利职业培训事业。

编　　者
2005 年 9 月 7 日

# 目 录

# 绪　论

在建筑物的墙、地、顶、柱等的面层上，用砂浆或灰浆涂抹，以及用砂浆或灰浆作粘结层，粘贴饰面板、块材的工作过程，称为抹灰。

抹灰，是装修工作中一个重要的工作内容。随着建筑业的飞速发展，建筑市场上新材料、新工艺不断出现，并随着人们生活水平的提高，人们对装饰标准、装饰档次的要求也不断提高，所以对抹灰工作也有着新的、更高的质量要求。

抹灰，又是一项工程量大、施工工期长、劳动力耗用比较多、技术性要求比较强的工种。要学习和掌握这一技术，不但要刻苦努力钻研本工种的基本功，而且要经过反复实践，积累丰富的实践经验，特别是要掌握一定的建筑材料的性能、材质、鉴别的知识，以及材料与季节性施工的基本知识和基本的操作程序、相关的施工规范等。

## （一）抹灰的作用

简单地说，抹灰的作用不外乎两个：其一为实用，即满足使用要求；其二为美观，即要有一定的装饰效果。

具体地说，在室内通过抹灰可以保护墙体等结构层面，提高结构的使用年限，使墙、顶、地、柱等表面光滑洁净，便于清洗，起到防尘、保温、隔热、隔声、防潮、利于采光的效果，以至耐酸、耐碱、耐腐蚀、阻隔辐射等作用。

比如，室内的艺术抹灰（如灯光、灰线等）又会给人一种艺术上的享受和档次上的感受；而室外抹灰，也可以使建筑物的外

1

墙体得到保护，使之增强抵抗风、霜、雨、雪、寒、暑的能力，提高保温、隔热、隔声、防潮的效果，增加建筑物的使用年限。

同时，一个错落有致、造型精巧的建筑，通过与之相匹配的巧妙的装饰设计和精心的装饰施工后产生的效果，不仅会给人一种建筑艺术感，而且是对所处市景亦是一处点缀，使人产生一种精神愉快的心理效应。如果毗邻另有与之共相昭彰的佳作，使之相映生辉，更是锦上添花。总之，通过高质量的抹灰工艺施工过程，可以提高房屋的使用性能，给用户一种舒适、温馨的惬意。

## （二）抹灰的分类

抹灰的分类从不同的角度有不同的分类方法。

### 1. 按部位分类

（1）室内抹灰

室内抹灰依部位不同分为：顶棚抹灰，墙面抹灰，楼、地面抹灰，门窗口、踢脚、墙裙、水池、踏步、勾缝等抹灰。

（2）室外抹灰

室外抹灰依部位分为：檐口抹灰、檐裙抹灰、屋顶找平层抹灰、压顶板抹灰，柱、垛抹灰、窗楣、窗套、窗台、腰线、遮阳板、勒角、散水、雨篷、台阶、花池等抹灰。

### 2. 按基层不同分类

按基层不同可分为混凝土基层抹灰、钢筋混凝土基层抹灰、泡沫混凝土板基层抹灰、普通黏土砖基层抹灰、钢板网基层抹灰、石膏板基层抹灰、保温板块材基层抹灰、木板条基层抹灰、陶粒板砖基层抹灰和石材基层抹灰等。

### 3. 按所用材料不同分类

按所用材料分为水泥砂浆抹灰、石灰砂浆抹灰、混合砂浆抹灰、聚合物灰浆抹灰、麻刀灰浆抹灰、纸筋灰浆抹灰、玻璃丝灰浆抹灰、水泥石子浆抹灰、石膏灰浆抹灰、特种砂浆抹灰等。

**4. 按使用要求分类**

按新规范的规定，一般抹灰工程分为普通抹灰和高级抹灰两个等级。

（1）普通抹灰

普通抹灰适用于简易住房和非居住房屋、一般民用住宅、普通商店、一般招待所、学校等房屋，以及地下室、普通厂房、锅炉房等。它是由底层和面层两层组成，分层刮平、修整、压实、压光；或是由底层、中层、面层共同组成。要求设置标筋，分层修整压平、阳角找方、接搓平整，表面垂直，平整值不超过相应规范规定。

（2）高级抹灰

高级抹灰适用于高级建筑的大型公共场所，如：宾馆、饭店、商场、礼堂、影剧院、车站、纪念性建筑物等。高级抹灰要求设置标筋，阴、阳角找方，分层找平、压实，表面压光；面层要求光滑洁净、色泽一致，抹纹顺直，棱角垂直清晰，大面垂直，平整值不超过相应规范规定。

**5. 按工艺类型分类**

（1）装饰抹灰

装饰抹灰，一般是指在室外施工的不同部位及方法施工的具有装饰效果的抹灰。如水刷石、干粘石、剁假石、扒拉石、扒拉灰、拉毛、甩毛、打毛等对结构既起装饰作用又有保护作用的工艺过程。

（2）艺术抹灰

艺术抹灰主要是用于高级建筑的室内、室外的局部。用模具扯出的复杂线型或用堆塑、翻模等方法制出的花饰一类的装饰艺术品在建筑物的阴、阳角或踢脚、门窗套、柱帽、柱墩、大梁等部位用以修饰和美化建筑物。不仅有明显的装饰性于外，而且又具强烈的艺术感寓内。

（3）饰面粘贴与安装

饰面粘贴与安装主要是指饰面板、块材的施工。包括：瓷砖、面砖、陶瓷锦砖、缸砖、水磨石预制板、大理石板、花岗石板等的施工。主要施工工艺有粘贴法、安装法和干挂法。板、块材要依尺寸的大小和施工高度选择一定的施工方法，如边长在 300mm×300mm 以下、粘贴高度在 3m 以下，和边长在 400mm×400mm 以下、粘贴高度在 2m 以下者可采用粘贴法作业。大尺寸的板材一般多采用安装法或干挂法，并且施工前要进行选材、预排、润板、找规矩弹线、钻孔等工作。

## （三）抹灰层的组成

由于多数砂浆在凝结硬化过程中，都有不同程度的收缩，这种收缩无疑对抹灰层与层之间、抹灰层与基层之间的粘结效果和抹灰层本身的质量效果均有不同程度的影响。为保证施工质量，克服和减小收缩对抹灰层的种种影响，在抹灰的施工中要分层作业。由于基层不同和使用要求不同，所分层数及用料小有差别。普通抹灰分底层、面层两层时，每层厚度约在 5～8mm，总厚度不超过 17mm；分为底层、中层、面层三层时，底、中层砂浆每层厚度在 5～8mm，面层用纸筋灰或玻璃丝灰分两遍抹成，厚度应控制在 2～3mm，总厚度为 20mm。高级抹灰应分为底层、中层、面层，总厚度 25mm，底层主要起与基层粘结的作用，一般不超过 10mm；中层应隔夜进行，一般分两遍抹，第一遍薄刮一层，待稍吸水后，紧接着抹第二遍，随之修整刮平、搓平、搓细，厚度为 12mm；室内面层一般采用石膏或水砂，一般分两遍相互垂直抹，第一遍多为竖抹，薄薄刮一层厚约 1mm，紧跟着横抹第二遍，然后修整、压平、压实、压光。室外抹灰的底层是用抹子薄薄刮抹一层水泥砂浆或聚合物水泥砂浆糙，亦可不用抹子抹而是用扫帚头蘸稠度为 7～8 度的水泥砂浆或聚合物灰浆向基层上甩毛糙，厚度约 2～3mm，隔天养护后再进行中层找平；中层找平要分二遍进行，先薄薄垫抹一遍，稍吸水后跟抹第二遍，按标志刮平、修整、搓平，一般厚度约为 12～15mm，如果结构不平整、垂直误差比较大，一次抹不平时，应分多层垫抹，每层厚度不超过 10mm，施工前要在中层表面刮抹一层素水泥或聚合物灰浆做结合层；然后再进行面层的涂抹，以利粘结。对于某些特种砂浆抹灰，其抹灰层的组成也有着不同的要求，如防水砂浆五层做法，是由三层素水泥浆及两层水泥砂浆交替抹压而成。施工时每层密度要求高，要求抗渗透性能好，所以每层涂抹后要有紧压过程，每层厚度为不均匀性的，一般一、三、五层为 2mm，而二、四层为 5mm。又如耐酸砂浆及重晶石的抹灰又以每层 3～4mm 的均匀厚度而操作，每次抹灰亦要在上一层抹灰层的间隔时间 12～24h 后进行。所以抹灰层的组成是复杂多变的，是要依据许多因素而定的。详细的问题将在以后有关章节中细述。

## 复习思考题

1. 抹灰的作用是什么？
2. 抹灰一般从哪些方面进行分类？
3. 抹灰按部位是怎样分类的，室内抹灰分为哪些？
4. 抹灰按使用要求分为哪几类？
5. 普通抹灰一般分为几层，每层厚度和总厚度各为多少？
6. 高级抹灰应分为几层，各层厚度是多少？

# 一、建筑制图与识图基础

## （一）建筑制图知识

建筑工程中，无论是建造工厂、商住楼、学校或其他，都要根据图纸施工。工程图样是不可缺少的重要技术文件，是表达和交流技术思想的重要工具。因此，工程图样被喻为"工程界的语言"。

为了使工程图样达到统一，符合施工要求和便于交流，我国颁布了《房屋建筑制图统一标准》，并于 2001 年修订为《房屋建筑制图统一标准》（GB/T 50001—2001），自 2002 年 3 月 1 日起实施。

### 1. 图幅、图线、比例

（1）图幅

图幅的规格见表 1-1。

图 幅 规 格     表 1-1

| 基本图幅代号 | A0 | A1 | A2 | A3 | A4 |
|---|---|---|---|---|---|
| $b \times L$ | 841×1189 | 594×841 | 420×594 | 297×420 | 210×297 |
| $c$ | | 10 | | | 5 |
| $a$ | | | 25 | | |

注：单位：mm。

图纸幅面如图 1-1 所示。图纸的标题栏如图 1-2 所示，应放在图纸右下角。图纸会签栏如图 1-3 所示，应竖放在图纸左上角。

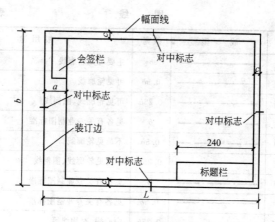

图 1-1　图纸幅面

图 1-2　标题栏

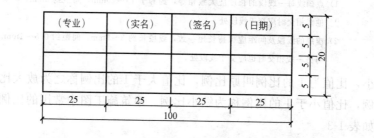

图 1-3

（2）图线

为进一步清楚地表达图纸的内容，在工程图中应使用不同的线型，见表 1-2。

（3）比例

比例是指图中图形与实物尺寸之比。比例的大小即比值的大

## 图　线　　　表 1-2

| 名　称 | | 线　型 | 线宽 | 一般用途 |
|---|---|---|---|---|
| 实线 | 粗 | | $b$ | 主要可见轮廓线 |
| | 中 | | $0.5b$ | 可见轮廓线 |
| | 细 | | $0.25b$ | 可见轮廓线、图例线 |
| 虚线 | 粗 | | $b$ | 见各有关专业制图标准 |
| | 中 | | $0.5b$ | 不可见轮廓线 |
| | 细 | | $0.25b$ | 不可见轮廓线、图例线 |
| 单点长画线 | 粗 | | $b$ | 见各有关专业制图标准 |
| | 中 | | $0.5b$ | 见各有关专业制图标准 |
| | 细 | | $0.25b$ | 中心线、对物线等 |
| 双点长画线 | 粗 | | $b$ | 见各有关专业制图标准 |
| | 中 | | $0.5b$ | 见各有关专业制图标准 |
| | 细 | | $0.25b$ | 假想轮廓线、成型前原始轮廓线 |
| 折断线 | | | $0.25b$ | 断开界线 |
| 波浪线 | | | $0.25b$ | 断开界线 |

注：$b$ 为线条宽度，$b=0.35\sim2$mm，一般取 0.7mm。画线时应注意以下几点：

1) 点画线每一线段的长庹应大致相等，约等于 15~20mm，间距约 3mm。与其他线相交时应交于线段处。

2) 虚线的线段及间距应保持长短一致，线段长约 3~6mm，间距约 0.5~1mm。与另一线相交时也应交于线段处。

小，比值为 1 的比例叫原比例，比值大于 1 的比例称之为放大比例，比值小于 1 的比例称为缩小比例。建筑施工图中常用的比例如表 1-3。

## 常　用　比　例　　　表 1-3

| 图　名 | 比　例 |
|---|---|
| 总平面图 | 1：500,1：1000,1：2000 |
| 平面图、剖面图、立面图 | 1：50,1：100,1：200 |
| 不常见平面图 | 1：300,1：400 |
| 详图 | 1：1,1：2,1：5,1：10,1：20,1：25,1：50 |

## 2. 尺寸标注

图中尺寸是施工的依据，因此标注尺寸必须认真、细致，书写清楚，正确无误，否则会给施工造成困难和损失。

（1）尺寸的组成

尺寸标注是由尺寸线、尺寸界限、尺寸起止符号和尺寸数字四部分组成，如图1-4所示。

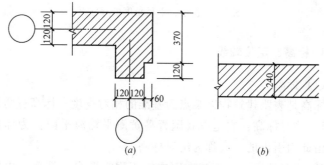

图1-4　尺寸标注

（2）尺寸数字的标注

尺寸数字的标注与方向如图1-5、图1-6所示。

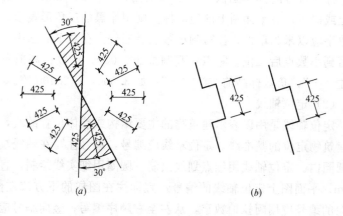

图1-5　尺寸数字的标注方向

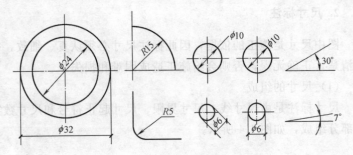

图 1-6 直径、半径角度的标注

### 3. 标高、定位轴线

（1）标高

标高是表明建筑物以某点为基准的相对高度。标高有两种：

1）绝对标高：它是以我国青岛黄海平均海平面作为标高零点，由此而引出的标高称为绝对标高。

2）相对标高：标高基准面根据工程需要自行选定，由此而引出的标高称为相对标高。建筑上一般把房屋底层室内地坪面，定为相对标高的零点（±0.000）。

标高符号的具体画法为一等腰三角形，高约 3mm，尖端可向上或向下，总平面图上的绝对标高则用涂黑的三角形表示，标高数字应以米为单位，注写到小数点后三位。在总平面图中，可注写到小数点后二位。零点标高写成 ±0.000，正数标高前不需标注"＋"，负数标高前应注"－"，如 3.000，－2.400 等。

（2）定位轴线

定位轴线是用以表示建筑物的主要结构或墙体位置的线，也是建筑物定位的基准线。定位轴线应编号，编号注写在轴线端部的圆圈内。定位轴线用细点划线绘制，圆圈用细实线绘制，直径 8mm。平面图上定位轴线的编号，宜标注在图样的下方或左侧。横向的编号应用阿拉伯数字，从左至右顺序编写；竖向编号应用大写拉丁字母，从下向上顺序编写。拉丁字母中的 I、O、Z 不得用为轴线编号，如图 1-7 所示。

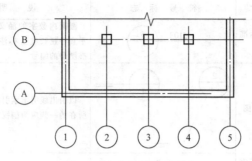

图 1-7　定位轴线编号顺序

### 4. 各种常见符号、代号、图例

（1）常见符号

各种常见符号见表 1-4。

常　见　符　号　　　　　　　表 1-4

| 符号名称 | | 符 号 标 志 | 说 明 |
|---|---|---|---|
| 剖面剖切符号 | | 建施-5 | 由剖切位置线及剖视方向线组成，均应以粗实线绘制，编号应注写在剖视方向的端部 |
| 断（截）面剖切符号 | | 结施-8 | 只用剖切线位置表示，以粗实线绘制，编号应注写在剖切位置的一侧，并为该断（截）面的剖视方向 |
| 索引符号 | 详图在本张图纸上 | ⑤／ | 上半圆中数字系该详图的编号；下半圆中的一横代表在本张图纸上 |
| | 详图不在本张图纸上 | 5／3 | 上半圆中的数字系该详图编号；下半圆中的数字系该详图所在图纸的编号 |

11

| 符号名称 | | 符 号 标 志 | 说 明 |
|---|---|---|---|
| 索引符号 | 详图在标准图中 | 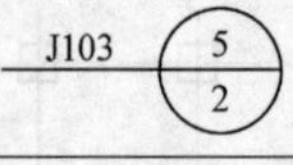 J103 ⑤/2 | 圆圈内数字的涵义同上。在水平直径延长线上标注的数字为标准图册的编号 |
| | 索引剖面图 | 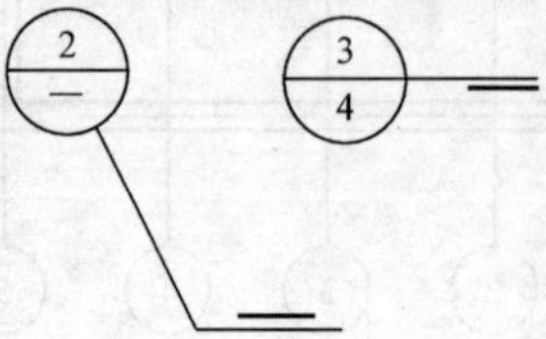 ②/— ③/4 | 以引出线引出索引符号，引出线所在的一侧应为剖视方向 |
| 详图符号 | 详图与被索引的图样在同一张图纸内 |  ⑤ | 圆内数字标注详图的编号 |
| | 详图与被索引的图样不在同一张图纸内 | 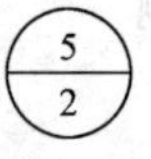 ⑤/2 | 上半圆注明详图的编号；下半圆注明被索引图样的图纸编号 |
| 引出线 | 文字说明引出线 | 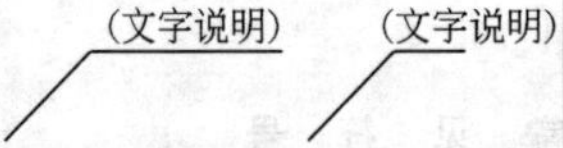 （文字说明） （文字说明） | 文字说明标注在横线上方或尾部 |
| | 索引详图引出线 | 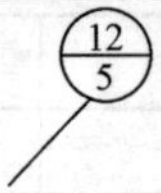 ⑫/5 | 引出线对准符号圆心 |
| | 同时引出几个相同部位的引出线 | 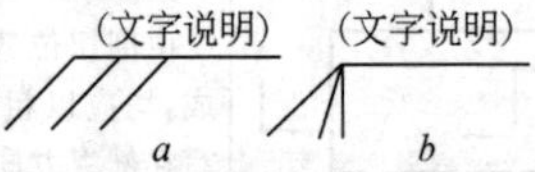 （文字说明）a （文字说明）b | 可平行，也可于一点反射引出，文字说明标注在上方 |
| | 多层构造引出线 | 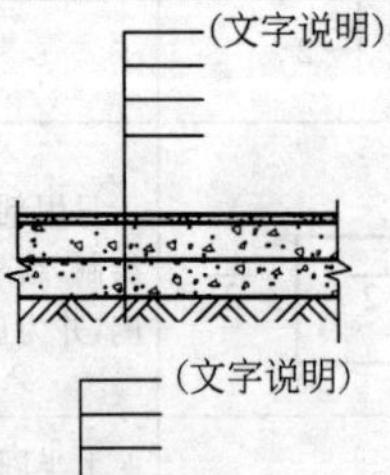 （文字说明） （文字说明） | 多层共同引出线应通过被引出的各层，说明顺序应由上至下，并与被说明的层次相互一致 |

| 符号名称 | 符 号 标 志 | 说 明 |
|---|---|---|
| 对称符号 | | 表示两侧的部位,其状态、尺寸完全对称,只需画出一半即可 |
| 连接符号 | A \| A　　A \| A | 以折断线表示需要连接的部位。两个被连接的图样,必须用相同的字母编号 |
| 指北针 | | 一般出现在总平面图和平面图中,用以表示场地的方向或示意建筑物的朝向 |

(2)常见构件代号

常见构件代号见表1-5。

常用构件代号　　　　　　表1-5

| 序号 | 名　称 | 代号 | 序号 | 名　称 | 代号 |
|---|---|---|---|---|---|
| 1 | 板 | B | 13 | 梁 | L |
| 2 | 屋面板 | WB | 14 | 屋面梁 | WL |
| 3 | 空心板 | KB | 15 | 吊车梁 | DL |
| 4 | 槽形板 | CB | 16 | 圈梁 | QL |
| 5 | 折板 | ZB | 17 | 过梁 | GL |
| 6 | 密肋板 | MB | 18 | 连系梁 | LL |
| 7 | 楼梯板 | TB | 19 | 基础梁 | JL |
| 8 | 盖板或沟盖板 | GB | 20 | 楼梯梁 | TL |
| 9 | 挡雨板或檐口板 | YB | 21 | 檩条 | LT |
| 10 | 吊车安全走道板 | DB | 22 | 屋架 | WJ |
| 11 | 墙板 | QB | 23 | 托架 | TJ |
| 12 | 天沟板 | TGB | 24 | 天窗架 | CJ |

13

| 序号 | 名　称 | 代号 | 序号 | 名　称 | 代号 |
|------|--------|------|------|--------|------|
| 25 | 框架 | KJ | 34 | 水平支撑 | SC |
| 26 | 刚架 | GJ | 35 | 梯 | T |
| 27 | 支架 | ZJ | 36 | 雨篷 | YP |
| 28 | 柱 | Z | 37 | 阳台 | YT |
| 29 | 基础 | J | 38 | 梁垫 | LD |
| 30 | 设备基础 | SJ | 39 | 预埋件 | M |
| 31 | 桩 | ZH | 40 | 天窗端壁 | TD |
| 32 | 柱间支撑 | ZC | 41 | 钢筋网 | W |
| 33 | 垂直支撑 | CC | 42 | 钢筋骨架 | G |

## (3) 建筑材料图例

常用建筑材料图例见表 1-6。

**常用建筑材料图例**　　　　表 1-6

| 序号 | 名称 | 图　例 | 说　明 |
|------|------|--------|--------|
| 1 | 自然土壤 | | 包括各种自然土壤 |
| 2 | 夯实土壤 | | |
| 3 | 砂、灰、土 | | 靠近轮廓线画较密的点 |
| 4 | 毛、石 | | |
| 5 | 普通砖 | | 1. 包括砌体、砌块。<br>2. 断面较窄，不易画出图例线时，可涂红 |
| 6 | 空心砖 | | 包括各种多孔砖 |
| 7 | 饰面砖 | | 包括铺地砖、陶瓷锦砖、人造大理石等 |
| 8 | 混凝土 | | 1. 本图例仅适用于能承重的混凝土及钢筋混凝土。<br>2. 包括各种强度等级、骨料、外加剂的混凝土。 |
| 9 | 钢筋混凝土 | | 3. 在剖面图上画出钢筋时，不画图例线。<br>4. 断面较窄，不易画出图例线时，可涂黑 |

14

| 序号 | 名称 | 图　例 | 说　明 |
|------|------|--------|--------|
| 10 | 多孔材料 |  | 包括水泥珍珠岩、沥青珍珠岩、泡沫混凝土、非承重加气混凝土、泡沫塑料、软木等 |
| 11 | 纤维材料 | 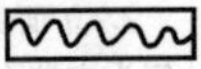 | 包括麻丝、玻璃棉、矿渣棉、木丝板、纤维板等 |
| 12 | 木材 | 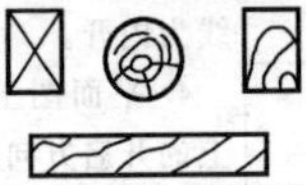 | 1. 上图为横断面（左上图为垫木、木砖、木龙骨）。<br>2. 下图为纵断面 |
| 13 | 胶合板 |  | 应注明×层胶合板 |
| 14 | 石膏板 | 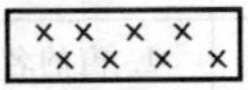 | |
| 15 | 塑料 |  | 包括各种软、硬塑料及有机玻璃等 |
| 16 | 粉刷 | 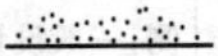 | 本图例画较稀的点 |

（4）建筑构件及配件图例

常用建筑构件及配件图例见表1-7。

常用建筑构件及配件图例　　　　　表1-7

| 序号 | 名称 | 图　例 | 说　明 |
|------|------|--------|--------|
| 1 | 隔墙 |  | 1. 包括板条抹灰、木制、石膏板、金属材料等隔断。<br>2. 适用于到顶与不到顶隔断 |
| 2 | 检查孔 |  | 左图为可见检查孔；右图为不可见检查孔 |
| 3 | 孔洞 |  | |
| 4 | 通风道 | 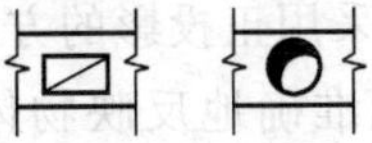 | |
| 5 | 空门洞 | 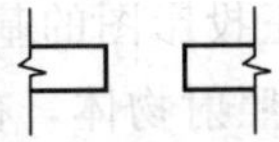 | |

| 序号 | 名称 | 图例 | 说明 |
|------|------|------|------|
| 6 | 单扇门（包括平开或单面弹簧） | | 1. 门的名称代号用 M 表示。 |
| 7 | 双扇门（包括平开或单面弹簧） | | 2. 剖面图上，左为外、右为内，平面图上，下为外、上为内。<br>3. 立面图上开启方向线交角的一侧为安装合页的一侧，实线为外开，虚线为内开。 |
| 8 | 单扇双面弹簧门 | | 4. 平面图上的开启弧线及立面图上的开启方向线在一般设计图上不需表示，仅在制图上表示。 |
| 9 | 双扇双面弹簧门 | | 5. 立面形式应按实际情况绘制 |
| 10 | 单层固定窗 | | 1. 窗的名称代号用 C 表示。<br>2. 立面图中的斜线表示窗的开关方向，实线为外开，虚线为内开；开启方向线交角的一侧为安装合页的一侧，一般设计图中可不表示。 |
| 11 | 单层外开平开窗 | | 3. 剖面图上，左为外、右为内，平面图上，下为外、上为内。<br>4. 平、剖面图上的虚线仅说明开关方式，在设计图中不需表示。 |
| 12 | 百叶窗 | | 5. 窗的立面形式应按实际情况绘制 |

## （二）投影的基本原理

用照片或绘画的方法来表现物体，其形象都是立体的，如图1-8。这种图和我们看实际物体所得到的印象比较一致，物体近大远小，很容易看懂。但是这种图不能把物体的真正尺寸、形状准确地表示出来，不能全面地表达设计意图，不能指导施工。

建筑工程的图纸，大多是采用正投影的方法，用几个图综合起来表示一个物体，这种图能准确地反映物体的真实形状和大小，如图1-9。投影原理是绘制正投影图的基础。

投影原理来源于生活。光线照射物体，在地面或墙面上就会

16

图 1-8  某住宅楼

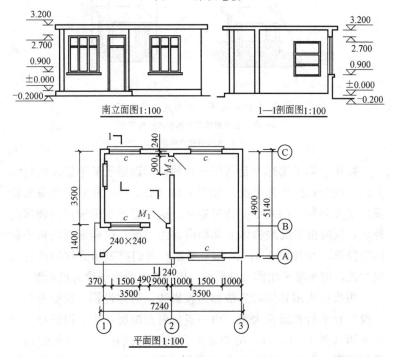

图 1-9  用正投影图表示建筑物

出现影子，当光源中心的位置改变时，影子的形状、位置也随之改变，我们从这些现象中可以认识到，光源、物体和影子之间存在着一定的联系，可以总结出它的基本规律。

　　如图 1-10（a）所示，灯光照射地面，在地面上就会出现影子，影子比桌面大。如灯的位置在桌面正中上方，则它与桌面距离越远，影子就愈接进桌面的实际大小。如把灯移到无限远的高度，则光线可以视为互相平行且垂直桌面和地面的平行光线，这时在地面上出现的影子就和桌面大小相等（图 1-10b），所以说，影子是可以反映物体的大小和外形的。

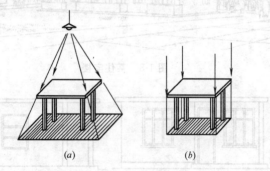

(a)　　　　　　　　　(b)

图 1-10　影子大小与光源的关系

（a）由一点光源照射物体所产生的影子；

（b）由平行光照射物体所产生的影子

　　物体的影子实际上是灰黑一片的，所以影子就不能反映物体上的一些变化或内部情况，如图 1-11（a）、（b）所示，如果假设按规定方向射来的光线能透过物体，这样影子不但能反映物体的外形，同时也能反映物体上部和内部的情况，这样形成的影子就称为投影，如图 1-11（c）、（d）所示。我们把表示光线的线称为投射线，把落影平面称为投影面，把所产生的影子称为投影图。

　　用投影表示物体的方法称为投影法，简称投影。投影分为中心投影和平行投影两大类。由一点放射光源所产生的投影称为中心投影（图 1-12，a），由相互平行的投射线所产生的投影称为平行投影，平行投影又分为斜投影（图 1-12，b）和正投影（图

18

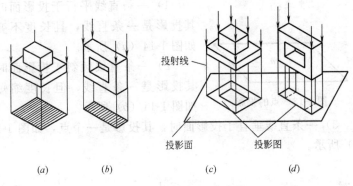

图 1-11　物体的影子与投影

1-12，c）。一般的工程图纸都是用正投影的方法绘制出来的。

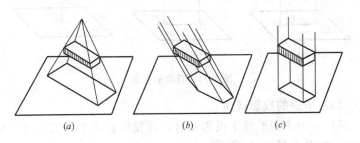

(a)        (b)        (c)

图 1-12　中心投影、斜投影、正投影示意

（a）中心投影；（b）斜投影；（c）正投影

## （三）正投影的特性

### 1. 点、线、面正投影的基本规律

物体都可以看作是由点、线、面组成的，为了理解物体的正投影，首先要分析点、线、面正投影的基本规律。

（1）点的投影基本规律

点的投影仍然是一个点，如图 1-13 所示。

（2）直线的投影规律

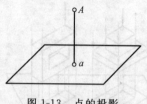

图 1-13　点的投影

1）一条直线平行于投影面时，其投影是一条直线，且长度不变，如图 1-14（*a*）所示。

2）一条直线倾斜于投影面时，其投影是一条直线，但长度缩短，如图 1-14（*b*）所示。

3）一条直线垂直于投影面时，其投影是一个点，如图 1-14（*c*）所示。

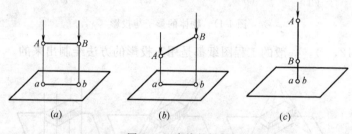

| （*a*） | （*b*） | （*c*） |

图 1-14　直线的投影

（3）平面的投影规律

1）一个平面平行于投影面时，其投影是一个平面，且反映实形，如图 1-15（*a*）所示。

2）一个平面倾斜于投影面时，其投影是一个平面，但面积缩小，如图 1-15（*b*）所示。

3）一个平面垂直于投影面时，其投影是一条直线，如图 1-15（*c*）所示。

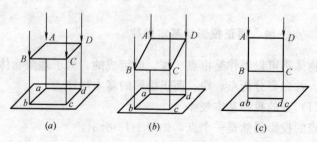

| （*a*） | （*b*） | （*c*） |

图 1-15　平面的投影

## 2. 投影的积聚与重合

(1) 一个面与投影面垂直，其正投影为一条线。这个面上的任意一点、线或其他图形的投影也都积聚在这条线上（图1-16 a）；一条直线与投影面垂直，它的正投影成为一个点，这条线上的任意一点的投影也都落在这一点上（图1-16b），这种特性称为投影的积聚性。

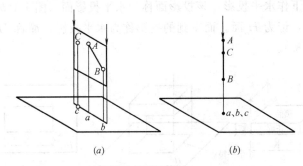

图 1-16　投影的积聚

(2) 两个或两个以上的点、线、面的投影叠合在同一投影上叫投影的重合性，如图1-17 所示。

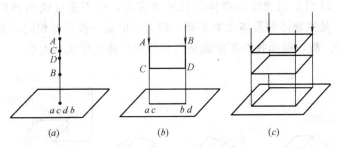

图 1-17　投影的重合

(3) 空间的点、线、面或形体，在一定的条件下，只要确定了投影方向和投影面的位置就可以有完全肯定的投影；但反过来说，如果只根据它们的一个投影，却不能确定点、直线、平面或形体在空间的位置和形状，此理于图 1-17 中不难理解。

## （四）三面正投影图

### 1. 形体的单面投影

如用一长方体为投影物（图 1-18a），于其下部设一投影面，由上向下作水平投影，该投影面称为水平投影面（图 1-18b），简称平面，记为 H 面。而得到的投影称为水平投影，简称 H 投影（图 1-18c）。

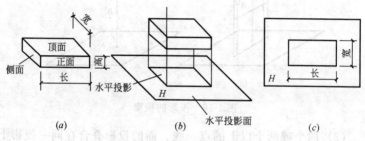

图 1-18　形体的单面投影

H 投影只能反映物体的长度和宽度，而不能反映物体的高度。某些物体的形体虽然不同，但它们的某一投影却相同，如图 1-19。故，单面投影不能确切反映空间形体的形状和大小。

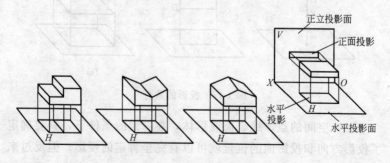

图 1-19　不同形体的单面投影

## 2. 形体的三面投影

由于单面投影不能确切反映空间形体的形状和大小，而有些形体用两个投影即能确切地表现形体的形状和大小（如圆柱体、圆锥体）。但大多数形体均需至少三个方面的投影才能确切地表现出形体的真实形状和大小。

三面投影是从三个不同方向全面地反映出形体的顶面、正面和侧面的形状和大小。即以物体的单面投影面（$H$ 面）为基础，增加一个与 $H$ 面相垂直且与形体正面相平行及增加一个与 $H$ 面相垂直且与形体侧面相平行的两个平面，用这样形成的每相邻的两平面相垂直的三个平面，围就的三维空间作为物体的三个投影面。平行于形体正面的投影称正立投影面，简称立面，记为 $V$ 面；平行于形体侧面的投影称侧立投影面，简称侧面，记为 $W$ 面。这样就得到形体的三面正投影，如图 1-20。$H$ 面与 $V$ 面相交的投影轴用 $X$ 表示，简称 $X$ 轴；$W$ 面与 $H$ 相交的投影轴用 $Y$ 表示，简称 $Y$ 轴；$W$ 面与 $V$ 面相交的投影轴用 $Z$ 表示，简称 $Z$ 轴。

$X$、$Y$、$Z$ 轴分别表示形体长、宽、高三个方向的尺度，其交

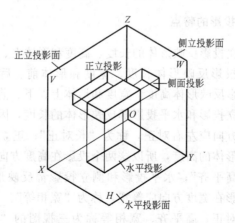

图 1-20　形体的三面投影

23

点称为原点。三个投影面也可看作是坐标面，投影轴就相当于坐标轴，其中 $OX$ 轴就是横坐标轴，$OY$ 轴就是纵坐标轴，$OZ$ 轴就是竖坐标轴。三个轴的交点就是坐标原点。

### 3. 三面正投影图的展开

作成三维空间的物体投影面不方便于施工，为得到在同一平面上的施工图，投影面需展开在同一平面上。方法是将 $OY$ 轴一分为二，成为 $OY_H$，轴和 $OY_W$ 两轴。再分别以 $OX$ 轴为轴心将 $H$ 面向下旋转 $90°$，以 $OZ$ 轴为轴心向后旋转 $90°$，即得到同在一个平面上的三个投影面，如图1-21。

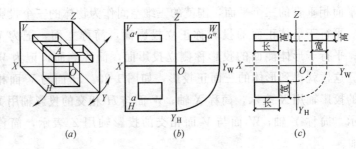

图1-21　三面投影的展开

### 4. 三面投影的特点

（1）正立投影反映形体的长度、高度和形体上、下、左、右关系；水平投影反映形体长度、宽度和形体前、后、左、右关系；侧立投影反映形体高度、宽度和形体上、下、前、后关系。

（2）正立投影和水平投影都反映形体的长度，因此这两个投影在沿长度方向应左右对正，称为"长对正"；正立投影和侧立投影都反映形体的高度，所以这两个投影在高度方向要上、下平齐，称为"高平齐"；水平投影和侧立投影都反映形体的宽度，故这两个投影在宽度方向应等宽，称为"宽相等"。

（3）长对正、高平齐、宽相等称为三视图的"三等关系"，是三面投影的重要原则，也是检测投影正确与否的原则。

#### 5. 三面投影图的绘制步骤

三面正投影图的绘制步骤为：

（1）首先画出两条垂直相交的十字线作为投影轴（如图 1-22a）；

（2）由 $O$ 点向右斜下方作与 $Y_H$ 轴呈 45°的斜线；

（3）先依投影原理作 $H$ 面（或 $V$ 面投影）；

（4）再依投影的三等关系（$V$ 面投影与 $H$ 面投影画过渡线控制等长），作 $V$ 面投影（或 $H$ 面投影）。

（5）最后作 $W$ 面投影，$V$ 面与 $W$ 面等高做水平控制过渡线；$H$ 面 $W$ 面的等宽过渡线先水平，遇斜线后折转向上作垂直过渡线（如图 1-22b、图 1-22c）；

（6）投影为中实线；过渡线使用细实线。

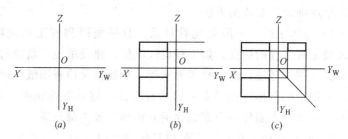

图 1-22　三面投影图的绘制步骤

# （五）建筑工程图的分类与阅读

## 1. 建筑工程图的分类

（1）建筑工程图的分类和顺序

建筑工程图是一整套图纸，依专业不同可分为：建筑施工图（简称"建施"）；结构施工图（简称"结施"）；给排水施工图（简称"水施"）；暖气通风施工图（简称"暖施"）；电器照明施工图（简称"电施"）。各专业图内又分为基本图和详图两部分。

基本图表示全局性的内容，详图表示某些构配件和局部节点构造等的详细情况。

（2）施工图一般的编排顺序

一套施工图是由几个专业几张、几十张甚至几百张图纸组成的，为了识读方便，应按首页图（包括图纸目录、施工总说明、材料做法表等）、总平面图、建筑施工图、结构施工图、给排水施工图、采暖通风施工图、电气施工图等顺序来编排。各专业施工图应按图纸内容的主次关系来排列，如基本图在前，详图在后；总体图在前，局部图在后；主要部分在前，次要部分在后；先施工的图在前，后施工的图在后等。

（3）施工图的识图方法

识读整套图纸时，应按照"总体了解、顺序识读、前后对照、重点细读"的读图方法。

1）总体了解：一般是先看目录、总平面图和施工总说明，以大致了解工程的概况，如工程设计单位、建设单位、新建房屋的位置、周围环境、施工技术要求等。对照目录检查图纸是否齐全，采用了哪些标准图并备齐这些标准图，然后看建筑平、立、剖面图，大体上想像一下建筑物的立体形象及内部布置。

2）顺序识读：在总体了解建筑物的情况以后，根据施工的先后顺序，从基础、墙体（或柱）、结构、平面布置、建筑构造及装修的顺序，仔细阅读有关图纸。

3）前后对照：读图时，要注意平面图、剖面图对照着读，土建施工图与设备施工图对照着读，做到对整个工程施工情况及技术要求心中有数。

4）重点细读：根据工种的不同，将有关专业施工图的重点部分再仔细读一遍，将遇到的问题记录下来，及时向设计部门反映。对于木工，要重点了解墙的厚度、门窗洞口的位置、尺寸、编号以及门窗的开启方向，在门窗表中了解各种门窗的编号、高与宽的尺寸、樘数，了解楼梯的布置等。

识读一张图纸时，应采取由外向里看、由大到小看、由粗至细看、图样与说明交替看、有关图纸对照看的方法。重点看轴线及各种尺寸关系。

**2. 施工图的阅读**

（1）查看图纸目录

图纸目录起到组织编排图纸的作用。从图纸目录可以看到该工程是由哪些专业图纸组成，每张图纸的图别、编号和页数，以便于查阅。

（2）建筑总平面图的阅读

了解新建工程的性质与总平面布置，了解各建筑物及构筑物的位置、道路、场地和绿化等布置情况以及各建筑物的层数等。明确新建工程或扩建工程的具体位置，以及新建房屋底层的室内地面和室外整平地面的绝对标高。

（3）建筑平面图的阅读

建筑平面图是表达建筑物各层平面形状和布置的图。图1-23是某职工宿舍的低层平面图。平面图上指北针方向表明建筑物方位是上北、下南的位置；主要出入口放在南面；底层平面布置主要是宿舍、盥洗、厕所以及楼梯、走道。从轴线看，①～②轴属于宿舍的公共卫生设施；③～⑨轴是南北12间宿舍；②～③轴靠北面设楼梯，供上楼使用。

由于底层平面图是底层窗台上方的水平剖切，所以楼梯段只画出第一段楼梯的下面部分并用折断线折断。图中"上20步"是指从底层到二层这两个楼梯段共有20级踏步；其次，"详建施11"表示楼梯详图在第11张建筑施工图上。

底层室内平面标高为±0.000；厕所、盥洗室为−0.020，箭头表示泛水坡度方向。底层室外标高为−0.300，说明室外高差为0.30m。平面图上大厅进口处的2根细线，表示有2级踏步。底层平面图上 $\frac{1}{9}$、 $\frac{2}{10}$ 是指花栅、花台的细部构造，用详图索引标志将它们索引到其他图纸中详细绘出。如 $\frac{1}{9}$ 表示该详图在建施第9张中的第1详图。

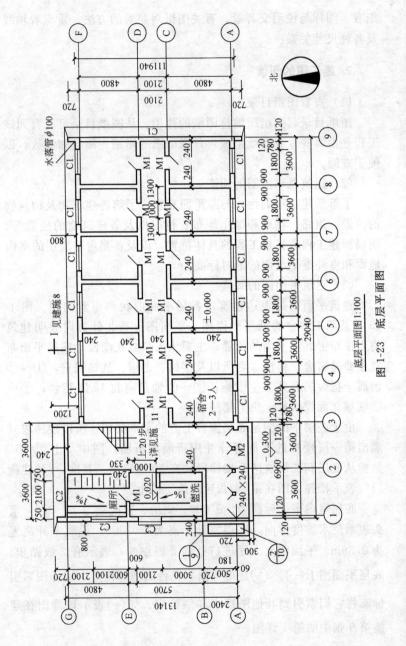

图 1-23 底层平面图

底层平面图1:100

从图中可看出底层的砖墙厚度为240mm，还可以看出各种门窗的布置，门窗的尺寸与门窗的编号，一般用门窗表列出。图中还表示了室外散水及水落管的位置及做法。平面图上④～⑤轴中的"Ⅰ—Ⅰ"，表示在此位置有剖切面，并且剖切后向右投影。

在建筑平面图中，外墙尺寸有三道，最外边的一道叫外包尺寸，表明建筑物的总长和总宽；中间一道是轴线尺寸，表明开间和进深的大小；最里面一道是门窗洞口和墙垛尺寸，是砌墙和安装门窗的主要依据。其他各层平面图的表示方法和底层平面图的表示方法基本相同，在二层平面图上应画出底层进出口处的雨篷，其次楼梯段的表达情况和底层相比也有些不同。

（4）建筑立面图的阅读

建筑立面图是平行于建筑物各墙面的正投影图。它用来表示建筑物的体型和外貌，并表示外墙面装饰情况。图1-24表示某宿舍的南立面图，是该宿舍的主要立面图，识读时可将该立面与平面图对照，可看出建筑物南立面的基本情况。立面图上画有门窗、台阶、雨篷、花栅、屋面上铁爬梯，还标注着各部分的用料及立面的装饰做法，一般可用文字说明，较复杂的装饰要结合详图一同阅读。

立面图上的尺寸一般用标高标注，如檐口标高、女儿墙标高、雨篷标高、腰线标高、门窗口顶及窗台标高、台阶及室外地面标高等。看立面图时，要注意轴线的排列方向以免混淆了立面图的方向。

（5）建筑剖面图的阅读

看剖面图主要是了解建筑物的结构形式和分层情况。如图1-25剖面图，可以看到，该建筑共分四层，每层高3.0m，图中还标注出底层地面所用材料及做法，如素土夯实、C10混凝土厚60mm、面层砂浆厚20mm。图中二、三、四层楼地面为预应力空心板，厚度≥110mm，板底刮缝刷白，上抹1：2水泥砂浆厚20mm。顶层做法为预应力空心板，厚度≥110mm，板底刮缝刷大白，板上打80mm厚矿渣混凝土，上抹1：2水泥砂浆20mm厚找平层，其上做二毡三油防水撒豆石。

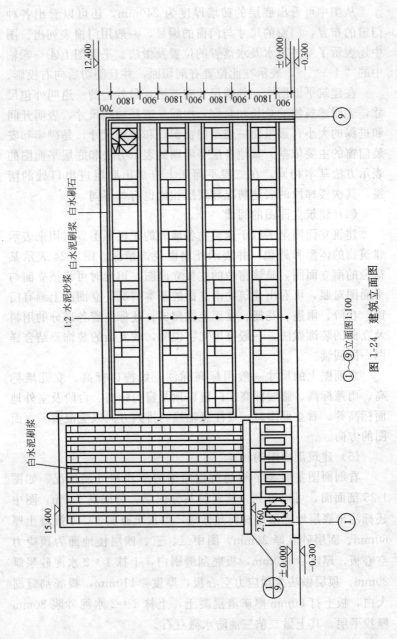

图 1-24 建筑立面图

①～⑨立面图1:100

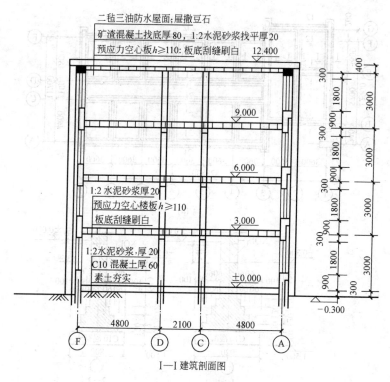

二毡三油防水屋面;屉撒豆石
矿渣混凝土找底厚80，1:2水泥砂浆找平厚20
预应力空心板h≥110: 板底刷缝刷白    12.400

9.000

6.000

1:2 水泥砂浆厚20
预应力空心楼板h≥110
板底刮缝刷白    3.000

1:2水泥砂浆,厚20
C10 混凝土厚60
素土夯实    ±0.000

−0.300

4800    2100    4800

Ⓕ    Ⓓ Ⓒ    Ⓐ

Ⅰ—Ⅰ建筑剖面图

图 1-25　建筑剖面

（6）楼梯详图的阅读

楼梯详图一般由楼梯平面图、剖面图及踏步栏杆等详图组成。楼梯详图一般分建筑详图与结构详图。楼梯详图主要表示楼梯的类型、结构形式及梯段、栏杆扶手、防滑条、底层起步梯级等的详细构造方式、尺寸和材料。

（7）结构施工图的阅读

1）基础图：基础图是结构施工图纸中的主要图纸之一，包括基础平面图、剖面图和文字说明三部分。图 1-26 为某宿舍基础图。看基础图应先看基础平面图，如图 1-26（a）所示，当采用条形基础时，平面图中的粗线表示基础墙的边缘线，两边的细线表示基础宽度的边缘线。平面图中的轴线很重要，它表明墙、

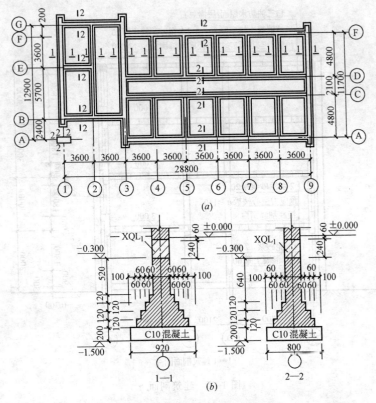

图 1-26 基础图

(a) 基础平面图;(b) 基础详图

柱与轴线间的关系,是施工放线的重要依据。

从图 1-26 (a) 可知,该基础平面图中有 1—1、2—2 两个剖面,它表示了基础的类型、尺寸、做法和材料。如图 1-26 (b),在读基础详图时,应注意详图编号,挤出墙厚与轴线的关系,大放脚形式与尺寸,垫层材料的尺寸,基底标高,室内外地面标高,防潮层做法和位置等。

2) 楼层结构平面布置图:楼层结构图包括结构布置图和构件图,有时还有构件统计表和文字说明书。看结构布置图要搞清楼层结构的做法和各种构件之间的关系。以钢筋混凝土楼盖为

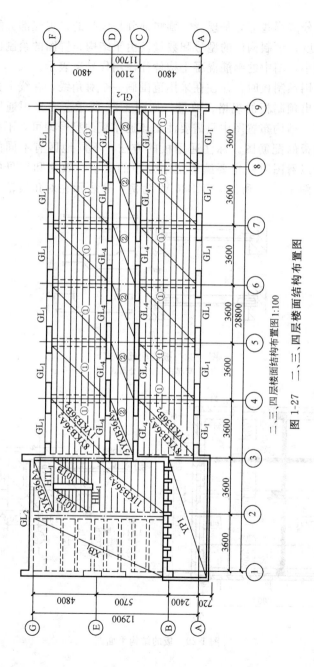

二、三、四层楼面结构布置图1:100

图 1-27  二、三、四层楼面结构布置图

33

例，要分清哪些部分是现浇，哪些部分是预制的；现浇部分的配筋、厚度；预制构件的型号和数量。由于结构布置图的绘制比例一般较小，图中的钢筋混凝土构件往往用代号来表示。

采用预制板时，往往在采用范围画一个对角线，在线上方或下方注出预制板的规格、数量，如图 1-27 所示。当采用通用预制板时，结构布置图中只需要注出该通用板的型号即可，不必另画预制板的配筋图。标注通用板的方法，不同地区有不同的规定，所以看图时一定要搞清楚编号中的文字、数字和字母的涵义。以图 1-27 中所注 8YKB36A2 为例，这表示在对角线范围内

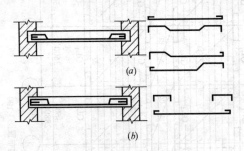

图 1-28　板的配筋形式

(a) 弯起式；(b) 分离式

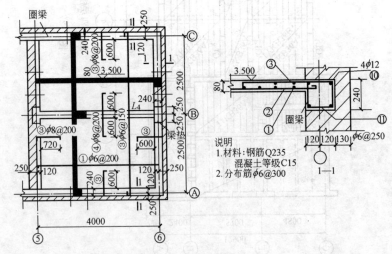

图 1-29　板的结构平面图

放8块预应力空心板，板的长度为3600mm，A表示该板宽度为500mm，2表示该板荷载等级为2级，250kg/m²。

现浇板受力钢筋的配筋形式一般有弯起式和分离式两种，如图1-28所示。板内配筋一般在板的结构平面详图内采用侧倒剖面的图示方法直接表明，每种配筋往往只画一根示意，如图1-29所示，有时还辅以文字说明和节点详图说明。

在板的详图中，一般画出配筋详图，表明受力钢筋的配置和

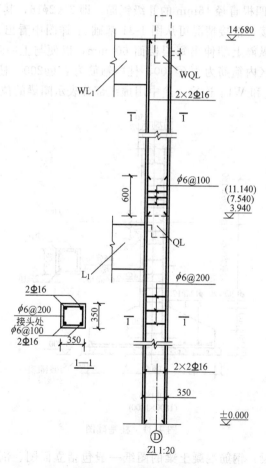

图1-30　钢筋混凝土柱结构详图

弯起情况，注明编号，直径间距。弯钩向上的钢筋配置在板底，弯钩向下的钢筋配置在板面，对于弯起钢筋要注明梁边到弯起点的距离以及弯筋伸入支座的长度。

（8）钢筋混凝土构件详图

1）柱：图 1-30 是某职中实训楼钢筋混凝土柱 $Z_1$ 的结构详图。从图中可以看出，轴线①不在 $Z_1$ 的中心位置，该柱从 ±0.000 起到标高 14.680 止，截面尺寸为 350mm×350mm，柱 $Z_1$ 纵筋配四根直径 16mm 的Ⅱ级钢筋，即 $2×2\phi16$，其下端与柱下基础搭接，搭接情况可从图 1-31 基础 $J_1$ 详图中看出。除柱的终端外，纵筋上端伸出每层楼面 600mm，以便与上一层钢筋搭接，搭接区内箍筋为 $\phi6@100$、柱内箍筋为 $\phi6@200$。柱 $Z_1$ 的一侧与梁 $L_1$ 和 $WL_1$ 连接，途中用虚线部分表示圈梁的位置。

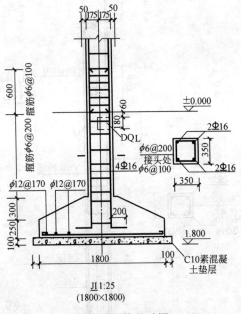

图 1-31　柱基础图

2）梁：钢筋混凝土梁的图纸一般包括立面图、剖面图，有时还有钢筋详图，如图 1-32 所示。

36

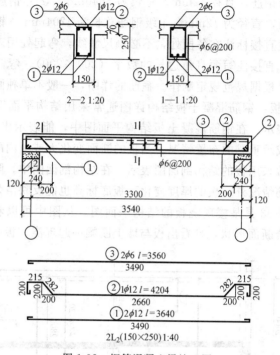

图 1-32 钢筋混凝土梁施工图

（A）立面图：主要表示梁的轮廓。梁、板等属现浇构件，还要用虚线画出楼板。此外还要表示梁内钢筋的布置，支座情况以及标高、轴编号等。

（B）剖面图：表示梁的剖面形状、宽度和钢筋排列。在梁的剖面图和立面图上可以看出该梁有三种不同的编号，即有三种不同的钢筋。由这些编号可根据钢筋详图或钢筋表进行下料。

（C）钢筋详图：表明各种钢筋的形状、粗细、长度、弯起点等，以便在施工时进行钢筋翻样。钢筋详图应按照钢筋在梁中的位置由上而下逐类画出，用粗实线依次画在立面图的下方，比例同立面图。它的位置与梁立面图内的相应钢筋对齐。同一编号的钢筋只画出一根。图 1-32 中梁内的钢筋除箍筋外共有三种编号，故详图中只画出三根。从图上的标注可看出：①号钢筋共 2

根，Ⅰ级钢筋，直径 12mm，总长为 3640mm；②号钢筋是一根弯起钢筋，直径为 12mm，Ⅰ级钢筋总长为 4204mm。钢筋每分断的长度直接标注在各段处，不必画尺寸线，弯起处用表示斜度的方法，直接注写两直角边长的数字（200×200）。弯钩尺寸不必标出，根据规范规定制作。箍筋的详图，一般不单独画出。

3）板：钢筋混凝土板结构详图通常采用结构平面图或结构剖面图表示。在钢筋混凝土板结构平面图中，能表示出轴线网、承重墙或承重梁的布置情况。当板的断面变化大或板内配筋较复杂时，常采用板的结构剖面图表示。在结构剖面图中，除能反映板内配筋情况外，板的厚度变化、板底标高也能反映清楚。

图 1-33 是某楼现浇板的结构平面图。从图中可以看出，板底的重合断面形状，且看出板与墙上圈梁一起现浇。板底纵向布

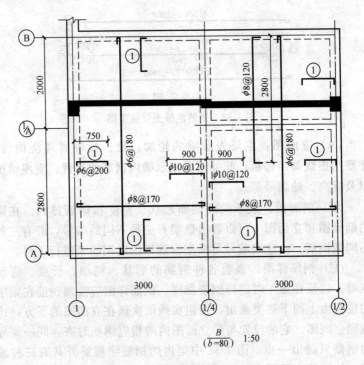

图 1-33　钢筋混凝土板结构详图

筋 $\phi 8@170$，横向布筋 $\phi 6@180$，板四周沿墙配置构造筋 $\phi 6@$ 200，长度为 750mm。且增设构造筋 $\phi 8@120$，长度为 2800mm。

4）楼梯结构详图：楼梯结构详图由楼梯结构平面图和楼梯结构剖面图组成。

楼梯结构平面图是表明各构件（如楼梯梁、楼段板、平台板及楼梯间的门窗过梁等）的平面布置代号、大小和定位尺寸及它们的结构标高的图样。

楼梯结构平面布置图因采用的比例较小（1:100），仅画出了楼梯间的平面位置，楼梯构件的平面布置和详细尺寸，尚需用较大的比例（如 1:50）的楼梯结构平面图来表示。楼梯结构平面图的图示要求与楼层结构平面布置图基本相同，它是用剖切在层间楼梯平台上方的一个水平剖面图来表示的。

各层楼梯结构都不相同，因此采用分层表达的方法。楼梯平台均铺设空心板，楼板为板式，即不带斜梁；梯段板有六种不同型号（即 $TB_1$、$TB_2$、……$TB_6$）；楼梯梁也有六种型号（$TL_1$、$TL_2$、……$TL_6$）。

楼梯结构剖面图是表明各构件的竖向布置与构造、梯段板、梯段梁的形状和配筋（当平台板和楼板为现浇板时的配筋）的大小尺寸、定位尺寸、钢筋尺寸及各构件的结构标高等的图样。它是垂直剖切在楼段上所得到的剖面图。

**3. 工业厂房建筑图的阅读**

图 1-34 为单跨工业厂房的立体图。

（1）建筑平面图的阅读

如图 1-35，从图中可以了解厂房的各组成部分。车间为单垮，平面为矩形，横向有 11 条轴线共 10 个开间，柱子轴线之间的距离为 6000mm，按柱网布局，两端柱子与轴线有 500mm 距离。纵向轴线Ⓐ、Ⓑ是通过柱子外侧表面与墙的内沿。厂房内设一台吊车，并注明了吊车的起重量为 $Q=5t$。

从图中可看到吊车的轨道（$L_K=16.5m$）。平面图上室内两

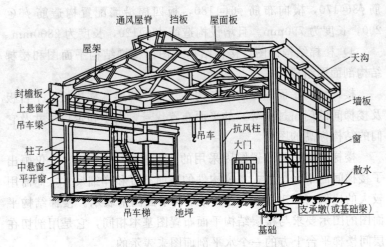

图 1-34　单跨工业厂房的组成与名称

侧的粗点画线，表示吊车轨道的位置，也就是吊车梁的位置。上下吊车用一部工作梯，它的位置设在②～③开间的轴线内沿，从J410 图集选用型号。车间的四边墙上各设折式外开大门一个，大门编号 M3030。门入口处设置坡道。室外四周设散水。平面图上的剖切位置 1—1 用黑线表示，该剖面图用 1 : 200 的比例另行画出。

（2）建筑立面图的阅读

如图 1-36，立面图表示建筑物的外貌和室外装修情况。从该立面图中可以看到条板外墙和窗位及其规格、编号。从勒脚至檐口有 QA600、QB600、FBI 三种条板和 CF6012、CF6009、CK601 三种条窗，屋面除两端开间外均设有通风屋脊。立面图上标出了上下两块条板（或条窗）的顶面与底面标高，中间注出条板墙和条窗的高度尺寸。条板墙、条窗、压条和大门的规格与数量，均另列表说明。

（3）建筑剖面图的阅读

看剖面图主要了解建筑物的结构形式和厂房内部情况。首先，要注意总高及室内各层标高，室内外高差及门窗洞的高度。

40

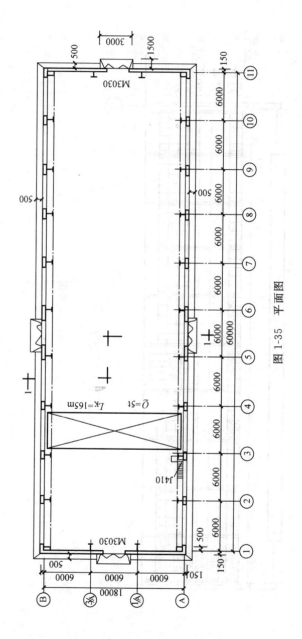

图1-35　平面图

41

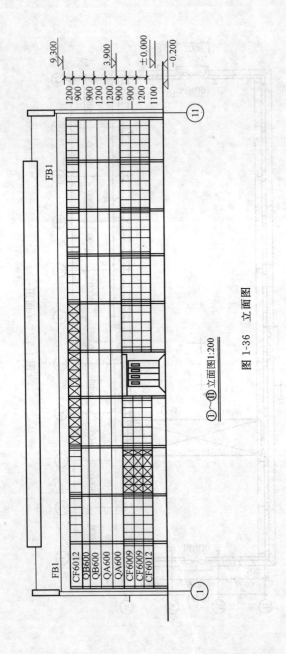

①～⑪ 立面图1:200

图 1-36 立面图

42

如图 1-37 所示。平面图中的 1—1 剖面为一阶梯剖面。从图中看到带牛腿柱子的侧面，T 形吊车梁搁置在柱子的牛腿上，桥式吊车则架设在吊车梁的轨道上（吊车用立面图表示）。从图中还可看到屋架的形式、屋面板的布置、通风屋脊的形式和檐口天沟情况。剖面图上反映出室内地面标高为±0.000，室外为－0.200，高差为 0.200m；雨篷标高为 3.900；屋架下标高为 9.300。应仔细阅读单层厂房剖面中的主要尺寸，如柱顶、轨顶、室内外地面标高和墙板、门窗各部位的高度尺寸等，均应予以注意。

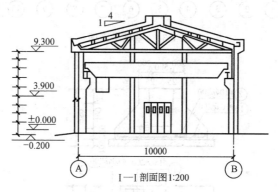

图 1-37　单层工业厂房剖面图

（4）基础施工图的阅读

单层工业厂房一般都由排架结构承重，荷载通过柱子传递到基础，因此采用独立基础。基础施工图包括基础平面图、基础详图、文字说明三部分。

图 1-38 所示为一单层单跨车间的基础平面图。图中的"口"表示单独基础的外轮廓线，其中"I"是工字形钢筋混凝土柱的截面。基础沿定位轴线布置，其代号及编号为 $J_1$，$J_{1a}$ 及 $J_2$，其中 $J_1$ 有 18 个，布置在②～⑩轴线间，分成两排；$J_{1a}$ 有 4 个，分布在车间四角；$J_2$ 也有 4 个，布置在轴线上 ⑪/Ⓐ、②/Ⓐ 上。独立基础的做法，另用详图表示。

基础详图主要包括基础的模板图和基础配筋图。图 1-39 是

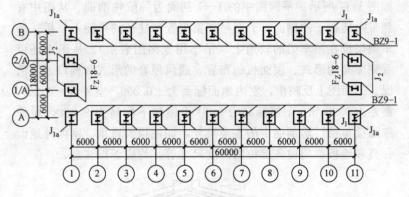

图 1-38 基础平面图

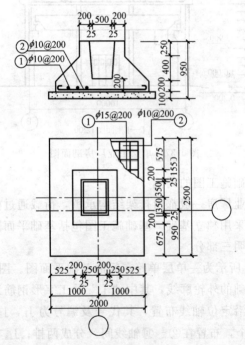

图 1-39 基础平面图

钢筋混凝土杯形基础 $J_1$ 的结构详图。立面图画出基础的配筋轮廓及杯口的形状。从图中看出 $J_1$ 基础底部纵横两方向配有两端

44

带弯钩而直径和间距都相等的直径为 $\phi10$、间距为 200mm 的钢筋，所构成的钢筋网，是基础的主要受力钢筋。基础详图要将整个基础尺寸、配筋和定位轴线至基础边缘尺寸（如图中 950 和 550），以及杯口等细部尺寸都应标注清楚。由于独立柱基础配筋一般比较简单，故不必画出钢筋详图。

## （六）图 纸 会 审

审核图纸一般要经过熟悉、汇总、统一、建议四个步骤。

（1）熟悉：各级技术人员，包括施工人员、预算员、质检员等，在接到施工图后要认真阅读，充分熟悉，并重点分析实施的可能性和现实性，了解施工的难点、疑点。

（2）汇总：对提出的各类问题进行系统整理。

（3）统一：对审核图纸提出的问题统一意见、统一认识。

（4）建议：对统一后的意见，提出处理的建议。在会审时提出，并进行充分的讨论，在征得设计单位和建设单位同意后，由设计单位进行图纸修改，并下达更改通知书后方可实施。

审核图纸应注意的事项：

（1）建筑物结构及各类构配件的位置，即要注意各部分之间的尺寸。如墙柱和轴线的关系，以及圈梁、门窗、梁板等的标高，要认真核对。

（2）建筑的构造要求，包括现浇梁、柱、梁板之间的节点做法；墙体与结构的连接；各类悬挑结构的锚固要求；地下室防水构造等。

（3）注意建筑物的地下部分是否穿越原有各类管道，如电缆、煤气管、自来水管等应注意保护以免损坏。

（4）了解土建和设备的关系。例如各种穿墙或穿过楼层、屋盖管道的做法，各类预留洞的处理，设备对设备基础的要求等。

（5）建筑结构和装饰之间的关系。例如各种结构在不同功能时的装饰要求，以及结构在不同位置（如地下室）时，对装饰的要求。土建应为装饰提供各类方便，如预埋件、预埋木砖、预留洞口等。

（6）应注意对结构材料及装饰材料的要求。例如各类结构对混凝土和钢筋的强度等级要求，各类材料特别是装饰材料的质量要求，产地及施工要求。施工中所涉及的防火材料、绝缘材料、保温材料以及外加剂等的使用、检测乃至采购、保管等。

（7）结构施工图和建筑施工图之间是否有矛盾，所涉及的建筑构件各类型号是否齐全，施工的技术要求是否符合现行规范等。

（8）注意所需预埋件的类型，预埋件位置和预留洞口是否有矛盾，以及预埋件是否有遗漏或交代不清等。

（9）对涉及的新材料、新工艺要了解发展现状、使用效果、实施的技术要求、施工时的技术关键、质量要求等。研究与本单位施工技术水平的差距，以保质保量地完成任务。

（10）应研究施工时是否会产生困难。例如流水作业的安排，吊车运行的路线能否顺利进出，大体积混凝土施工时的降温措施，设计的构件能否加工成型，要求的精度能否满足要求，混凝土浇捣后能否顺利拆模等。

总之，图纸会审是一项细致而复杂的工作，特别对木工来说，不仅涉及混凝土的支模、拆模，而且还涉及一些装修问题，所以必须要认真熟悉图纸，以确保施工的顺利进行。

### 复习思考题

1. 图样的尺寸由哪几部分组成？标注尺寸应注意哪些内容？
2. 三个正投影图之间有怎样的投影关系？

# 二、建 筑 材 料

## （一）建筑材料的基本性质

建筑材料的种类繁多，各种材料的性质存在很大差异，尽管如此，也有许多共同的、最基本的性质。所谓材料的基本性质，是指工程选材时通常所要求的，或者在评价材料时首先要考虑到的最根本的性质。材料的基本性质包括物理性质、化学性质、力学性质及耐久性等。

### 1. 材料的物理性质

（1）密度、表观密度与堆积密度

材料单位体积的质量是评定材料的重要物理性质指标之一。而材料的体积一般分为自然状态下的体积与绝对密实状态下的体积。所谓自然状态下的体积即包括材料结构的空隙，而绝对密实状态下的体积不包括材料结构内部的空隙。对于结构完全密实的材料如钢铁、玻璃等其自然状态与绝对密实状态的体积相等。

1）密度

材料在绝对密实状态下单位体积的质量称为密度。密度可用下式表示：

$$\rho = \frac{m}{V} \tag{2-1}$$

式中　$\rho$——密度（$g/cm^3$）；

　　　$m$——材料的质量（g）；

$V$——材料在绝对密实状态下的体积（$cm^3$）。

2）表观密度

材料在自然状态下单位体积的质量称为表观密度。表观密度可按下式计算：

$$\rho_0 = \frac{m}{V_0} \qquad (2\text{-}2)$$

式中　$\rho_0$——表观密度（$g/cm^3$）；

　　　$m$——自然状态下材料的质量（$g$）；

　　　$V_0$——自然状态下材料的体积（$cm^3$）。

3）堆积密度

散粒材料在一定的疏松堆放状态下，单位体积的质量，称为堆积密度。堆积密度用下式表示：

$$\rho_0' = \frac{m}{V_0'} \qquad (2\text{-}3)$$

式中　$\rho_0'$——堆积密度（$kg/m^3$）；

　　　$m$——材料的质量；

　　　$V_0'$——散粒状材料的堆积体积（$m^3$）。

（2）密实度与孔隙率

1）密实度是指材料总体积内固体物质所充实的程度。

密实度可用材料的密实体积与其总体积之比表示：

$$D = \frac{V_s}{V} \times \% \qquad (2\text{-}4)$$

式中　$D$——材料的密实度，常以百分数表示；

　　　$V$——材料的总体积（$m^3$）；

　　　$V_s$——固体物质的体积（$m^3$）。

2）空隙率

空隙率是指材料总体积内空隙体积所占的比例，常以百分数表示：

48

$$P = \frac{V_v}{V} = \frac{V - V_s}{V} \qquad (2-5)$$

式中  $P$——材料的孔隙率（%）；

$V_v$——空隙体积（$m^3$）；

$V$——材料的总体积（$m^3$）。

故空隙率与密实度的关系为：

$$P = l - D \quad 或 \quad P + D = l \qquad (2-6)$$

（3）吸水性及吸湿性

1）吸水性

材料在水中吸收水分且能将水分存留一段时间的性质称为吸水性。例如将一块砖放入水中，待其吸水饱和后取出放在空气中，若砖中的水分仍然能保留在砖内一段时间，则说明砖具有吸水性。吸水性的大小常用吸水率 $W$ 来表示。吸水率又分质量吸水率与体积吸水率两种。

质量吸水率：材料吸收水分的质量与材料烘干后质量的百分比。可按下式计算：

$$W_m = \frac{m - m_s}{m_s} \times 100\% \qquad (2-7)$$

体积吸水率：材料吸收水分的体积占烘干时自然体积的百分数，按下式计算：

$$W_v = \frac{V - V_s}{V_s} \times 100\% \qquad (2-8)$$

式中  $W_m$——材料的质量吸水率（%）；

$W_v$——材料的体积吸水率（%）；

$m$——材料吸水饱和后的质量（g 或 kg）；

$m_s$——材料在烘干至恒重后的质量（g 或 kg）；

$V$——材料自然状态下的体积（$cm^3$ 或 $m^3$）；

$V_s$——材料烘干后的体积（$cm^3$ 或 $m^3$）。

对于某些轻质材料，如加气混凝土、泡沫塑料、软木、海绵等，由于材料本身具有很多微细、开口、连通的孔隙，其吸水后的质量往往比烘干时的质量大若干倍，计算出的质量吸水率将会超过100%，因此在这种情况下用体积吸水率表示它们的吸水性较好。

2）吸湿性

材料在潮湿的空气中吸收空气中水分的性质称为吸湿性，吸湿性的大小常用含水率（或叫湿度）来表示。含水率是材料吸收空气中水分的质量占材料烘干时质量的百分比，通常按下式计算：

$$W_含 = \frac{m_含 - m_干}{m_干} \times \%$$  (2-9)

式中　$W_含$——材料的含水率（%）；

　　　$m_含$——材料吸收空气中水分后的质量（g）；

　　　$m_干$——材料烘干的质量（g）。

含水率的大小，同样取决于材料本身的成分、组织构造等，此外与周围空气的相对湿度和温度也有关系。气温愈低，相对湿度愈大，材料的含水率也就愈大，含湿状态也会导致材料性能上的多种变化。

材料的吸湿性对施工生产影响较大。例如木材，由于吸收或蒸发水分，往往造成翘曲、裂纹等缺陷，又如石灰、水泥等，因吸湿性较强，容易造成材料失效，从而导致经济损失。因此，不应忽视吸湿性对材料质量的影响。

（4）耐水性、抗冻性、抗渗性

1）耐水性

耐水性指材料吸水至饱和后能够抵抗水的破坏作用并能维持原有强度的性质。耐水性的大小常以软化系数 $K_软$ 来表示。

$$K_软 = \frac{R_饱}{R_干}$$  (2-10)

式中　$K_软$——材料的软化系数；

　　　$R_饱$——材料在饱和水状态下的抗压强度（MPa）；

$R_干$——材料在烘干至质量恒重状态下的抗压强度（MPa）。

上式表明，$K_软$ 值的大小能够说明材料吸水后强度降低的程度。$K_软$ 值一般在 0～1 之间，$K_软$ 值越小，说明材料的耐水性越差，吸水后强度下降得越多。所以在工程设计中，特别是在潮湿环境下，软化系数常是选择材料的重要依据。材料随含水量的增大，其内部分子间的结合力将减弱，强度会有不同程度的降低。如长期浸泡在水中的花岗岩，其强度约降低 3％左右。至于普通黏土砖、木材等所受到的影响则更为明显，因此对长期浸水或处于潮湿环境中的重要结构物，须选用软化系数不低于 0.85 的材料建造；次要或受潮较轻的结构物也要求材料的软化系数不低于 0.75。通常可以认为，软化系数值大于 0.8 的材料是具备了相当耐水性的材料。

2）抗冻性

抗冻性指材料在吸水饱和状态下，能经受多次冻结和融化作用（冻融循环）而不破坏，也不严重降低强度的性质。

北方地区，许多建筑物中位于砖砌外墙的外表面与地面接触部分的砖，常出现表面酥松、脱匹的现象，这往往是经受多次冻融的结果。冰冻的破坏作用，是由于材料微小孔隙中的水分，在冻结时产生了体积膨胀（体积约增大 9％），对孔壁形成了很大的压力，致使孔壁开裂，材料遭到破坏。而在融化时，由于融化过程是从外向内逐层进行的，内外层之间形成了压力差和温度差，从而又加速了材料的进一步破坏。

由于材料毛细孔隙中水的冰点在 $-15℃$ 以下，所以材料的抗冻性试验要求在低于此温度下冻结，在 $20℃$ 的温水中融化，每冻融一次就称作一次冻融循环。材料抵抗冻融循环的次数越多，说明材料的抗冻性越好。

材料的抗冻性能用"抗冻等级"表示，是以材料所能承受的冻融循环次数来划分的。如 F10、F15……F100 等，分别表示材料所经得起 10 次、15 次……100 次的冻融循环，且未超过规定的损失程度。对于冻融的温度及时间、冻融的循环次数，冻后的损失程度等，不同材料均有各自的具体规定。例如普通黏土砖的冻融试验，是在−15℃冻 3 个小时，在 10～20℃水中融 3 个小时，经 15 次循环，按质量损失率及裂纹程度来评定。加气混凝土的试验，则是在−20℃冻 7 个小时，在 20℃±5℃水中融 5 个小时，经过 15 次循环后，按质量及强度的损失程度确定其抗冻性能。抗冻性良好的材料，在抗低温变化、干湿交替变化、风化等方面，其性能均较强，故抗冻性也是评价材料耐久性的综合指标。

对于冬季室外设计温度低于−15℃的重要工程，其墙体材料、覆面材料的抗冻性必须符合要求。

3）抗渗性

材料在水、油、酒精等液体压力作用下抵抗液体渗透的性质称为抗渗性。

材料的抗渗性能常用"抗渗等级"来划分。抗渗等级是在标准试验方法下，以材料不透水时所能承受的最大水压力（MPa）来确定的。若某材料能够抵抗 0.2MPa 的压力水，则其抗渗等级记作 P2。抗渗性也常用"渗透系数"$K$ 来表示，按下式计算：

$$K = \frac{Q}{At} \cdot \frac{d}{H} \tag{2-11}$$

式中　$K$——渗透系数（cm/h）；

　　　$Q$——渗水量（$cm^3$）；

　　　$A$——渗水面积（$cm^2$）；

　　　$d$——试件厚度（cm）；

　　　$H$——水头差（cm）；

　　　$t$——渗水时间（h）。

材料抗渗性能的好坏，与材料的孔隙率、孔隙特征关系较大。绝对密实或具有封闭式孔隙的材料，实际上是不透水的。而那些具有连通孔隙、孔隙率较大的材料，其抗渗性就较差。

各种防水材料在抗渗性能上均有一定的要求。对于地下建筑物、水下构筑物及防水工程等，因经常要受到压力水或水头差的作用，要求所用材料必须具备相应的抗渗性能。

（5）导热性和热容量

1）导热性

导热性是指材料本身所具有的传导热量的性质，它表明了材料传递热量的能力，此能力的大小常用导热系数 $\lambda$ 表示。

试验证明，材料传导的热量与热传导面积、热传导时间及材料两侧表面的温差成正比，与材料的厚度成反比，如图 2-1 所示。

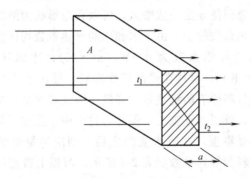

图 2-1　材料导热示意图

设材料的厚度为 $a$，面积为 $A$，两侧表面的温度分别为 $t_1$、$t_2$，经 $Z$ 小时后通过面积 $A$ 的总热量为 $Q$，则材料传导热量的大小可用下式表示：

$$Q = \lambda \times \frac{A \times Z(t_2 - t_1)}{a} \tag{2-12}$$

则

$$\lambda = \frac{Qa}{A \cdot Z \cdot (t_2 - t_1)} \tag{2-13}$$

式中　$\lambda$——材料的导热系数（W/m·K）；

$Q$——材料传导的热（J）；

$a$——材料的厚度（m）；

$A$——热传导的面积（m²）；

$Z$——热传导时间（h）；

$(t_2-t_1)$——材料两侧面的温差（K）。

导热系数是热传导的重要参数，它的物理意义是：在规定的传热条件下，单位厚度的均质材料，当其两侧表面的温差为 1K 时，在单位时间内通过单位面积的热量。

影响材料导热系数的因素很多，λ 值的大小与孔隙率、孔隙特征、含水率等有着密切的关系。密闭孔隙中的空气导热系数很小［λ＝0.025W/(m·K)］，故材料的孔隙率越大，导热系数就越小，材料的保温、隔热性能则越好。粗大或贯通孔隙，因孔内气体产生对流而使导热系数增大，所以孔隙形状为细微而封闭的材料，其导热系数较小。由于水和冰的导热系数均比空气的导热系数大［水的导热系数为 0.6W/(m·K)、冰的导热系数为 2.20W/(m·K)］，材料在受潮或受冻后，导热系数会因此而大大提高，使材料原有的绝热效能降低。因此要保证材料具有优良的保温性能，就必须在施工、保管等过程中，注意尽量使材料保持干燥、不受潮湿，在吸水受潮之后，则应尽量避免冰冻的发生。常用材料的导热系数如表 2-1 所示。习惯上常把导热系数小于 0.15W/(m·K) 的材料称为保温隔热材料。

几种材料的导热系数及比热　　　表 2-1

| 材料 | 导热系数 W/(m·K) | 比热 kJ/(kg·K) | 材料 | 导热系数 W/(m·K) | 比热 kJ/(kg·K) |
|---|---|---|---|---|---|
| 铜 | 370 | 0.38 | 泡沫塑料 | 0.33 | 1.7 |
| 钢 | 58 | 0.46 | 水 | 0.58 | 4.2 |
| 花岗岩 | 2.90 | 0.80 | 冰 | 2.20 | 2.05 |
| 普通混凝土 | 1.80 | 0.88 | 密闭空气 | 0.023 | 1.00 |
| 普通黏土转 | 0.57 | 0.84 | 石膏板 | 0.30 | 1.10 |
| 松木顺文 | 0.35 | 0.25 | 绝热纤维板 | 0.05 | 1.46 |
| 松木横纹 | 0.17 | | | | |

2）比热和热容量

热容量是指材料在受热（或冷却）时能够吸收（或放出）热量的性质。常用比热 $C$ 来表示。材料吸收或放出的热量与其质量、温度差均成正比，用下式表示：

$$Q = \frac{C}{t_2 - t_1} \qquad (2\text{-}14)$$

式中　$Q$——材料吸收或放出的热量（J）；

　　　$C$——材料的比热 $[J/(g \cdot K)]$；

　　　$m$——材料的质量（g）；

$(t_2 - t_1)$——材料受热或冷却前后的温差（K）。

由上式可知比热 $C$ 的计算公式为：

$$C = \frac{Q}{m(t_2 - t_1)} \qquad (2\text{-}15)$$

比热表示1g 材料温度升高（降低）1K 时所吸收（放出）的热量。材料的比热 $C$ 与其质量 $m$ 的乘积 $C \cdot m$，称为材料的热容量值。它表示材料在温度升高或降低 1K 时所吸收或放出的热量。热容量值大的材料，能在采暖、空调不均衡时缓和室内温度的变动，有利于保持室内温度的稳定性。例如在冬季供暖失调时，木地板的房间往往比混凝土地面的房间显得温暖舒适一些，这便是两种材料的不同比热所引起的结果。由表 2-1 可知，松木的比热为 $1.63J/(g \cdot K)$，大于混凝土的比热 $0.88J/(g \cdot K)$，即松木比混凝土的热容量值要稍大一些。所有材料中，比热最大的是水，因此材料的含水率愈大，则其比热 $C$ 也愈大。

## 2. 材料的力学性质

（1）材料的强度

强度是指材料在外力（荷载）作用下抵抗破坏的能力。当材料承受外力作用时，内部就产生了应力（即单位面积上的分布内力），随着外力的逐渐增加，应力也相应地增大，当应力增大到超过材料本身所能承受的极限值时，材料内部质点间的作用力已不能抵抗这种应力，材料即产生破坏，此时的极限应力值就是材料的极限强度，常用 $R$ 来表示。

材料的强度一般是通过破坏性试验测定。将试件放在材料试验机上，施加荷载，直至破坏，根据材料在破坏时的荷载，即可计算出材料的强度。由于材料强度的测定工作一般是在静力试验中进行的，所以常总称为静力强度。

根据外力作用方式的不同，材料强度可分为抗压强度、抗拉强度、抗弯（抗折）强度、抗剪强度四种。图 2-2 中例举了几种强度试验时的受力装置，它们很直观地反映了外力的作用形式和所测强度的类别。

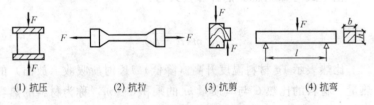

(1) 抗压    (2) 抗拉    (3) 抗剪    (4) 抗弯

图 2-2  强度试验方式示意

材料的抗压、抗拉、抗剪切强度均可用下式计算：

$$R = \frac{F}{A} \tag{2-16}$$

式中   $R$——材料的抗压、抗拉、抗剪切极限强度（MPa）；

       $F$——材料达到破坏时的最大荷载（N）；

       $A$——材料的受力截面积（mm²）。

材料抗弯强度的计算比较复杂，在不同的受力情况下有不同的计算公式。现举材料试验中最常采用的方法为例（如图 2-3 所示）：即当一个集中外力作用于试件跨中一点，且试件的截面为矩形（包括正方形）时，其抗弯强度由下式计算：

$$R_弯 = \frac{3FL}{2bh^2} \tag{2-17}$$

式中   $R_弯$——材料的抗弯（抗折）极限强度（MPa）；

$F$——受弯试件达到破坏时的荷载（N）；

$L$——试件两支点间的距离（mm）；

$b$——试件截面的宽度（mm）；

$h$——试件截面的高度（mm）。

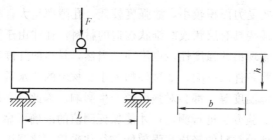

图 2-3　抗弯强度实验示意图

建筑工程中将使用各种不同材料，而不同材料所表现出的静力强度性质也不相同。脆性材料如石子、砖、混凝土等，其抗压强度高，而抗拉、抗剪强度都很低，故这类材料在建筑物中只适用于房屋的墙、基础等承受压力荷载作用的部位。又如钢材，因其抗拉、抗压强度均较高，故适用于承受各种外力的构件中。在充分考虑各种材料特点的前提下常将几种材料复合在一起可以达到发挥各材料性能的目的。钢筋混凝土结构就是利用钢材的抗拉强度好，混凝土的抗压强度高的特点而组成的一种复合材料。

建筑材料常依据其极限强度值的大小划分为不同的等级或标号，这对于满足工程要求、合理地使用材料是十分必要的。几种常用材料的极限强度值见表 2-2。

几种材料的极限强度　　　　　　　　表 2-2

| 材　料　名　称 | 极限强度（MPa） | | |
| --- | --- | --- | --- |
| | 抗　压 | 抗　拉 | 抗　弯 |
| 花岗岩 | 120～250 | 5～8 | 10～14 |
| 普通黏土砖 | 7.5～15 | — | 1.8～2.8 |
| 普通混凝土 | 7.5～60 | 1.0～4.0 | — |
| 松木（顺纹） | 30～50 | 80～120 | 60～100 |
| 建筑钢 | 230～600 | 230～600 | — |

材料所具备的强度性能主要取决于材料的成分、结构和构造。不同种类的材料具有不同的强度值，即使是同种类的材料，由于孔隙率及孔隙构造特征的不同，材料表现出的强度性能也都存在着很大的差异。疏松及孔隙率较大的材料，其质点间的联系较弱，有效受力面积较小，故强度较低。孔隙率越大，材料的强度越低。某些具有层状或纤维状构造的材料，往往由于受力方向不同，所表现出的强度性能也不同。当然，材料的强度测定，还受各种试验条件的影响，如试件的大小、材料的含水量、施力速度以及环境温度等，都会对强度值产生影响。因此，必须严格按照规定的试验方法进行测定，才能保证测值的准确可靠。

为了评价材料的轻质高强效能，往往采用"比强度"这一指标，即材料的抗压强度与其容重之比。"比强度"的值越大，说明材料的轻质高强效能越好。

（2）弹性和塑性

弹性和塑性均指材料受到外力（荷载）作用时的变形性质。

1）材料的弹性

材料在外力作用下产生变形，当外力消除后，能够完全恢复到原来形状的性质称为弹性。而这种完全恢复的变形称为弹性变形（或瞬时变形）。材料的弹性变形曲线如图 2-4 所示。

2）材料的塑性

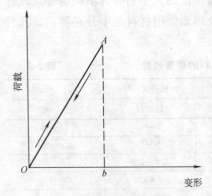

图 2-4　材料的弹性变形曲线

材料在外力作用下产生变形，在外力消除后，仍保持变形后的形状及尺寸而且材料本身也无裂缝产生的性质，称为塑性。这种不能恢复的变形称为塑性变形（或永久变形）。材料典型的塑性变形曲线如图 2-5 所示。图中的水平直线 $AB$ 表明，材料在受到一定的外力作用

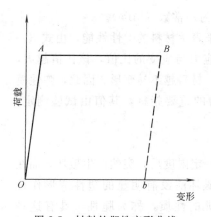

图 2-5　材料的塑性变形曲线
　　　OA—弹性变形　AB—塑性变形

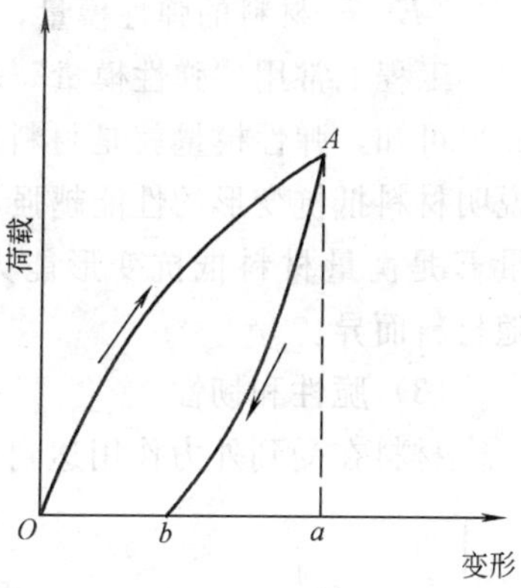

图 2-6　材料的弹塑变形

后，在外力不继续增加的情况下，材料仍在继续产生不能恢复的变形，即塑性变形。

　　材料的变形性能，同样取决于它们的成分和组织构造。就同一种材料而言，在不同的受力阶段也多表现出兼有上述两种变形的性质。有些材料在受力不大的情况下表现为弹性变形，但在受力超过一定的限度之后，又表现为塑性变形，建筑工程中常用到的低碳钢就是这样。而另外有些材料，在受力时弹性变形与塑性变形同时产生（如图 2-6 所示）。若取消外力，则弹性变形 ab 可以恢复，而塑性变形 Ob 则不能恢复。混凝土材料在受力后的变形就属于这种类型。

　　当材料处于弹性阶段时，其变形与外力成正比关系，这种性质在物理学中称为虎克定律。虎克定律可用下列的简单方程表达：

$$\sigma = E\varepsilon \tag{2-18}$$

则　　　　　　　　　$$E = \sigma/\varepsilon \tag{2-19}$$

式中　$\sigma$——应力，即材料单位面积上所承受的力（MPa）；

　　　　$\varepsilon$——应变，即材料单位长度上所发生的变形；

$E$——材料的弹性模量，为一常数（MPa）。

工程上常用"弹性模量"来表示材料的弹性性能，由式（2-19）可知，弹性模量就是材料应力与应变的比值，该比值越大，说明材料抵抗变形的性能越强，材料越不易变形。因此，弹性模量 $E$ 是衡量材料抵抗变形能力的重要指标，其值由试验测定，随材料而异。

（3）脆性和韧性

材料在受到外力作用达到一定限度后，突然产生破坏，而在

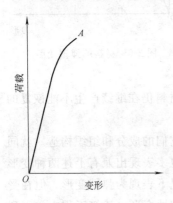

图 2-7　脆性材料的变形曲线

破坏前没有明显的塑性变形作征兆的性质，称为脆性。具有这种性质的材料称为脆性材料。如石材、普通混凝土、砖、铸铁、玻璃等。脆性材料的抗压强度往往高于抗拉强度很多倍，其抗拉能力较弱，抵抗冲击、震动荷载的能力也很弱。所以在工程上。脆性材料主要用于承受压力。脆性材料的变形曲线如图 2-7。

在冲击或动力荷载作用下，材料能吸收较大的能量，同时也能产生较大变形而不致破坏的性质，称为韧性（冲击韧性）。具有这种性质的材料称为韧性材料，如建筑钢材、木材等。对用于地面、轨道、吊车梁等有动力荷载作用的部件及有抗震要求的结构，均应考虑材料的韧性。

（4）硬度与耐磨性

硬度是指材料能抵抗其他较硬物体压入的能力。耐磨性是指材料抵抗磨损的能力。

在建筑工程中，某些部位的面层，直接与其他物体接触或摩擦，如地面、踏步面层等，必须使用硬度和耐磨性较好的材料。

材料的硬度与耐磨性同它的强度和内部构造有关。

（5）材料的耐久性

材料在长期的使用过程中，除受到各种外力（荷载）的作用外，还会受到各种自然因素的破坏作用。这些破坏作用一般可分为物理作用、机械作用、化学作用和生物作用等几个方面。

物理作用：包括材料所受的干湿变化、温度变化和冻融循环作用。这些变化或使材料发生体积的收缩和膨胀，或使材料内部裂缝逐渐开展，经过长期的作用之后，材料即发生破坏。

机械作用：包括持续荷载、反复荷载对材料的破坏作用，这些作用将引起材料的疲劳、冲击疲劳和磨损等。

化学作用：包括酸、碱、盐等物质的水溶液和有害气体的侵蚀作用。这些侵蚀作用使材料逐渐发生质变而引起破坏。

生物作用：主要是指由于昆虫或菌类的危害所引起的破坏作用。

使用中的材料所受到的破坏作用，常常是上述几种破坏因素的联合作用。如石材、砖瓦、混凝土、砂浆等，当它们暴露在大气中时，既要受到物理破坏作用，又会受到大气中某些气体的腐蚀作用，若在水中，除物理作用外，还要受到环境水的化学侵蚀作用，而在严寒地区，还会受到冻害的破坏。材料在这几种因素的共同作用下，往往很快就产生了严重的破坏。

综上所述，所谓材料的耐久性即为：使用中的材料，在上述各种因素的作用下，且在规定的使用期限内不破坏，也不失去原有性能的性质。

耐久性是材料的一项综合性质，诸如抗冻性、抗风化性、抗老化性、耐化学腐蚀性等，均属于耐久性的范围。另外，材料的强度、抗渗性、耐磨性等均与材料的耐久性有着很密切的关系。提高建筑材料的耐久性，不仅对延长建筑物的正常使用年限具有重大意义，而且也是节约建筑材料的重要措施之一。为此，应根据具体的使用情况以及材料特点而采取相应的措施，可设法减轻大气或其他介质对材料的破坏作用，如降低湿度、排除侵蚀性物质等；还可以考虑提高材料本身对大气作用的抵抗能力，如提高材料的密实度，适当改变材料成分，进行防腐处理等；另外，用其他材料作为主体材料的保护层，可达到使主体材料尽量少受破坏的效果，如覆面、油漆等。

## （二）胶 凝 材 料

工程中主要起粘结作用的一类材料，统称为胶凝材料。胶凝材料是指那些经过自身的物理、化学作用后，能够由液态或半固体状态变成具有一定强度的坚硬固体，并能够在硬化过程中把散粒的或块状的材料胶结成为一个整体的物质。建筑工程中常用的胶凝材料按其化学成分可分为有机胶凝材料和无机（矿物）胶凝材料两大类。无机胶凝材料的品种较多，按其硬化条件的不同又可以分为气硬性胶凝材料与水硬性胶凝材料。

所谓气硬性胶凝材料，是一种只能在空气中硬化、产生强度并长期保持或继续提高其强度的无机胶凝材料，如石灰、石膏、水玻璃、镁质胶凝材料等。气硬性胶凝材料一般抗水性差，不宜在潮湿环境、地下工程及水中工程中使用。

### 1. 石灰

石灰是一种古老的建筑材料，其原料分布广泛，生产工艺简单，使用方便，成本低廉，属于量大面广的地方性建筑材料，目前仍广泛地应用于建筑工程中。

（1）石灰的烧制及对使用的影响

石灰的原料多采用石灰石等以含碳酸钙为主的天然岩石，其成分除碳酸钙外还含有不同程度的黏土、碳酸镁、硅石等杂质。原料越纯，即所含碳酸钙越多，得到的有效成分氧化钙才能越多。杂质会使石灰的质量降低。如杂质少、含碳酸钙多的石灰石，会烧出有效成分高的钙质石灰；含碳酸镁多的石灰石，会烧出镁质石灰，含黏土、硅石多的石灰石，会烧出硅质石灰。所以在评价石灰的好坏时，往往先考虑产地和原料。石灰石经煅烧分解，放出二氧化碳气体，得到的产品即为生石灰，其反应式下：

$$CaCO_3 \stackrel{\triangle}{=\!=\!=} CaO + CO_2\uparrow$$

煅烧时石灰石中所含的少量碳酸镁也随着在较低的温度下分解，其反应式如下：

$$MgCO_3 \stackrel{\triangle}{=\!=\!=} MgO + CO_2\uparrow$$

生石灰的主要成分是氧化钙，其次是氧化镁。从理论上讲，碳酸钙的分解温度为 898.6℃，但在实际生产中应根据窑的类型、石灰石的密实度以及块度等因素控制煅烧温度，石灰的锻烧温度常在 1000～1200℃。由于碳酸镁的分解温度是 700℃，故很容易引起过烧，形成消解能力很低的过火氧化镁。为克服因氧化镁的含量过多而造成的有害影响，国家标准在钙质石灰中限定其含量要小于或等于 5%。另外，当石灰石中的杂质含量较多时，应适当降低煅烧温度。

当石灰的原料和窑炉的形式确定之后，锻烧工作就成为影响石灰质量的关键因素，因此在评价石灰的质量时，也要注意窑炉的类型及煅烧时的火度。煅烧良好的石灰块，火度均匀，质地较轻（容重为 800～1000kg/m³），断面呈均匀的白色或灰色，硬度一致且容易熟化。煅烧时若温度太低，则会发生欠火现象，生成的欠火石灰中含有大量未分解的碳酸钙，既不能消解也无法使用，是生石灰中的废品；若温度太高，则会发生过火现象，生成的过火石灰因黏土杂质和氧化钙在高温下形成的熔融物包裹在石灰颗粒的表面，其熟化过程非常缓慢。后期熟化的石灰往往使已硬化的制品产生隆起、崩裂或局部脱落甚至全面破坏等，严重影响工程的质量。因此，在石灰的煅烧过程中，应密切注意煅烧温度以确保生石灰的质量。

（2）石灰的熟化和硬化

生石灰为块状物，使用时必须将其变成粉末状，一般常采用加水消解的方法。生石灰加水消解为熟石灰的过程称为石灰的消解或熟化过程。其反应式如下：

$$CaO_2 + H_2O \xrightarrow{\hspace{1.5cm}} Ca(OH)_2 + 64.83kJ$$

熟化后的石灰称为熟石灰，其成分以氢氧化钙为主。根据加水量的不同，石灰可被熟化成粉状的消石灰、浆状的石灰膏和液体状态的石灰乳。

生石灰在熟化过程中放出大量的热量，形成蒸汽，体积也将膨胀 1.5～2.0 倍。因此在化灰时要严守操作规程，注意劳动保护。在估计熟石灰的贮器时，应充分考虑体积膨胀问题。

为保证石灰的充分熟化，进一步消除过火石灰的危害，必须将石灰在化灰池内放置两周以上，这一储存期在工程上常称为"陈化"。

石灰的硬化包括氢氧化钙的结晶与碳化两个同时进行的过程。

结晶，是指石灰浆中的水分在逐渐蒸发，或被砌体吸收后，氢氧化钙从饱和溶液中析出，形成结晶。

碳化，是指氢氧化钙吸收空气中的二氧化碳，生成不溶解于水的碳酸钙结晶，析出水分并被蒸发，其反应式如下：

$$Ca(OH)_2 + CO_2 + nH_2O \xrightarrow{\hspace{1.5cm}} CaCO_3 + (n+1)H_2O$$

空气中二氧化碳的含量很低，约为空气体积的万分之三，石灰的碳化作用也只发生在与空气接触的表面，表面碳化后生成的碳酸钙薄膜阻止二氧化碳向石灰内部的继续渗透，同时也影响石灰内部水分的蒸发，所以石灰的碳化过程十分缓慢。而氢氧化钙的结晶作用则主要是在内部发生，其过程也比碳化过程快得多。因此石灰浆体硬化后，是由表里两种不同的晶体组成的，氢氧化钙结晶连生体与碳酸钙结晶互相交织，使硬化后的石灰浆具有强度。

石灰浆在干燥后，由于大量水分蒸发，将发生很大的体积收缩，引起开裂，因此一般不单独使用净浆，常掺加填充或增强材料，如与砂、纸筋、麻刀等混合使用，可减少收缩，节约石灰用量；加入少量水泥、石膏则有利于石灰的硬化。

（3）石灰的质量标准

我国于1992年颁发了《建筑石灰》标准，标准代号为JC/T 481—1992。其中规定：建筑石灰按品种可分为生石灰、消石灰粉；按石灰中氧化镁含量的多少可分为钙质石灰、镁质石灰，白云石石灰具体指标如表2-3所列。

钙质、镁质、白云石消石灰粉的分类界限　　表2-3

| 品　　　种 | MgO 指标 | 品　　　种 | MgO 指标 |
|---|---|---|---|
| 钙质消石灰粉 | MgO≤4% | 白云石消石灰粉 | MgO25%～30% |
| 镁质消石灰粉 | MgO4%～24% | | |

标准对生石灰、消石灰粉两种产品的分等及技术指标均作出了规定。对生石灰的技术要求共有两项，一项是有效成分含量的多少，另一项是不能消解的残渣含量的多少。有效成分含量大，表示石灰的活性高、质量好；未消解的残渣含量大，表示杂质多，石灰的质量差。生石灰的等级及其技术指标如表2-4所列。

标准对消石灰粉的技术要求除有效成分的含量外，对其细度和含水率也作出了必要的规定，具体指标如表2-5所列。生石灰及消石灰粉各项技术指标的鉴定，均需按GB 1594—79《建筑石灰试验方法》进行。

生石灰的技术指标　　表2-4

| 项　　　目 | 钙质石灰 | | | 镁质石灰 | | |
|---|---|---|---|---|---|---|
| | 优等 | 一等 | 二等 | 优等 | 一等 | 二等 |
| 有效钙加氧化镁含量不小于(%) | 90 | 85 | 80 | 85 | 80 | 75 |
| 未消化残渣含量(5mm圆孔筛的筛余)不大于(%) | 5 | 7 | 9 | 6 | 8 | 10 |
| 0.90mm 筛晒余量(%)不大于(细度) | 0.2 | 0.5 | 1.5 | 0.2 | 0.5 | 1.5 |

| 项　目 | | 钙质消石灰粉 | | | 镁质消石灰粉 | | | 白云石消石灰粉 | | |
|---|---|---|---|---|---|---|---|---|---|---|
| | | 优等品 | 一等品 | 合格品 | 优等品 | 一等品 | 合格品 | 优等品 | 一等品 | 合格品 |
| CaO＋MgO 含量不小于（%） | | 70 | 65 | 60 | 65 | 60 | 55 | 65 | 60 | 55 |
| 游离水（%） | | 0.4～2 | 0.4～2 | 0.4～2 | 0.4～2 | 0.4～2 | 0.4～2 | 0.4～2 | 0.4～2 | 0.4～2 |
| 体积安定性 | | 合格 | 合格 | — | 合格 | 合格 | — | 合格 | 合格 | — |
| 细度 | 0.9mm 筛筛余量（%）不大于 | 0 | 0 | 0.5 | 0 | 0 | 0.5 | 0 | 0 | 0.5 |
| | 0.125mm 筛筛余量（%）不大于 | 3 | 10 | 15 | 3 | 10 | 15 | 3 | 10 | 15 |

（4）石灰的应用及贮运

石灰的用途很广，可制造各种无熟料水泥及碳化制品、硅酸盐制品等。以石灰为原料可配制成石灰砂浆、石灰水泥混合砂浆等，常用于砌筑和抹灰工程。在石灰中掺加大量水，配制出的石灰乳可用于粉刷墙面，若再掺加各种色彩的耐碱颜料，可获得极好的装饰效果。由石灰、黏土配制的灰土，或由石灰、黏土、砂、石渣配制的三合土，都已有数千年的应用历史，它们的耐水性和强度均优于纯石灰膏，一直广泛地应用于建筑物的地基基础和各种垫层。另外化工厂作为废料推出的电石渣，其主要成分是氢氧化钙，因此是石灰的良好代用品。使用电石渣，不仅能节省石灰，节省制造石灰的能源及降低工程成本，同时也利于工业废渣的治理。

石灰遇水后易发生水化作用，因此生石灰必须储存在干燥的环境中，运输时要做好各项防水工作，避免石灰受潮、淋雨，防止火灾发生或使石灰失去效能。由于石灰遇空气易发生气化作用，因此应避免石灰的露天存放。石灰在库内的存储期也不宜过长，最好做到随到随化，既避免气化的发生，又使熟化进行得彻底。

## 2. 石膏

石膏是一种具有很多优良性能的气硬性无机胶凝材料，是建材工业中广泛使用的材料之一，其资源丰富，生产工艺简单。作为新兴建筑材料的石膏制品，在国外已得到普遍应用和迅速发展，近几年来，我国在开发、应用石膏制品方面也取得了很大进展。

（1）石膏的烧制及硬化原理

石膏的原料，主要有天然二水石膏 $CaSO_4 \cdot 2H_2O$（又称生石膏）、天然无水石膏 $CaSO_4$（又称硬石膏）等。石膏的主要生产工序是加热煅烧和磨细，随加热煅烧温度与条件的不同，所得到的产品也不同，通常可制成建筑石膏和高强石膏等，在建筑上使用最多的是建筑石膏。

建筑石膏，是由天然二水石膏在 $107 \sim 175℃$ 温度下煅烧分解而得到的半水石膏，也称熟石膏。使用时，建筑石膏加水后成为可塑性浆体，但很快就失去塑性，以后又逐步形成坚硬的固体。建筑石膏的凝结硬化过程实际上是半水石膏还原为二水石膏的过程。

半水石膏加水后首先进行水化，由于二水石膏在水中的溶解度比半水石膏小得多，所以二水石膏胶体微粒不断地从过饱和溶液中析出，使原来的半水石膏溶液下降为非饱和状态。为保持原有半水石膏的平衡浓度，半水石膏会进一步溶解以补充溶液浓度，这样便加速又一批二水石膏的生成。如此不断地进行半水石膏的溶解和二水石膏的析出，使二水石膏胶体微粒逐步增多并转变为晶体，石膏浆体也随之具有强度。

石膏调浆的水量、加入的外加剂以及周围环境温度，都是影响凝结速度的因素。温度越高，半水石膏的溶解度越低，因而会延缓石膏的凝结速度。加入卤化物、硝酸盐、水玻璃等，可提高石膏的溶解度，从而加速凝结。加入硼砂、动物胶、亚硫酸盐纸浆废液等，可降低其溶解度，得到缓凝的效果。

（2）建筑石膏的质量标准

纯净的建筑石膏为白色，密度为 $2.5\sim2.7kg/m^3$，松散容重为 $800\sim1100kg/m^3$，紧密容重 $1250\sim1450kg/m^3$。根据国家标准《建筑石膏标准》（GB 9776—88），建筑石膏共分为三等，具体指标见表 2-6。

建筑石膏质量标准 表 2-6

| 技术指标 | | 优等品 | 一等品 | 合格品 |
|---|---|---|---|---|
| 强度（MPa） | 抗折强度 ≥ | 2.5 | 2.1 | 1.8 |
| | 抗压强度 ≥ | 4.9 | 3.9 | 2.9 |
| 细度 | 0.2mm 方孔筛筛余（%）≤ | 5.0 | 10.0 | 15.0 |
| 凝结时间（min） | 初凝时间 ≥ | 6 | | |
| | 终凝时间 ≥ | 30 | | |

（3）建筑石膏的特性、应用及贮存

建筑石膏的凝结硬化速度很快，其原因在于半水石膏的溶解及二水石膏的生成速度都很快，工程中使用石膏，可得到省工时、加快模具周转的良好效果。

石膏在硬化时体积略有膨胀，不易产生裂纹，利用这一特性可制得形状复杂、表面光洁的石膏制品，如各种石膏雕塑、石膏饰面板及石膏装饰件等。

石膏完全水化所需要的用水量仅占石膏质量的 18.6%，为使石膏具有良好的可塑性，实际使用时的加水量常为石膏质量的 60%～80%。在多余的水蒸发后，石膏中留下了许多孔隙，这些孔隙使石膏制品具有多孔性。另外，在石膏中加入泡沫剂或加气剂，均可制得多孔石膏制品。多孔石膏制品具有容重轻、保温隔热及吸声效果好的特性。

石膏制品具有较好的防火性能。遇火时硬化后的制品因结晶水的蒸发而吸收热量，从而可阻止火焰蔓延，起到防火作用。石膏容易着色，其制品具有较好的加工性能，这些都是工程上的可贵特性。石膏的缺点是吸水性强，耐水性差。石膏制品吸水后强度显著下降并变形翘曲、若吸水后受冻，则制品更易被破坏。因此在贮存、运输及施工中要严格注意防潮防水，并应注意储存期不宜过长。

随着炼铝和制造磷肥等工业的发展，各种副产品如磷石膏、氟石膏等将大量产生，这些副产品是石膏的良好代用品。在我国有些地区已研制成许多磷石膏或氟石膏制品。

建筑石膏的应用很广，工程中宜用于室内装饰、保温隔热、吸声及防火等。建筑石膏加水调成石膏浆体，可用于室内粉刷涂料，加水、砂拌合成石膏砂浆，可用于室内抹灰或作为油漆打底层。石膏板是以建筑石膏为主要原料而制成的轻质板材，具有质轻、吸声、保温隔热、施工方便等特点。我国石膏资源丰富，石膏加工设备简单、生产周期短，此外还可利用含硫酸钙的工业废料，因此石膏板是一种有发展前途的新兴轻质板材。目前我国生产的石膏板产品，主要有纸面石膏板、空心石膏板、纤维石膏板及石膏装饰板等。

建筑石膏的耐水性及抗冻性均较差。受潮后，建筑石膏晶体间的粘结力削弱，强度显著降低，遇水则晶体溶解，从而引起破坏，若吸水后又受冻，建筑石膏将因孔隙中水分结冰而崩裂。所以建筑石膏在贮存及运输中应严防受潮。

### 3. 水玻璃

水玻璃是一种气硬性胶凝材料，在建筑工程中常用来配制水玻璃胶泥和水玻璃砂浆，以配制水玻璃涂料，特别是在防酸、耐热工程中使用更为广泛。

水玻璃又称泡花碱，是一种性能优良的矿物胶，它能够溶解于水，并能在空气中凝结硬化，具有不燃、不朽、耐酸等多种性能。

建筑使用的水玻璃，通常是硅酸钠的水溶液，硅酸钠的分子式为 $Na_2O \cdot nSiO_2$，式中 $n$ 为氧化硅（$SiO_2$）与氧化钠

（$Na_2O$）的克分子比值，称为水玻璃的硅酸盐模数。$n$ 值的大小决定了水玻璃溶解的难易程度，$n$ 值越大，水玻璃的黏性越大，溶解越困难，硬化也会越快。常用水玻璃的 $n$ 值，一般在 2.5～3.0 之间，大于 3.0 时，需在 4 个表压下才能溶解。

硅酸盐水玻璃的制取方法一般有两种，一种为干法（两步法），即将石英粉或石英岩粉配以碳酸钠或硫酸钠，放入玻璃熔炉内，以 1300～1400℃ 温度融化，冷却后得到固体水玻璃，再放入 3～8 个表压的蒸汽锅中溶成黏稠状液体。另一种方法称为湿法（一步法），是将石英砂和苛性钠在蒸压锅内用高压蒸汽加热，直接溶成液体的水玻璃。

水玻璃能在空气中与二氧化碳反应生成硅胶，由于硅胶脱水析出固态的二氧化硅而硬化。这一硬化过程进行缓慢，为加速其凝结硬化，常掺入适量的促硬剂氟硅酸钠，以加快二氧化硅凝胶的析出，并增加制品的耐水效力。氟硅酸钠的适宜掺量为水玻璃质量的 12%～15%。因氟硅酸纳具有毒性，操作时应注意劳动保护。凝结硬化后的水玻璃具有很高的耐酸性能，工程上常以水玻璃为胶结材料，加耐酸骨料配制耐酸砂浆、耐酸混凝土。由于水玻璃的耐火性良好，因此常用作防火涂层、耐热砂浆和耐火混凝土的胶结料。将水玻璃溶液涂刷或浸渍在含有石灰质材料的表面，能够提高材料表层的密实度，加强其抗风化能力。若把水玻璃溶液与氯化钙溶液交替灌入土壤内，则可加固建筑地基。

水玻璃混合料是气硬性材料，因此养护环境应保持干燥，存储中应注意防潮防水，不得露天长期存放。

### 4. 菱苦土

苛性菱苦土，又名菱苦士、苦土粉。系用菱镁矿（主要成分为碳酸镁），经 750～850℃ 煅烧磨细而制得的白色或浅黄色粉末，其主要成分为氧化镁，属镁质胶凝材料。菱苦土的密度为 3.2 左右，容重为 800～900kg/m³，其密度是鉴定煅烧是否正常的重要指标，若密度小于 3.1，说明煅烧温度不够，若密度大于

3.4，说明煅烧温度过高。

在使用时，菱苦土一般不用水调和而多用氯化镁溶液。因为菱苦土加水后，生成的氢氧化镁溶解度小，很快达饱和状态而被析出，呈胶体膜包裹了未水解的氧化镁微粒，使继续水化发生困难，因而表现为硬化后结构疏松，强度低。再则，氧化镁在水化过程中产生很大热量，致使拌和水沸腾，从而导致硬结后的制品易产生裂缝。采用氯化镁溶液拌和不仅可避免上述危害的发生，而且能加快凝结，显著提高菱苦土制品的强度。

菱苦土能够与植物纤维很好地胶结在一起，且长期不发生腐蚀，又因其加色容易、加工性能良好，故常与木丝、木屑混合制成菱苦土木屑地板、木丝板、木屑板等。用氯化镁溶液调制的菱苦土制品，突出的弱点是抗水性差，若在加氯化镁的同时加入硫酸亚铁，可提高菱苦土制品的抗水性。

菱苦土制品不适于潮湿环境，故不能在水中及地下工程中使用。在运输以及贮存时，应避免受潮，以防苛性菱苦土的活性降低。

## 5. 水泥

水泥属水硬性无机胶凝材料。所谓水硬性无机胶凝材料，是指既能在空气中硬化，也能更好地在水中硬化并长久地保持或提高其强度的无机胶凝材料。这类材料既可用于干燥环境，同时也适用于潮湿环境及地下和水中工程。

水泥与适量水混合后，经物理化学过程，能由可塑性浆体变成坚硬的石状体，并能将散粒状材料胶结为整体的混凝土。

水泥的品种很多，一般按用途及性能可分为通用水泥、专用水泥和特性水泥三类。依主要水硬性物质名称又可分为硅酸盐类水泥、铝酸盐类水泥、硫铝酸盐类水泥等。建筑工程中应用最广泛的是硅酸盐类水泥。

硅酸盐类常用的五大水泥，即硅酸盐水泥、普通硅酸盐水泥、矿渣硅酸盐水泥、火山灰质硅酸盐水泥和粉煤灰硅酸盐水泥。

（1）硅酸盐水泥

国家标准《硅酸盐水泥、普通硅酸盐水泥》（GB 175—1999）规定：凡由硅酸盐水泥熟料、0%～5%石灰石或粒状高炉矿渣、适量石膏磨细制成的水硬性胶凝材料，称为硅酸盐水泥。硅酸盐水泥即国际上通称的波特兰水泥。

1）硅酸盐水泥的生产过程

硅酸盐水泥的生产过程主要是生料制备、煅烧及熟料磨细。所谓生料，是指未经煅烧的水泥原料按比例混合磨细所得的材料，熟料是指经过煅烧而成的块状材料。水泥生产的关键是通过煅烧获得具有一定矿物组成的熟料。

2）硅酸盐水泥的矿物组成及其主要特性

主料在煅烧过程中其各种原料首先逐步分解为氧化钙、氧化硅、氧化铝及氧化铁。在更高的温度下，这些氧化物相化合，形成以硅酸钙为主要成分的熟料矿物。为得到具有合理矿物组成的水泥熟料，这四种主要的化学成分应控制在如下范围：

氧化钙（CaO）　　　　　64%～67%

氧化硅（$SiO$）　　　　 21%‑24%

氧化铅（$Al_2O_3$）　　　4%～7%

氧化铁（$Fe_2O_3$）　　　2%～5%

此外，熟料中的有害成分游离氧化镁的含量不得超过5%。硅酸盐水泥熟料的主要矿物组成及其含量范围见表2-7。

硅酸盐水泥熟料的矿物组成　　　　表 2-7

| 组成矿物名称 | 化学分子式 | 缩写 | 含量（%） | |
|---|---|---|---|---|
| 硅酸三钙 | $3CaO \cdot SiO_3$ | $C_3S$ | 37～60 | 75～82 |
| 硅酸二钙 | $2CaO \cdot SiO_3$ | $C_2S$ | 15～37 | |
| 铝酸三钙 | $3CaO \cdot Al_2O_3$ | $C_3A$ | 7～15 | 18～25 |
| 铁铝酸四钙 | $4CaO \cdot Al_2O_3 \cdot Fe_2O_3$ | $C_4AF$ | 10～18 | |

表中所列的四种熟料矿物中，硅酸三钙约占50%，硅酸二

钙约占 25%，铝酸三钙及铁铝酸四钙共约占 25%。由于硅酸盐约占 75%以上，所以称之为硅酸盐水泥。

上述几种熟料矿物在单独与水作用时所表现的特性如下：

（A）硅酸三钙

硅酸三钙是硅酸盐水泥熟料中的主要矿物成分，遇水时水化反应速度快，水化热高，凝结硬化快，其水化产物表现为早期强度高。硅酸三钙是赋于硅酸盐水泥早期强度的主要矿物。

（B）硅酸二钙

硅酸二钙是硅酸盐水泥中的主要矿物，遇水时水化反应速度慢，水化热很低，遇水时水化产物表现为早期强度低而后期强度增进较高。硅酸二钙是决定硅酸盐水泥后期强度的矿物。

（C）铝酸三钙

铝酸三钙在硅酸盐水泥中的含量一般为 7%～15%，遇水时水化反应极快，水化热很高，水化产物的强度很低。铝酸三钙主要影响硅酸盐水泥的凝结时间，同时也是水化热的主要来源。由于在煅烧过程中，铝酸三钙的熔融物是生成硅酸三钙的基因，故被称为"熔煤矿物"。

（D）铁铝酸四钙

铁铝酸四钙在硅酸盐水泥中的含量为 10%～18%，遇水时水化反应速度快，水化热低，水化产物的强度也很低。由于在煅烧熔融阶段有助于硅酸三钙的生成，同样属于"熔煤矿物"。

由此可知，这几种熟料矿物在与水单独作用时所表现出的性能是不同的。硅酸盐水泥所具有的许多技术性能，主要是水泥熟料中几种矿物进行水化作用的结果。改变熟料矿物成分间的比例，水泥的技术性能会随之而变化。例如提高硅酸三钙、硅酸二钙的含量，可以制得具有快硬特性的水泥；降低铝酸三钙、硅酸三钙的含量，提高硅酸二钙的含量，可制得水化热低的大坝水泥。

3）硅酸盐水泥的凝结和硬化

水泥加水拌和后，最初形成具有可塑性的浆体，然后逐渐变稠失去塑性，这一过程称为初凝，开始具有强度时称为终凝，由初凝到终凝的过程称为凝结。终凝后强度逐渐提高并变成坚固的石状物体——水泥石，这一过程称为硬化。水泥的凝结硬化过程大致可分为如下三个阶段：

（A）溶解期

水泥与水调和后，其几种主要矿物即发生化学反应，生成水化物。某些水化物之间还会再一次发生反应，形成新的水化物。四种矿物的水化反应及主要水化物如下：

硅酸三钙水化反应较快，生成水化硅酸钙及氢氧化钙：

$$2(3CaO \cdot SiO_2) + 6H_2O = 3CaO \cdot 2SiO_2 \cdot 3H_2O + 3Ca(OH)_2$$

由于氢氧化钙的生成，使溶液迅速饱和，此后各矿物的水化都是在这种石灰饱和溶液中进行的。

硅酸二钙水化反应较慢，生成水化硅酸钙和氢氧化钙：

$$2(2CaO \cdot SiO_2) + 4H_2O = 3CaO \cdot 2SiO_2 \cdot 3H_2O + Ca(OH)_2$$

铝酸三钙水化反应最快，生成水化铝酸钙：

$$3CaO \cdot Al_2O_3 + 6H_2O = 3CaO \cdot Al_2O_3 \cdot 6H_2O$$

铁铝酸四钙加水后，较快地生成水化铝酸钙及水化铁酸钙：

$$4CaO \cdot Al_2O_3 \cdot Fe_2O_3 + 7H_2O =$$

$$3CaO \cdot Al_2O_3 \cdot 6H_2O + CaO \cdot Fe_2O_3 \cdot H_2O$$

另外，掺入的石膏与部分水化铝酸钙反应，生成难溶的水化硫铝酸钙以针状结晶析出，这些水化硫铝酸钙的存在，延缓了水泥的凝结时间，其化学反应式如下：

$$3CaO \cdot Al_2O_3 \cdot 6H_2O + 3(CaSO_4 \cdot 2H_2O) + 19H_2O =$$

$$3CaO \cdot Al_2O_3 \cdot 3CaSO_4 \cdot 31H_2O$$

综上所述，硅酸盐水泥在溶解期内，经水化反应后生成了以下五种主要的水化物：水化硅酸钙、水化铝酸钙、氢氧化钙、水化铁酸钙和水化硫铝酸钙。这些水化物的综合效果，决定了水泥石的凝结硬化过程和所具有的性能。

（B）凝结期

经过溶解期后，溶液已达饱和，水继续与水泥颗粒作用而形成的水化物已不能再溶解，它们根据各自的溶解度和结构形式的不同，先后以胶体状态析出，最后发展成为网状絮凝结构的凝胶体，随着凝胶体的逐渐变稠，水泥浆慢慢失去塑性，从而表现为水泥的凝结。

（C）硬化期

由于凝胶体的形成以及发展，使水泥的水化工作越来越困难，因此在凝结后，水泥中还存有大量未完全水化的颗粒，它们吸收凝胶体内的水分继续进行水化作用，使凝胶体由于水分渐渐干涸、脱水而趋于紧密。同时氢氧化钙及水化铝酸钙也由胶质状态转化为稳定的结晶状态，随着结晶体的增生和凝胶体的紧密，两者相互结合，使水泥硬化并不断增长强度。

总之，水泥的凝结、硬化过程，是一个长期而又复杂的、交错进行的物理化学变化过程。

影响凝结硬化的因素主要有以下几个方面：

a）矿物组成：矿物成分影响水泥的凝结硬化，组成的矿物不同，使水泥具有不同的水化特性，其强度的发展规律也必然不同。

b）水泥细度：水泥颗粒的粗细影响着水化的快慢。同样质量的水泥，其颗粒越细，总表面积越大，越容易水化，凝结硬化越快，其颗粒越粗，表现则相反。

c）用水量：拌和水的用量，影响着水泥的凝结硬化。加水太多，水化固然进行得充分，但水化物间加大了距离，减弱了彼此间的作用力，延缓了凝结硬化；再者，硬化后多余的水蒸发，会留下较多的孔隙而降低水泥石的强度。因此，适宜的加水量，可使水泥充分水化，加快凝结硬化，并能减少多余水分蒸发所留下的孔隙。同时，由于水化物结合水减少，结晶过程受到抑制而形成更紧密的结构。所以在工程中，减小水灰比，是提高水泥制品强度的一项有利措施。

d）温湿度：温度和湿度，是保障水泥水化和凝结硬化的重要外界条件。必须在高湿度环境下，才能维持水泥的水化用水，如果处于干燥环境下，强度会过早停滞，并不再增长，因此，水泥制品成型凝结后，要加强湿度养护，特别是早期的养护。一般地说，温度越高，水泥的水化反应越快，当处于 0℃ 以下的环境时，凝结硬化完全停止。因此在保障湿度的同时，还要有适宜的温度，水泥石的强度才能不断增长。通常对水泥制品多采用蒸汽养护的措施。

e）石膏掺量：石膏掺入水泥中的目的主要是延缓水泥浆的凝结速度，若过量，会引起水泥石的膨胀破坏，因此应严格控制，一般情况下，石膏的掺量应占水泥总量的 3%～5%。

4）硅酸盐水泥的主要技术性质

（A）密度与容重

硅酸盐水泥的密度主要取决于熟料的矿物组成、熟料的煅烧程度以及水泥的储存条件、储存时间等。硅酸盐水泥的密度一般为 $3.1～3.2g/cm^3$，堆积密度为 $1000～1600kg/m^3$。

（B）细度

细度是指水泥颗粒的粗细程度，细度对水泥的凝结硬化速度、强度、需水性及硬化收缩等均有影响。成分相同的水泥，颗粒越细，与水起反应的表面积越大，则凝结硬化速度越快，早期强度越高。但细小颗粒粉磨时，能量消耗较大，故成本较高，而且拌合水用量增大，在空气中硬化后体积收缩率大。

一般认为，水泥的水化速度及强度，主要取决于小于 $40\mu m$ 的各种粒级的颗粒。国家标准《硅酸盐水泥、普通硅酸盐水泥》（GB 175—1999）规定，硅酸盐水泥比表面积大于 $300m^2/kg$，普通水泥 $80\mu m$ 方孔筛筛余不得超过 10%。

（C）标准稠度用水量

标准稠度用水量是指水泥净浆达到标准稠度时，所需要的拌和水量占水泥质量的百分率。所谓标准稠度，是人为规定的水泥净浆状态，即按 GB 1346—1989 所规定的方法，在特制的稠度仪上，角锥沉入深度达到 28±2mm 时的稀稠状态。

测定水泥标准稠度用水量的意义在于：一方面可直接比较水泥需水量的大小，另一方面可使水泥凝结时间、安定性等的测试准确可比。根据国家规定，标准稠度用水量需采用标准稠度测定仪测定。硅酸盐水泥的标准稠度用水量一般在23%～30%之间。

(D) 凝结时间

凝结时间是指水泥从加水拌和开始到失去流动性，即从可塑状态发展到固体状态所需要的时间。

水泥的凝结时间，通常分为初凝时间和终凝时间。初凝时间是从水泥加水拌和起，至水泥浆开始失去可塑性所需要的时间；终凝时间则是从水泥加水拌合起，至水泥浆完全失去可塑性并开始产生强度所需要的时间。

水泥的凝结时间在施工中具有重要意义。根据工程施工的要求，水泥的初凝不宜过早，以便施工时有足够的时间来完成搅拌、运输、操作等；终凝不宜过迟，以便水泥浆的适时硬化，及时达到一定的强度，以利于下道工序的正常进行。国家标准规定：硅酸盐水泥的初凝时间不得早于45min，一般为1～3h，终凝时间不得迟于6.5h；普通水泥初凝时间不得早于45min，终凝不得迟于10h。影响凝结时间的因素主要有：水泥熟料中的矿物成分、水泥细度、石膏掺量及混合材料掺量等。

(E) 体积安定性

体积安定性是指水泥浆体在硬化过程中体积是否均匀变化的性能。

水泥中含有的游离氧化钙、氧化镁及三氧化硫是导致体积不安定现象发生的重要原因。此外，当石膏掺量过多时，也会引起安定性不良。

国家标准规定，水泥体积安定性用沸煮法检验必须合格。但由于沸煮法仅能检验因游离氧化钙所引起的水泥体积的安定性，所以国家标准还规定，水泥熟料中游离氧化镁的含量不宜超过5%，三氧化硫的含量不得超过3.5%。

水泥的体积安定性必须合格，不合格的为废品，工程上不得使用。对安定性发生怀疑或没有出厂证明的水泥，应进行安定性检验。

（F）水化热

水泥的水化是放热反应，水泥在凝结硬化过程中放出的热量，称为水泥的水化热，以 1g 水泥发出的热量 J（焦耳）来表示。水泥的水化热大部分在水化初期（7d）内放出，以后逐渐减少。影响水化热的因素很多，如水泥熟料的矿物组成、水灰比、养护温度和水泥细度等。水泥熟料各矿物的水化热见表 2-8 所示。

硅酸盐水泥熟料矿物的水化热　表 2-8

| 矿物名称 | 硅酸三钙 | 硅酸二钙 | 铝酸三钙 | 铁铝酸四钙 |
|---|---|---|---|---|
| 水化热（J/g） | 502 | 200 | 867 | 419 |

在冬期施工中，水化热能促进水泥的凝结硬化，但对于大体积的混凝土工程，水化热是有害的。过大的水化热会使混凝土发生裂缝，故对于大体积工程的施工，除要求采取降热措施外，还必须使所用水泥的水化热控制在一定的范围内。

硅酸盐水泥的水化热很大，不宜在大体积工程中使用。对于大型水坝的专用水泥，应将水化热作为重要指标进行规定，如普通大坝水泥 7d 的水化热不得超过 272J/g。水化热的测定，应按 GB 2022—80 规定进行。

（G）强度

水泥的强度是水泥性能的重要指标。硅酸盐水泥的强度主要取决于熟料的矿物成分、细度和石膏掺量。由于水泥四种主要熟料矿物的强度各不相同，故改变它们的相对含量，水泥的强度及其增长速度将随之改变。如硅酸三钙含量大、粉磨较细的水泥，其强度增长较快，最终强度也较高。

水泥强度等级是按国家标准《水泥胶砂强度检验方法（ISO法）》（GB/T 17671—1999），水泥、标准砂和水以 1：3：0.5 比例配制胶砂，制成标准尺寸的试件，在标准温度（20±1℃）水中养护后，进行抗折、抗压强度试验，根据 3d 和 28d 龄期的强度，将硅酸盐水泥分为 42.5、42.5R、52.5、52.5R、62.5、62.5R 六个等级。

5）硅酸盐水泥的腐蚀及其防止

水泥硬化后所得到的水泥石，在通常的使用条件下是耐久的，能在潮湿环境或水中继续增强度。但是在某些侵蚀性液体或气体的长期作用下，水泥石的结构会遭到损坏，强度会逐渐降低，甚至全部溃裂，这种现象称为水泥的腐蚀。引起水泥腐蚀的原因很多，现将几种常见的侵蚀类型简述如下：

（A）软水侵蚀

蒸馏水、冷凝水、雨水、雪水以及含重碳酸盐甚少的河水及湖水均属软水。水泥石中的氢氧化钙溶于水，尤其易溶解于软水，水愈纯净（如蒸馏水），其溶解度越大。氢氧化钙的溶出，使水泥石中的石灰浓度降低，当低于其他水化物赖以稳定存在的极限浓度时，将促使这些水化物的分解和溶出，从而引起水泥石结构破坏，强度降低。流动的或有压力的软水，对水泥石所产生的破坏更为严重。

（B）一般酸性腐蚀

水中所含有的酸性物质，都能与水泥中的氢氧化钙起反应，生成的钙盐或易溶于水，或在水泥石孔隙内形成结晶造成体积膨胀，由此而产生的破坏作用，为一般酸性腐蚀。

（C）硫酸盐腐蚀

水中含有的硫酸盐类，对水泥能形成膨胀性腐蚀，海水中含硫酸盐最多，如硫酸钙、硫酸镁、硫酸钠等，它们都易与水泥石中的氢氧化钙起置换反应，生成二水石膏。二水石膏在水泥石孔隙中结晶，形成膨胀性破坏，二水石膏与水泥石中的水化硫铝酸钙反应，生成体积膨胀的水化硫铝酸钙针状结晶，水泥石结构也因此而破坏。

除上面四种主要的腐蚀类型外，还有不少物质如糖类、脂肪、强碱等对水泥石均有腐蚀作用。通常，碱溶液对水泥是无害的，因为水泥水化物中的氢氧化钙本身就是碱性化合物，但是当碱溶液浓度太高时，也会对水泥产生腐蚀作用。

综合上述分析得知，硅酸盐水泥腐蚀破坏的基本原因，在于水泥石本身成分中存在着易引起腐蚀的氢氧化钙和水化铝酸钙。此外，水泥制品的密实程度、渗透性及侵蚀介质的浓度、水的压力及流速、水温变化等，对水泥的腐蚀也都有较大影响。因此应对侵蚀性介质的种类、浓度及周围环境条件等进行周密分析，以便采取不同的防腐措施。

为减轻或防止腐蚀，工程上常采用以下措施：

a）针对工程所处的环境特点，选用适当品种的水泥。

b）尽量提高水泥制品本身的密实度，减少侵蚀性介质的渗透作用。

c）将水泥制品在空气中放置 2～3 个月，使其表层的氢氧化钙形成碳酸钙硬壳，以增加抗水性。

d）当环境的腐蚀作用较强时，可在水泥制品表面设置耐腐蚀性强且不透水的沥青、合成树脂、玻璃等材料，以隔离侵蚀介质与水泥制品的接触。

6）硅酸盐水泥的应用

（A）硅酸盐水泥强度等级高，常用于重要结构的高强度混凝土和预应力混凝土工程。

（B）硅酸盐水泥凝结硬化快，早期强度高，适用于对早期强度有较高要求的工程。

（C）硅酸盐水泥的抗冻性较好，在低温环境中凝结与硬化较快，适用冬期施工及严寒地区遭受反复冰冻的工程。

（D）硅酸盐水泥的水化热较高，故不宜用于大体积的混凝土工程。

硅酸盐水泥的水化产物中氢氧化钙含量较高，耐软水侵蚀及化学腐蚀性能均较差，故不宜用于经常与流动的淡水接触的工程，以及有水压力作用的工程，也不适用于受海水和矿物水作用的工程。

另外，硅酸盐水泥的耐热性能较差，所以也不适用于有耐热要求的工程。

（2）掺混合材料的硅酸盐水泥

掺混合材料的硅酸盐水泥，是用硅酸盐水泥熟料，加入一定比例的混合材料和适量石膏，经共同磨细而制成的水硬性胶凝材料。

本节将在学习混合材料的基础上，介绍四种掺有混合材料的硅酸盐水泥，即普通硅酸盐水泥、矿渣硅酸盐水泥、火山灰质硅酸盐水泥及粉煤灰硅酸盐水泥。学习中应弄清各混合材料的特点并掌握掺混合材料水泥的组分及性能，能够与硅酸盐水泥进行比较。

1）混合材料

混合材料一般为天然矿物材料或工业废料。根据与石灰化学反应的数量及速度，混合材料通常分为活性材料和非活性材料两大类。非活性混合材料又称填充材料，不具有活性，与水泥成分不起化学反应或化学反应微弱。非活性材料掺入水泥中，主要起调节水泥强度等级、节约水泥熟料及降低水化热等作用。凡不含有害成分，具有足够细度，又不具有活性的矿物粉料，均可作为非活性材料。常用的非活性混合材料有：磨细石英砂、石灰石、黏土、白云石、块状高炉矿渣、炉灰以及其他与水泥无化学反应的工业废渣。

活性混合材料，含有活性的氧化硅和氧化铝，当与石灰混拌后，遇水能生成具有水硬性的胶凝材料，可使气硬性石灰具有明显的水硬性。活性混合材料与水泥的水化物起化学反应，使水泥的抗水性和抗蚀性大大增强。活性混合材料的活性，不仅与其化学成分有关，而且与其矿物组成及内部结构有关。常用的几种活性混合材料如下：

（A）粒化高炉矿渣

粒化高炉矿渣，是高炉冶炼生铁时排出的废渣，在熔融状态下经淬冷成粒而制得。一座日产1000t镁的高炉，每年排出约20

万 t 废渣，经简单的水淬骤冷过程，即可成为有用的粒化矿渣。采用粒化高炉矿渣对于工业废料的治理与应用具有重大意义。矿渣的化学成分主要有氧化硅、氧化钙和氧化铝，其含量共占 90％以上，此外还有少量的氧化镁及一些硫化物等。

矿渣中所含有的氧化铝，使其具有活性和化学安定性，氧化铝能与氢氧化钙及硫酸钙反应，生成水化铝酸钙和水化硫铝酸钙，这些都是能形成强度的水化物。此外，氧化钙及氧化镁均有利于矿渣的活性。因此，氧化铝、氧化钙和氧化镁的含量越大，矿渣的活性就越大。

矿渣中的氧化硅，由于在骤冷过程中形成硅酸的表面胶膜，阻碍矿渣中其他化合物的水化，从而降低了矿渣的活性，故矿渣中氧化硅的含量应当降低。

矿渣的活性，除上述因素的影响外，还取决于它的冷却条件。缓冷矿渣，虽然含有氧化硅和氧化铝等，但它们形成的是无水硬性的硅酸盐和铝酸盐稳定结晶。而淬冷矿渣，为玻璃质与细微结晶的粒状物料，保留了原熔融状态时各氧化物所具有的活性。矿渣中未经充分淬冷的块粒，国家标准中限定其含量不得大于 5％。

（B）火山灰质混合材料

火山灰质混合材料，是指具有火山灰性质的天然或人工矿物质材料，其特征是本身磨细加水拌和后并不硬化，但磨细后与石灰混合再加水拌和，则不但能在空气中硬化而且还能在水中继续硬化。火山灰质混合材料的化学成分，主要是活性氧化硅和氧化铝，大约共占 75％～85％，而其中的氧化硅可接近 50％～70％，此外还有少量的氧化铁、氧化钙及一些杂质。火山灰质混合材料与石灰混合加水拌和后，其所含的氧化硅及氧化铝都能与氢氧化钙缓慢反应，生成硅酸钙凝胶和水化铝酸钙，因而具有一定的水硬性。火山灰质混合材料中所含有的三氧化硫是有害成分，国家标准 GB 2481—81 中要求其含量不得超过 3％。

目前国产水泥采用的火山灰质混合材料共有 10 种，大体可分为天然与人工两大类。天然类如火山灰、凝灰岩、浮石、沸石岩、硅藻土或硅藻石，人工类如煤矸石、烧页岩、烧黏土、煤渣、硅质渣等。

（C）粉煤灰

粉煤灰系指从煤粉炉烟道气体中收集的粉末，多为球状物玻璃体，具有火山灰质材料的特征，也属火山灰质混合材料。我国粉煤灰的化学成分，一般含氧化硅 33％～55％，氧化铝 15％～44％，两者之和约为 60％～85％。

粉煤灰的活性，主要取决于玻璃体、氧化硅和氧化铝的含量，它们的含量越高，粉煤灰的活性也越强。此外，细度也是与活性有关的因素，粉煤灰越细，则活性越高，粉煤灰由于多呈颗粒球状，因此可减少水泥的用水量，从而改善混凝土的许多性能。原煤成分及产生条件对粉煤灰有直接影响。未燃尽的煤粒，是混合材料中的有害物质。以上关于混合材料的简述，是学习掺有混合材料水泥所必需的基本知识。

2）普通硅酸盐水泥

由硅酸盐水泥熟料，加入少量的混合材料及适量的石膏，磨细制成的水硬性胶凝材料，称为普通硅酸盐水泥，简称普通水泥。

普通硅酸盐水泥中混合材料的掺入量，按质量百分比计其限量为：

当掺入活性混合材料时，不得超过 15％；

当掺入非活性混合材料时，不得超过 10％；

普通硅酸盐水泥与硅酸盐水泥相比，其熟料组分稍有减少，而且其中含有少量的混合材料。由于普通硅酸盐水泥的组成中，仍然是硅酸盐熟料占绝对优势，因此它的主要性能与硅酸盐水泥基本相同。

此外，普通硅酸盐水泥的强度等级范围较宽，扩大了水泥的适用范围，便于工程中合理选用。按国家标准 GB 175—1999 规定，普通水泥的强度等级分为 32.5、32.5R、42.5、42.5R、

52.5、52.5R。

3）矿渣硅酸盐水泥

凡由硅酸盐水泥熟料和粒化高炉矿渣，加入适量石膏磨细制成的水硬性胶凝材料，称为矿渣硅酸盐水泥，简称矿渣水泥。水泥中粒化高炉矿渣的掺加量按质量百分比计为 20%～70%。允许用火山灰质混合材料或粉煤灰、石灰石、窑灰中的一种代替部分粒化矿渣，代替数量最多不得超过水泥质量的 8%，矿渣水泥中对于石膏的掺入量比硅酸盐水泥偏多，这是因为石膏除了起胶凝作用外，还要满足激发矿渣活性的需要。

4）火山灰质硅酸盐水泥

凡由硅酸盐水泥熟料和火山灰质混合材料，加入适量石膏磨细制成的水硬性胶凝材料，称为火山灰质硅酸盐水泥，简称火山灰水泥。水泥中火山灰质混合材料掺加量按质量百分比计为20%～50%。

5）粉煤灰硅酸盐水泥

凡由硅酸盐水泥熟料和粉煤灰，加入适量石膏磨细制成的水硬性胶凝材料，称为粉煤灰硅酸盐水泥，简称粉煤灰水泥。水泥中粉煤灰掺加量按质量百分比计为20%～40%。

以上三种水泥的强度等级分为 32.5、32.5R、42.5、42.5R、52.5、52.5R。

矿渣硅酸盐水泥、火山灰质硅酸盐水泥和粉煤灰硅酸盐水泥，对于细度、凝结时间及体积安定性的要求，均与普通硅酸盐水泥相同。但由于它们均掺有大量的混合材料，组分中对硅酸盐水泥的含量则相对减少，因此在性能及使用范围上均有别于硅酸盐水泥，与普通硅酸盐水泥的差别也较大。这三种水泥的共同特点是：凝结硬化速度较慢，早期强度较低，后期强度增长较快，甚至超过同强度等级的硅酸盐水泥。水化放热速度较慢，放热量较低。对温度的敏感性较强，硬化速度随温度的降低而减慢，随温度的上升而加快。由于引起腐蚀的成分（氢氧化钙）减少，故抵抗软水及硫酸盐介质的侵蚀能力比硅酸盐水泥有所提高。抗冻性及抗碳化性能较差。矿渣水泥及火山灰水泥的干缩性大，但粉煤灰水泥的干缩性小。此外，火山灰质硅酸盐水泥具有较高的抗渗性，矿渣硅酸盐水泥具有较好的耐热性。

（3）特性水泥及地方性水泥

1）特性水泥

能够满足建筑工程中的特殊需要，具有一定特殊性能的水泥，简称为特性水泥。目前特性水泥仍是以含硅酸盐矿物成分的硅酸盐系水泥为主，其次是铝酸盐系水泥。利用硅酸盐水泥熟料，通过调整其中的矿物成分，或以硅酸盐熟料为主，通过掺加其他物料或外加剂所生产出的一系列性能不同的水泥，即为硅酸盐系特性水泥。同样，用以铝酸钙为主要成分的熟料作基本组分，通过调整其矿物成分或外加剂等，也可生产出铝酸盐系特性水泥，特性水泥的品种很多，现仅就常用品种加以介绍。

（A）白色水泥及彩色水泥

由白色硅酸盐水泥熟料加入适量石膏，磨细制成的白色水硬性胶凝材料称为白色硅酸盐水泥，简称为白水泥。

白水泥是一种人为限制氧化铁含量而使其具有白色使用特性的硅酸盐水泥。国家标准《白色硅酸盐水泥》（GB 2015—91）对白色硅酸盐水泥的规定如下：

a）熟料中氧化镁的含量不得超过 4.5％。

b）水泥中三氧化硫的含量不得超过 3.5％。

c）细度：0.080mm 方孔筛筛余不得超过 10％。

d）凝结时间：初凝不得早于 45min；终凝不得迟于 12h。

e）安定性：用沸煮法检验必须合格。

f）强度：白水泥共分有 325、425、525、625 四个标号。

g）白度：各等级白度的最低值如表 2-9。

白水泥白度等级标准　　　　　表 2-9

| 等　级 | 特　级 | 一　级 | 二　级 | 三　级 |
|---|---|---|---|---|
| 白度（%） | 86 | 84 | 80 | 75 |

注：白度检验按 GB 2015—1999 附录 A 进行。

白水泥在使用中，应注意保持工具的清洁，以免影响白度。在运输保管期间，不同标号、不同白度的水泥须分别存运，不得混杂，不得受潮。

彩色硅酸盐水泥，简称彩色水泥，按其生产方法可分为两类。一类为白水泥熟料加适量石膏和碱性颜料共同磨细而制得。以这种方法生产彩色水泥时，要求所用颜料不溶于水，分散性好，耐碱性强，具有一定的抗大气稳定性能，且掺入水泥中不会显著降低水泥的强度。通常情况下，多使用以氧化物为基础的各色颜料。另一类彩色硅酸盐水泥，是在白水泥生料中加入少量金属氧化物，直接烧成彩色水泥熟料，然后再加入适量石膏磨细而成。

白色及彩色水泥主要应用于建筑物的内外表面装饰，可制作成具有一定艺术效果的各种水磨石、水刷石及人造大理石，用以装饰地面、楼板、楼梯、墙面、柱子等。此外，还可制成各色混凝土、彩色砂浆及各种装饰部件。

（B）快硬水泥

快硬硅酸盐水泥，简称快硬水泥，是由硅酸盐水泥熟料，加入适量石膏，磨细制成的以 3 天抗压强度表示其标号的水泥。

快硬水泥是一种以硅酸盐水泥为基料，靠调整其矿物成分以实现快硬特性的水泥。通常快硬水泥中硅酸三钙的含量为50%～60%，铝酸三钙的含量为 8%～14%，两者的总量应不少于60%～65%。此外，适当增加石膏的掺入量，提高水泥的粉磨细度，均可使硬化速度加快。

国家标准（GB 199—1990）对快硬硅酸盐水泥的要求是：

a）熟料中氧化镁含量不得超过 5.0%。若水泥经压蒸安定性试验且合格，则熟料中氧化镁的含量允许放宽到 6.0%。

b）水泥中三氧化硫的含量不得超过 4.0%。

c）细度：在 0.080 毫米方孔筛上的筛余不得超过 10%。

d）凝结时间：初凝不得早于 45 分钟，终凝不得迟于 10h。

e）安定性：用沸煮检验必须合格。

f）强度：快硬水泥的标号分有 325、375、425 三种。

快硬水泥具有早期强度增进率较高的特性，其 3 天抗压强度可达普通水泥 28 天的强度值，后期强度仍有一定的增长，因此最适用于紧急抢修工程，冬期施工工程以及制造预应力钢筋混凝土或混凝土预制构件等。由于快硬水泥的水化热较普通水泥大，故不宜在大体积工程中使用。

快硬水泥在运输及贮存时应严禁受潮，不得与其他品种的水泥混合存放，储存期不得超过一个月。凡超过一个月的快硬水泥，须经重新检验，合格时才能使用。

（C）高铝水泥

高铝水泥，旧称矾土水泥，以铝酸钙为主要矿物成分，属铝酸盐类水泥，高铝水泥的品质要求须满足国家标准《高铝水泥》（GB/T 17671—1999）中的规定。

高铝水泥呈黄、褐或灰色，其密度和堆积密度与硅酸盐水泥接近，国家规定：高铝水泥的细度要求比面积不小于 $300m^2/kg$ 或 $45\mu m$ 筛筛余量不得超过 20%；初凝时间 CA-50、CA-70、CA-80 不得早于 30min，CA-60 不得早于 60min；终凝时间 CA-50、CA-70、CA-80 不得迟于 6h，CA-60 不得迟于 18h 体积安定性必须合格，高铝水泥分为 CA-50、CA-60、CA-70、CA-80 4 种类型，强度要求见表 2-10。

高铝水泥各龄期的胶砂强度值　　　　表 2-10

| 水泥类型 | 抗压强度（MPa） | | | | 抗折强度（MPa） | | | |
|---|---|---|---|---|---|---|---|---|
| | 6h | 1d | 3d | 28d | 6h | 1d | 3d | 28d |
| CA | 20* | 40 | 50 | — | 3.0* | 5.5 | 6.5 | — |
| CA | — | 20 | 45 | 85 | — | 2.5 | 5.0 | 10.0 |
| CA | — | 30 | 40 | — | — | 5.0 | 6.0 | — |
| CA | — | 25 | 30 | — | — | 4.0 | 5.0 | — |

* 当用户需要时，生产厂家应提供结果。

高铝水泥具有快硬、高强、耐腐蚀、耐热等性能，主要用于紧急抢修工程、工期急的国防工程及冬期施工工程，还常用于受海水或其他侵蚀作用的结构中。高铝水泥后期的强度不稳定，故不宜用于长期承重的结构及有较高抗冻、抗渗要求的工程。

高铝水泥强度的下降率，与环境的温湿度关系很大。实践证明高铝水泥的最佳水化温度一般为 10～20℃，温度太高，强度值会急剧下降，特别是在高温且潮湿的环境中，强度降低得更为明显。因此，硬化过程中的环境温度不得超过 30℃，不得采用湿热处理方法。此外，高铝水泥不能与硅酸盐水泥、石灰等能析出氢氧化钙的材料混存，否则会出现强度降低、凝结时间太短甚至瞬凝等现象的发生。

(D) 膨胀水泥

膨胀水泥是一种在水化过程中体积产生微量膨胀的水泥，通常是由胶凝材料和膨胀剂混合制成。膨胀剂使水泥在水化过程中形成膨胀性物质（如水化硫铝酸钙），从而使水泥体积膨胀。

按胶凝材料的不同，膨胀水泥可分为硅酸盐型、铝酸盐型和硫铝酸盐型三类；按膨胀水泥的膨胀值以及用途的不同，又可将其分为收缩补偿水泥和自应力水泥两类。收缩补偿水泥的膨胀性能较弱，膨胀时所产生的压应力大致能抵消干缩所引起的拉应力，工程上常用以减少或防止混凝土的干缩裂缝。自应力水泥，主要是依靠水泥本身的水化而产生应力，这种水泥所具有的膨胀性能较强，足以使干缩后的混凝土仍有较大的自应力。自应力水泥主要用于配制各种自应力钢筋混凝土。

硅酸盐膨胀水泥：硅酸盐膨胀水泥，是以适当成分的硅酸盐水泥熟料，加入膨胀剂和石膏，按一定比例混合磨细而制得的一种水硬性胶凝材料。硅酸盐膨胀水泥应符合《硅酸盐膨胀水泥》（建标 55-61）中的规定：

a) 细度：用 4900 孔/cm² 标准筛，其筛余不得大于 10%；

b）凝结时间：初凝不得早于 20min，终凝不得迟于 10h；

c）体积安定性：蒸煮试验和浸水 28d 后，体积变化均匀；

d）不透水性：在 8 个大气压力作用下完全不透水。

e）强度：以 28d 的抗压、抗拉强度划分为 400、500、600 三个标号（硬练标号），各龄期的强度值不应低于表 2-11 中的数值。

硅酸盐膨胀水泥各龄期强度的低限　　　　表 2-11

| 水泥标号 | 抗压强度（MPa） | | 抗折强度（MPa） | |
|---|---|---|---|---|
| | 3d | 28d | 3d | 28d |
| 42.5 | 17.0 | 42.5 | 3.5 | 6.5 |
| 42.5R | 22.0 | 42.5 | 4.0 | 6.5 |
| 52.5 | 23.0 | 52.5 | 4.0 | 7.0 |

（4）水泥的储运

水泥在运输及贮存过程中，须按不同品种、标号、出厂日期等分别存运，不得混杂。散装水泥要分库存放，袋装水泥的堆放高度不应超过 10 袋。水泥的储存时间不宜太长，因为即使是在条件良好的仓库中存放，水泥也会因吸湿而失效。水泥一般在贮存了 3 个月后，其强度约降低 10％～20％，6 个月后约降低 15％～30％。1 年后约降低 25％～40％，因此水泥的储存期一般不宜超过 3 个月（从出厂之日算起）。超过 6 个月的水泥应重新检验，重新确定标号，否则不得在工程中使用。

水泥最易受潮，受潮后的水泥表现为结成块状、密度减小、凝结速度缓慢、强度降低等。若受雨淋，则产生凝固，水泥失去原有的效能。为避免水泥受潮，在运输、储存等各环节中均应采取防潮措施。运输时，应采用散装水泥专用车或棚车为运输工具，以防雨雪淋湿，避免水泥直接受潮。储存时，要求仓库不得发生漏雨现象，水泥垛底离开地面 30cm 以上，水泥垛边离开墙壁 20cm 以上，对于散装水泥的存放，应将仓库地面预先抹好水泥砂浆层，对于受潮水泥，则应按受潮程度分别采取通过粉碎、实

表2-12

五大水泥的特性和适用范围

| | 硅酸盐水泥 | 普通硅酸盐水泥 | 矿渣硅酸盐水泥 | 火山灰硅酸盐水泥 | 粉煤灰硅酸盐水泥 |
|---|---|---|---|---|---|
| 特性 | 1. 快硬早强；<br>2. 水化热高；<br>3. 抗冻性好；<br>4. 耐热性差；<br>5. 耐腐蚀性较差 | 1. 早期强度较高；<br>2. 水化热较大；<br>3. 耐冻性好；<br>4. 耐热性较差；<br>5. 耐腐蚀与耐水性较差 | 1. 早期强度低后期强度增长较快；<br>2. 水化热较低；<br>3. 耐热性较好；<br>4. 耐硫酸盐侵蚀和耐水性好；<br>5. 抗冻性差；<br>6. 易泌水；<br>7. 干缩性大 | 1. 抗渗性好；<br>2. 耐热性差；<br>3. 不易泌水；<br>4. 其他同矿渣水泥 | 1. 干缩性较小、抗裂性较好；<br>2. 抗碳化能力差。<br>其他同火山灰水泥 |
| 使用范围 | 1. 快硬早强工程；<br>2. 配制高强度等级混凝土预应力混凝土及地下工程的喷射里衬等 | 1. 一般工程中的混凝土及预应力钢筋混凝土结构；<br>2. 受反复冰冻作用的结构；<br>3. 拌制高强度混凝土 | 1. 高温车间和有耐热要求的混凝土结构；<br>2. 大体积混凝土结构；<br>3. 蒸汽养护的混凝土构件；<br>4. 地上地下和水中的一般混凝土结构；<br>5. 有抗硫酸盐侵蚀要求的一般工程 | 1. 地下、水中大体积混凝土结构和有抗渗要求的混凝土结构；<br>2. 蒸汽养护的混凝土构件；<br>3. 一般混凝土结构；<br>4. 有抗硫酸盐侵蚀要求的一般工程 | 1. 地上、地下、水中及大体积混凝土结构；<br>2. 蒸汽养护的混凝土构件；<br>3. 有抗硫酸盐侵蚀要求的一般工程 |
| 不适用范围 | 1. 大体积混凝土工程；<br>2. 受化学水侵蚀及海水侵蚀的工程；<br>3. 受压力水作用的工程 | 1. 大体积混凝土工程；<br>2. 受化学水侵蚀海水侵蚀的工程；<br>3. 受压力水作用的工程 | 1. 早期强度要求较高的工程；<br>2. 严寒地区处在水位升降范围的混凝土结构 | 1. 处在干燥环境的工程；<br>2. 有耐磨性要求的工程；<br>3. 其他同矿渣水泥 | 1. 有碳化要求的工程；<br>2. 其他同火山灰水泥 |

验、降标号使用、在非正式工程上使用等。

表 2-12 列出了五大品种水泥的特性和适用范围。

## （三）木　　材

### 1. 木材的分类和构造

木材、钢材和水泥是基本建设工程中三大建筑材料，简称"三材"。合理使用和节约"三材"，不仅是基本建设工程的重大课题，而且对整个国民经济的发展具有十分重要的意义。

木材，不仅是传统的木结构材料，也是现代建筑中供不应求的"三材"之一。木材质轻有较高强度。具有良好的弹性、韧性，能承受冲击、振动等各种荷载的作用。木材天然纹理美观，富于装饰性。而且导热系数小、隔热性强。但是，木材虽然分布较广，便于就地取材，因受自然生长的限制，生产周期长，且常有天然疵病如腐朽、木节、斜纹、质地不均等，对木材的利用率和力学性能有很大影响，木材容易燃烧，不利于防火。

（1）木材的分类

木材按树种可分为针叶树和阔叶树两大类。针叶树纹理顺直、树干高大、木质较软，适于作结构用材，如各种松木、杉木、柏木等。阔叶树树干较短，材质坚硬，纹理美观，适于作装饰工程使用，如柞木、水曲柳、椴木、杨木等。

（2）木材构造

木材的构造是决定木材性能的重要因素，因为树种和生长环境不同，形成了木材构造的差异。

1）木材的宏观构造

木材的宏观构造由树皮、木质部和髓心组成。如图 2-8 髓心位于横切面的中央，是树初生时贮存养料用的，组织松软无强度，所占体积很小。木质部上的年轮表示树木生长年限。木质部靠近髓心部分称为心材，生长较久，含水量少，强度高，不易变

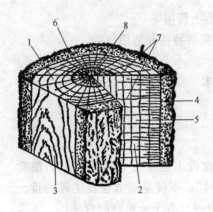

图 2-8 树干的三个切面

1—横切面；2—径切面；3—弦切面；4—树皮；5—木质部；6—年轮；7—髓线；8—髓心

形。靠近树皮的称为边材，是新生成部分，含水量大，易翘曲变形，强度较低。

2）木材的微观构造

如图 2-9 所示，木材是由无数管状细胞紧密连接成一根根"管子"似的沿树干方向排列着，这些细胞纤维"管子"纵向联结力很强，横向联结力比较弱。木材的性质（密度、强度等）主要由细胞壁的成分和细胞本身的组织决定。

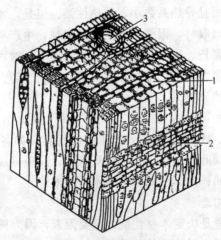

图 2-9 马尾松的显微构造

1—管细胞；2—髓线；3—树脂道

## 2. 木材的主要性质

（1）木材的物理性质

1）含水率

木材中水分为两部分。一部分存在于木材细胞壁纤维间，叫吸附水。当吸附水达到饱和后，水分就贮存于细胞腔和细胞间隙中，称为自由水（或游离水）。当木材中吸附水达到饱和而尚无自由水时，此时的含水率（质量含水率）称为纤维饱和点或临界含水率（$W_{临}$）。不同树种的临界含水率约在 25％～35％之间变化。临界含水率是影响木材物理、力学性质的转折界线。试验证明，当木材含水率小于 $W_{临}$ 时，木材体积干缩湿胀，强度干大湿小；当含水率大于 $W_{临}$，即有自由水存在时，含水率的变化对木材的性能几乎没有影响。

当木材的含水率与周围环境的相对湿度达到平衡而不再变化时，称为湿度平衡，此时含水率叫做平衡含水率。南方雨季时，木材平衡含水率为 18％～20％，北方干燥季节，平衡含水率为 10％～12％。为了减少木材干缩湿胀变形，可预先干燥到与周围温度相适应的平衡含水率。

一般，新伐木材的含水率高达 35％以上，经风干可达 15％～25％，室内干燥后可达 8％～15％。

2）密度和导热性

木材的密度平均约 $500 \text{kg/m}^3$，通常以含水率为 15％（称为标准含水率）时的密度为准。干燥木材的导热系数很小。因此，木材制品是良好的保温材料。

（2）木材力学性质

由于木材构造质地不均，造成了强度的各向异性的特点。因此，木材的各种强度与受力方向有密切的关系。木材的受力按受力方向可分为顺纹受力、横纹受力和斜纹受力。按受力性质分为拉、压、弯、剪四种情况（图 2-10）木材顺纹抗拉强度最高，横纹抗拉强度最低，各种强度与顺纹受压的比较见表 2-13。影响木材强度的因素很多，最主要的是木材疵病、荷载作用时间和含水率。疵病对抗拉强度影响很大，而对抗压的影响小得多。所以木材实际的抗拉能力比抗压能力还要低。木材的长期强度几乎只相当于短期强度的 50％～60％。木材含水率增大时，强度有

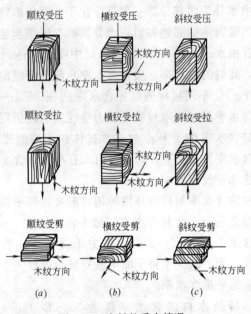

图 2-10　木材的受力情况

（a）顺纹受力；（b）横纹受力；（c）斜纹受力

**木材的强度比较**　　　　　　　　　　　　　　表 2-13

| 抗压 | | 抗拉 | | 抗弯 | 抗剪 | |
|---|---|---|---|---|---|---|
| 顺纹 | 横纹 | 顺纹 | 横纹 | | 顺纹 | 横纹 |
| 1 | $\frac{1}{10} \sim \frac{1}{3}$ | $2 \sim 3$ | $\frac{1}{20} \sim \frac{1}{3}$ | $1\frac{1}{2} \sim 2$ | $\frac{1}{7} \sim \frac{1}{3}$ | $\frac{1}{2} \sim 1$ |

所降低。当长期处在 $40 \sim 60$℃条件下时，木材强度会逐渐降低，而在负温情况下强度会有提高。

### 3. 木材加工和综合利用

建筑用木材常加工成三种型材，即原材、方材和板材。原材为经修枝去皮后按一定长度锯断的原木。方材为宽度不足 3 倍厚度的制材，依断面大小不同又分为小方（54cm² 以下）、中方（55~100cm²）、大方（101~125cm²）和特大方（226cm² 以上）。板材为宽度等于厚度的 3 倍或 3 倍以上的制材，按厚度不

94

同分为薄板（18mm 以下）、中板（19～35mm）、厚板（36～65mm）和特厚板（661mm 上）。承重结构木材的材质标准根据 GBJ 5—88 规定，按疵病的严重程度，分为三等。

发展木材的综合利用技术，合理、高效地利用木材，是节约木材资源的重要途径。在木材的加工制作中，剩下大量的边脚废料可以拼接、胶合成各种人造板材，用作建筑装修、家具制造、包装等多种用途，如木质纤维板、贴面碎木板、刨花板、胶合板、木丝板、木屑板等均为碎木、刨花、木屑经切碎、干燥、拌胶、热压等工序制作而成。

## （四）建筑用钢材

钢材，是建筑结构中使用最广泛的一种金属材料。它是将生铁经平炉或转炉等冶炼，浇注成钢锭，再经过碾轧、锻压等加工工艺制成。建筑用钢材主要包括各种钢筋、型钢及钢板、钢管等。

### 1. 钢材分类

钢的分类方法很多，按化学成分可分为碳素钢和合金钢两类。

碳是钢中的重要元素，决定着钢的性能，碳的含量越多，钢的强度和硬度就越大，而对塑性、韧性、耐腐蚀、焊接等不利。碳素钢的化学成分主要是铁、碳、硅、锰、硫、磷等，其中含硅量不大于 0.5%，含锰量不大于 0.8%。碳素钢的含碳量一般在 0.04%～1.7% 范围内，根据含碳量又可分为：低碳钢（含碳量低于 0.25%），中碳钢（含碳量 0.25%～0.7%），高碳钢（含碳量 0.7%～1.3%）。

钢中除含铁、碳、硅、锰、硫、磷等以外，还含有一定量的其他合金元素（如镍、铬、钼等）者称为合金钢；或没有其他合金元素，可其中含硅量大于 0.5%，或锰含量大于 0.8%，并且加有少量钒、钛等合金元素的钢，也叫合金钢。按合金元素的含量又分为低合金钢（小于 5%）、中合金钢（5%～10%）、高合金钢（大于 10%）。根据钢中有害杂质（磷、硫、氧、氮）含量可分为普通钢和高级优质钢。按技术条件的要求不同，普通碳素钢分为甲、乙、特（或 $A$、$B$、$C$）三类，其中甲类按机械性能还分为 1～7 号建筑用钢材，多为普通低碳和普通低合金钢，普通低碳钢常为甲类 3 号钢，以甲$_3$ 或 $A_3$ 表示。

普通低合金钢的表示方法是：在主要合金元素名称（或符号）前面注明万分之几的平均含碳量数字，如 16 锰（或 16Mn）是指平均含碳量为万分之十六，主要合金元素为锰（Mn）的低合金钢。25 锰硅（25MnSi）则表示平均含碳量为万分之二十五，主要合金元素为锰（Mn）、硅（Si）。

### 2. 钢筋与钢丝

（1）钢筋

钢筋是建筑工程中使用量最大的钢材品种之一。普通钢筋是将钢锭加热后扎制而成，称为热轧钢筋，其断面形状有光圆、螺纹和人字纹三种（图 2-11）。钢筋直径有 6、8、10、12、14、16、18、20、22、25、28、30、32mm 等。长度约为 6～12m，其中直经 6～12mm 的可卷成盘条，便于运输和使用。

热轧钢筋性能见表 2-14。

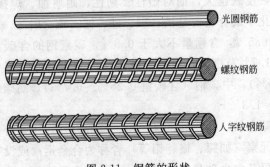

图 2-11　钢筋的形状

**热轧钢筋的性能**　　　　　　　　　表 2-14

| 强度等级代号 | 外形 | 钢种 | 公称直径（mm） | 屈服强度（MPa） | 抗拉强度（MPa） | 伸长率（%） | 冷弯试验 | |
|---|---|---|---|---|---|---|---|---|
| | | | | | | | 角度 | 弯心直径 |
| HRB235 | 光圆 | 低碳 | 8～20 | 235 | 370 | 25 | 180° | $d=a$ |
| HRB335 | 月牙肋 | 低碳低合金 | 6～25 | 335 | 490 | 16 | 180° | $D3=a$ |
| | | | 28～50 | | | | | $d=4a$ |
| HRB400 | | | 6～25 | 400 | 570 | 14 | 180° | $d=4a$ |
| | | | 28～50 | | | | | $d=5a$ |
| HRB500 | 等高肋 | 中碳低合金 | 6～25 | 500 | 630 | 12 | 180 | $d=6a$ |
| | | | 28～50 | | | | | $d=7a$ |

　　在常温下对钢筋进行冷拉、冷拔使之产生塑性变形，改变内部的晶体结构，从而达到增加长度、提高强度的方法叫做冷加工处理。冷加工处理对于节约钢材具有重要的现实意义。

　　冷拉是将热轧钢筋张拉后，使屈服强度和抗拉强度明显提高，而钢筋的弹性模量基本保持不变。冷拉按控制方法分为单控（控制伸长率）和双控（同时控制冷拉应力和伸长率）两类。

　　另外，热轧盘条钢筋经冷轧后，在其表面带有沿长度方向均匀分布的三面或两面横肋，即成为冷轧带肋钢筋。依 GB 13788—2000 规定分为 CRB550 等 5 个牌号。其中 C、R、B 分别为冷拉、带肋、钢筋的三个词的英文字头。其力学性能及工艺性能见表 2-15。

**冷轧带肋钢筋的力学性能和工艺性能**　　　表 2-15

| 牌号 | $\sigma_b$（MPa） | 伸长率 | | 弯曲实验（180°） | 反复实验次数 | 松弛率 初始应力 $\sigma_{con}=0.7\sigma_b$ | |
|---|---|---|---|---|---|---|---|
| | | $\delta_{10}$ | $\delta_{100}$ | | | (1000h,%) ≤ | (10h,%) ≤ |
| CRB550 | 550 | 8.0 | — | $d=3a$ | — | — | — |
| CRB650 | 650 | — | 4.0 | — | 3 | 8 | 5 |
| CRB800 | 800 | — | 4.0 | — | 3 | 8 | 5 |
| CRB970 | 970 | — | 4.0 | — | 3 | 8 | 5 |
| CRB1170 | 1170 | — | 4.0 | — | 3 | 8 | 5 |

冷拔是使Ⅰ级细钢筋（φ6～φ8）强行通过孔径小于钢筋直径的拔丝模具，每通过一次，直径缩小 20%～30%，一般拔 2～3 次。钢筋在冷拔过程中，既受拉，又受模孔四周的冷压作用，使其内部组织发生激烈变化，故强度可提高 1～1.5 倍。冷拔钢丝的直径有 2.5、3、4、5mm 几种（图 2-12）。

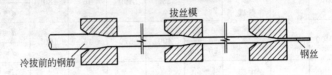

图 2-12　冷拔示意图

（2）钢丝

钢丝有高强钢丝（或碳素钢丝）和冷拔低碳钢丝。目前钢厂生产的高强钢丝直径有 3、4、5mm 三种，直径越细，强度越高。其强度分别为 1800、1700、1600MPa，图例符号用 $\phi^b$ 表示。冷拔低碳钢丝由低碳盘条经多次冷拔而成，直径主要有 3、4、5mm 等，强度主要取决于钢材质量和冷拔工艺，变异性较大。为了区别对待，冷拔钢丝的强度分为甲、乙两级，图例符号用 $\phi^b$ 表示。

### 3. 型钢、钢板、钢管

（1）型钢

建筑用型钢主要包括角钢、槽钢、工字钢、扁钢及窗框钢等，各部位名称见图 2-13，型钢的表示方法见表 2-16。

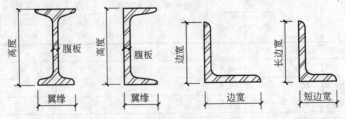

图 2-13　型钢的部位名称

型钢规格表示方法 表 2-16

| 名　称 | 工字钢 | 槽钢 | 等边角钢 | 不等边角钢 |
|---|---|---|---|---|
| 表示方法 | 高度×翼缘宽×腹板厚或型号 | 高度×翼缘宽×腹板厚或型号 | 边宽×边厚 | 长边宽度×短边宽度×边厚 |
| 表示方法举例 | Ⅰ100×68×4.5 或 Ⅰ10 | 〔100×48×5.3 或 〔10 | ∟75×10 或 ∟75×75×10 | ∟100×75×10 |

注：型号是高度的厘米数。

（2）钢板、钢管

钢板按生产方法分为热轧钢板和冷轧钢板，按厚度分为薄钢板（0.2～4mm）、厚钢板（4～60mm）、特厚钢板（>60mm）。建筑用的薄钢板，镀锌的俗称白铁皮，不镀锌的俗称黑铁皮。

钢管按制造方法分为无缝钢管和焊接钢管。无缝钢管又分一般用途和专用两种，焊接钢管按表面处理的不同分为镀锌和不镀锌两种，按壁厚又分为普通钢管和加厚钢管。建筑工程中使用的多是一般用途的焊接钢管，对有高压作用的管道则应使用无缝钢管。

**4. 钢的机械性能**

建筑用钢材的机械性能指标很多，一般用屈服强度、抗拉强度、伸长率和冷弯几个指标来控制。

（1）屈服强度（屈服点）

低碳钢受拉过程的强性阶段（Ⅰ）中，应力 $\sigma$ 与应变 $\varepsilon$ 成正比关系，弹性阶段最高点 $A$ 对应的应力值 $f_{\Phi e}$ 称为弹性极限。当应力 $\sigma$ 超过后，材料产生明显的塑性变形，在 $\sigma\text{-}e$ 关系图上形成一段较平缓的锯齿线 $AB$，称为屈服阶段（Ⅱ）。屈服阶段的最低点（$B_\text{下}$）对应的应力值 $f_y$ 称为屈服强度或屈服点（图 2-14）。

（2）抗拉强度

如图 2-14 所示，当 $\sigma > f_y$ 时，由于钢材内部组织发生了晶格畸变，使其抵抗外力的能力得到强化和提高。在 $\sigma\text{-}e$ 关系图中

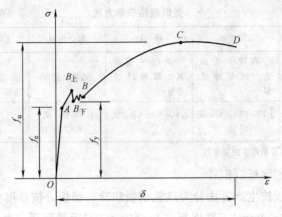

图 2-14　低碳钢应力应变图

出现一段上升曲线 $BC$ 叫强化阶段（Ⅲ）。强化阶段既有弹性变形，又有塑性变形。对应于最高点 $C$ 的应力值 $f_u$ 叫抗拉强度。

（3）伸长率

钢筋在拉力试验时，应力 $\sigma$ 达到抗拉强度 $f_u$ 后，虽然其应力值并不增加，但塑性变形剧增，致使试件薄弱处截面显著缩小，直至断裂，称为颈缩阶段（Ⅳ）。此时试件增加的长度与试件原始长度之比，叫伸长率，用 $\delta$（％）表示。伸长率是钢筋塑性性能的一项基本指标。塑性越好，在结构破坏前具有明显的预兆（裂缝），对安全有好处。

（4）冷弯性能

冷弯性能也是评定钢材质量的一项基本指标，它表示钢材在冷加工（如弯曲）时所能承受变形的能力。通常利用冷弯试验检查钢筋对焊接头的质量是否符合要求。

## （五）钢筋混凝土

混凝土是由水泥、砂子、石子和水拌合而成的一种建筑上不可缺少的主要材料。混凝土抗压强度很高，但抗拉强度只相当于抗压强度的 $1/10\sim1/20$，因而承受拉力作用时，极容易开裂。

钢筋的抗拉强度和抗压强度虽然都很高，但由于钢筋的形状比较细长，单独受压时很容易弯曲而不能发挥抗压的能力。我们知道在工程实际中，除了单一的受拉或受压的结构外，还有在同一结构构件内部，一部分受拉而另一部分受压的情况。显然，用混凝土或钢筋制作这种构件都不能很好地满足受力的要求。需要找到一种新的建筑材料，使构件内部的受拉部分和受压部分的强度同时得到满足，从而提高承受荷载作用的能力。随着钢筋和混凝土的发展，人们又终于发现把这两种力学性质不同的材料结合在同一构件中，把它们分别放在受拉和受压的位置，形成一个共同发挥作用的整体，不仅是可能的，而且是有利的。这就是由钢筋和混凝土结合成一个整体共同受力的新材料，即钢筋混凝土。

钢筋混凝土的可能性主要是由于水泥的粘结力，水泥浆结硬时能与钢筋表面紧密地胶着啮合在一起，同时水泥硬化时的收缩作用，能对钢筋产生强大的握裹力，这是形成整体的基本前提。又由于钢筋的线膨胀系数为 $1.2×10^{-5}$，混凝土的线膨胀系数为 $(1.0～1.5)×10^{-5}$，二者热胀冷缩变形基本能同步进行，避免了因温度变化热膨冷缩不同造成的相对滑动使粘结力破坏。

作为一种综合性材料，不仅保持了钢筋和混凝土的优点，同时使二者的缺点得到了改善，因此，对二者都是有利的。钢筋由于有混凝土的保护，比起裸露在大气中来，不易锈蚀；在火灾情况下，钢筋不致因高温而很快达到软化程度，提高了钢筋的耐久性和耐火程度。混凝土由于内部钢筋的拉结作用，提高了整体性和抗震能力。但是混凝土本身存在的自重大、抗裂性差等主要缺点，仍然是普通钢筋混凝土需要解决的实际问题。

### 复习思考题

1. 试述材料密度、容重、孔隙率定义及三者之间的关系。

2. 如何测定颗粒材料的松散容重？此松散容重与其表观密度有什么不同？

3. 密实度与孔隙率两者间有什么样的关系？孔隙率与空隙率的区别是什么？如何表示砂或石子的疏松程度？

4. 材料密度与其容重间差值的大小对其孔隙率、吸水率、强度各有什么影响？

5. 什么是吸水率？什么情况下应采用质量吸水率？什么情况下须采用体积吸水率？

6. 含水率反映材料的哪种性质？

7. 引起材料冻融破坏的原因是什么？

8. 同一材料，其导热系数在受冻前后有何变化？什么样的材料为保温隔热材料？

9. 何谓材料的弹性变形及塑性变形？试述脆性材料及韧性材料各具有什么特点？

10. 什么是材料的强度？根据外力作用方式的不同，常将强度分为几种？如何计算？

11. 做砖的抗折试验，已知试件的跨度为 200mm，高为 53mm，宽为 115mm，测得作用于试件跨中的抗折极限荷载为 2500N，求此砖的抗折强度。

12. 何为材料的耐久性？材料的耐久性对建筑物有什么影响，怎样提高建筑材料的耐久性？

13. 气硬性胶凝材料具有什么特点？为什么不宜在潮湿环境中使用？

14. 列表比较石灰、石膏、菱苦土的原料、制得和成分，并列举它们在建筑上的应用。

15. 简述石灰的熟化和硬化原理，说明在石灰的贮放及应用中需要特别注意的事项。

16. 划分生石灰等级的依据是哪两项技术性质？它们如何反映生石灰的质量？

17. 常用水玻璃有哪些主要性能？简述水玻璃在工程中的应用。

18. 气硬性胶凝材料具有什么特点？为什么不宜在潮湿环境中使用？

19. 列表比较石灰、石膏、菱苦土的原料、制得和成分，并列举它们在建筑上的应用。

20. 简述石灰的熟化和硬化原理，说明在石灰的贮放及应用中需要特别注意的事项。

21. 划分生石灰等级的依据是哪两项技术指标？它们如何反映生石灰的

质量？

22. 常用水玻璃有哪些主要性能？简述水玻璃在工程中的应用。

23. 硅酸盐水泥熟料的主要矿物成分有哪些？当它们单独与水作用时各表现出什么性质？水化时所生成的主要水化物是什么？

24. 造成水泥体积安定性不合格的主要原因是什么？工程中为什么不能使用安定性不合格的水泥？

25. 在大体积工程中，为什么不宜使用硅酸盐水泥？

26. 引起硅酸盐水泥腐蚀的主要原因是什么？应采取哪些防腐措施？

27. 什么叫活性混合材料？什么叫非活性混合材料？加入硅酸盐水泥中各起什么作用？生产掺加混合材料的硅酸盐水泥有什么意义？

28. 写出五大水泥的全称及简称。五大水泥各具有什么特性，它们的适用范围各是什么？

29. 试述白水泥、快硬硅酸盐水泥、高铝水泥的特性及用途。

30. 什么是膨胀水泥？收缩补偿水泥与自应力水泥的主要区别是什么？

31. 什么叫木材的临界含水率？木材的物理力学性质与它有何关系？

32. 试根据木材的微观构造解释其强度的各向异性的特点。

33. 木材的疵病对其强度的影响有何区别？为什么？

34. 发展木材综合利用有什么重大意义？

35. 钢筋按化学成分怎样分类？建筑用钢主要是什么类型？

36. 叙述建筑常用热轧钢筋的级别、钢号、性能及特征。

37. 钢筋冷加工的技术经济意义有哪些？

38. 建筑用型钢的表示方法是什么？

39. 钢筋混凝土的本质是什么？

40. 根据所学的建筑材料有关知识，谈谈节约"三材"的必要性和可能性。

# 三、施 工 准 备

## （一）材 料 准 备

### 1. 水泥

水泥是抹灰使用的主要材料。建筑工地上一般常用的水泥有硅酸盐水泥、普通硅酸盐水泥、矿渣硅酸盐水泥，火山灰质硅酸盐水泥和粉煤灰硅酸盐水泥等硅酸盐类五大品种。其强度等级从32.5至52.5。并且有一些特殊用途的白水泥、彩色水泥、抗硫酸盐水泥、膨胀水泥等多种水泥。由于水泥的品种不同，其性质亦各有异，所以使用范围也有所不同。

因此，要求一个好的技术工人不但要有扎实的基本功，高超的操作技能，而且要对不同品种的水泥的不同性质有所了解和掌握。只有这样，在施工操作中才能做到心中有数，得心应手，才能避免不应有的质量事故的发生。对于水泥的性质等知识不单是在书本上得到，更应该通过理论学习后，在实践中进一步深刻理解。

水泥是一种水硬性胶凝材料，其有着与其他材料不同的凝结过程。水泥与水搅拌成水泥浆体后，随着时间的增长，经过物理和化学的变化，开始从可塑的泥浆体逐渐硬化，直至变为坚硬的石状体，与此同时放出不同量的水化热。由于品种不同，凝结硬化的时间和硬化后的抵抗破坏能力的强度值也不同。

水泥的凝结硬化时间通常分为初凝和终凝。初凝是指水泥开始失去可塑性的时间。普通硅酸盐水泥初凝时间不得早于

45min，一般为 1～3h，以便有充分的搅拌、运输和操作时间；终凝是指完全失去可塑性的时间，终凝最迟不迟于 10h，一般为 5～8h，以便操作完毕及时凝结硬化。初凝早于 45min 易造成操作时间仓促，质量粗劣；终凝迟于 10h 致使成品强度降低，影响使用。

水泥抵抗破坏的强度值划分不同等级，强度等级的测定是用水泥与标准砂（平潭石英砂），按规定比例，拌和后加标准量的水，搅拌后制成标准尺寸的试件，经标准养护，测定各龄期的强度值，将其 28d 的抗压强度值定为该水泥的强度等级。在抹灰前水泥的进场堆放和保管是一个重要问题。水泥的存放最好是搭设水泥库房。库房内一定要干燥，地势要高，下雨时雨水不能流向库房内，有条件一定要提前抹好水泥地面或在砖地上铺上油毡并脚手板，脚手板下设木方架空。以利通风防潮。每次水泥入库堆放高度袋装不超过 10 袋；散装不超过 1m。进料要有计划，随用随进。由于水泥在堆放期间会吸收空气中的水气而结块和降低强度。存放 3 个月的水泥强度降低 20%，存放 6 个月强度降低 30%，存放 1 年的水泥强度可降低 40% 以上。如果在潮湿度大的地区和阴雨季节，强度降低的百分数值会更大些。一般认为存放 3 个月的水泥则被视为过期水泥，过期水泥在使用前经检验，视其过期程度要降低等级使用和在非正式工程上使用，且使用前要把结块打碎、过筛。如果是在室外存放，一定要用木板搭设下空平台，平台下空部不少于 20cm 高。平台要设在地势较高处，平台上铺油毡，堆放的水泥要用苫布盖严、压好。使用后每天下班要检查一遍，以免夜间下雨而造成损失。每次进料要有计划，不可一次进料过多。

## 2. 石灰

石灰也是抹灰使用的主要材料之一。石灰是一种气硬性胶凝材料，石灰浆与空气中的二氧化碳化合成碳酸钙和水，由于这种水的析出，使灰浆逐渐硬化。

石灰是由石灰石经煅烧而成，生石灰在使用前要经过熟化。俗称淋灰。淋灰工作要在抹灰工程开工前不少于1个月的时间进行完毕。淋灰要设有淋灰池（图3-1），池的大小尺寸可依工程量的大小而设定。淋灰的方法是把生石灰放入浅池后，在其上浇水，使之遇水后体积膨胀、放热、粉化，而后随着水量的增加粉化后的石灰逐渐变为浆体。浆体通过人工或机械的动力经过筢子的初步过滤后流入灰道，再经过筛子流入淋灰池进一步熟化沉淀。水分不断蒸发和渗走后即成为石灰膏。淋制好的石灰膏要求膏体洁白、细腻，不得有小颗粒，熟化时间不得少于15d以上，时间越长则熟化越充分。

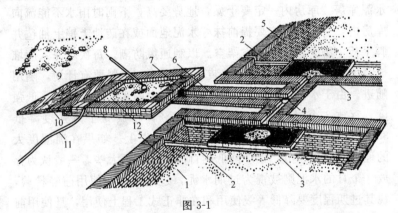

图 3-1

1—石灰膏；2—横木；3—孔径3mm的筛子；4—闸板；5—淋灰池；6—流灰沟；7—1cm筛孔灰筢子；8—灰镐；9—石灰；10—马道；11—水管；12—淋灰浅池

### 3. 磨细生石灰粉

磨细生石灰粉，是用生石灰经磨细而成。它的用法与石灰膏基本相同。但因没有经过熟化，所以在拌制成灰浆或砂浆后的硬化过程中的消解和凝固两个步骤，由原来的分离而变为合二而一。所以大大提高了凝结速度，节省了硬化时间。并且在硬化过程中产生热量，温度升高，所以可在低温条件下施工，减少了原来在低温条件下施工时砂浆加热的麻烦。另外磨细生石灰粉呈粉状，施工后不会产生因石灰熟化不充分的颗粒在墙面上膨胀的现象。磨细生石灰粉为袋装，如果是在冬期施工使用，保存时一定要保持干燥，不受潮，以免消解过程提前进行，而使砂浆产生的热量降低或消失。

### 4. 石膏

石膏是一种气硬性胶凝材料。石膏浆在凝结过程中不收缩。一般在艺术抹灰的雕塑、翻模、高级抹灰的墙面罩面及裂缝修补等方面使用。由于使用范围不同，亦有不同的品种，如室内墙面罩面及修补用的建筑石膏，大型结构拌制混凝土的高强石膏，地面用的地板（防水）石膏及堆塑、翻模用的模型石膏等。

石膏存放期间易吸收空气中的水气而结块或形成小颗粒。所以在存放时，一定要做防潮处理。一般来说工程上用量不大时，石膏的进场要有计划地、适时进料，进料后要妥善保管。

石膏在使用时可按需要掺加一定量的石灰水、菜胶等缓解凝结速度，或通过掺加生石膏、盐等来加快凝结速度。

### 5. 砂

砂是抹灰用砂浆中的骨料，砂的质量直接关系到抹灰工程质量，用颗粒坚硬、质地纯正、粒径适中、含泥量少的砂搅拌的砂浆，粘结度高，凝结后强度高，不易开裂；用质地酥松，粒径过小，含泥量偏高的砂搅拌的砂浆粘结力差，强度低、易粉化。普通砂依产源不同可分为山砂、河砂和海砂。山砂是由石头风化而成，一般颗粒粗糙，质地较酥松；河砂经河水冲洗，颗粒较圆滑，质地坚硬是抹灰的理想用砂；海砂亦是颗粒圆滑，质地比较坚硬，但含盐，使用前应进行处理。砂依不同粒径又可分为粗砂、中砂、细砂和面砂。粒径在 0.5mm 以上的为粗砂；粒径在 0.35～0.5mm 为中砂；粒径在 0.25～0.35mm 为细砂；再细的称面砂。抹灰一般用中砂，而中、粗相结合更佳；细砂在某些特殊情况下（修补、勾缝）才要用到；面砂由于粒径过小，拌制的砂浆收缩率大，易开裂，不宜使用。另外，由石英石风化而成的砂子称石英砂。石英砂是搅拌耐酸砂浆的骨料。石英砂依形成方式分为天然和人工两种，其中以人工砂为好。人工砂又分手工和机械两种，其中又以手工砂为佳。其石英石硫酸钡含量高，质地纯正，强度高，不但是耐酸砂浆的骨料，而且是白色水泥砂浆和彩色水泥砂浆的骨料。含泥量高的要经洗砂后，方能使用。且砂应在使用前过筛，堆放要依施工组织图的平面位置，但要在砂浆机的附近堆放。

### 6. 石子

抹灰用的石子主要有豆石和色石粒。

（1）豆石

豆石是制作豆石楼地面的粗骨料，也是制作豆石水刷石的材料。它是水冲刷自然形成的，所以表面比较圆滑。抹灰所用的豆石粒径要求在 5～12mm 为宜。豆石要在进场后视其洁净程度作适当处理，如果含泥量较高，需要经过筛、水洗，含杂质的要经筛选后方可使用。特别是用其抹水刷石时，一定要先经挑选，挑出草根、树枝等杂物后，放在筛子上用水管放水冲洗，而后要散放在席子上晾干后使用。

（2）色石粒

色石粒是由大理石、方解石等经破碎、筛分而成。按粒径不同可分大八厘、中八厘、小八厘、米厘石等。大八厘的粒径为8mm，中八厘的粒径为 6mm，小八厘的粒径为 4mm，2～4mm 粒径为米厘石。另外，在制水磨石地面时还专用到较大粒径的色石粒。常见的有大一分（一勾），粒径为 10mm；一分半（一勾半），粒径为 15mm；大二分（两勾），粒径为 20mm；大三分（三勾），粒径为 30mm 等。色石粒是制作干粘石、水刷石、水磨石、剁斧石、扒拉石等的水泥石子浆的骨料。色石在进场后，不同颜色要分开堆放。使用前要经挑选，选出草根、树叶等杂物，然后放在筛子里用水冲洗干净。在散放在席子上晾干后，用苫布盖好，以免被风吹等掺入尘土，要保持清洁、干爽，以备使用。

### 7. 纤维材料

纤维材料在抹灰层中起拉结和骨架作用。能增强抹灰层的拉结能力和弹性，使抹灰层粘结力增强，减少裂纹和不易脱落。

（1）麻刀

麻刀以洁净、干燥、坚韧、膨松的麻丝为好，使用长度为2～3cm。使用前要挑选出掺杂物，如草树的根叶等，并抖掉尘土后用竹条等有弹性的细条状物抽打松散以备用。

（2）纸筋

纸筋是面层灰浆中的拉结材料，分为干、湿两种。干纸筋在使用前要挑去杂质，打成小碎块，在大桶内泡透。泡纸筋的桶内最好要放一定量的石灰，搅拌成石灰水，纸筋在浸泡过程中要经多次搅动，使纸筋中的砂、石子等硬物下沉。搅拌灰浆时只取用上部纸筋，最下沉淀层不能使用。纸筋灰的搅拌最好在使用前一周进行，而且搅拌后的纸筋灰要过小钢磨，磨细后使用。

（3）玻璃丝

玻璃丝也是抹灰面层的拉结材料。用玻璃丝搅拌的灰浆洁白细腻，造价较低，比较经济，拉结力强，耐腐蚀性能好，搅和容易，使用长度以1cm为宜。但玻璃丝灰浆涂抹的面层容易有压不倒的丝头露出，刺激皮肤，所以多用在工业建筑的墙面和住宿的高于人身触及的部位使用。玻璃丝较轻，风吹易飞扬，所以在进场后的堆放时要在上面浇些水，或加覆盖保护。在搅拌玻璃丝灰浆时，操作人员要有相应的劳动保护措施。另有一种矿渣棉使用方法同玻璃丝。

### 8. 饰面板、块材料

（1）大理石

大理石板材强度适中，色彩和花纹比较美丽，光洁度高，但耐腐蚀性差，一般多用于高级建筑物的内墙面、地面、柱面、台面等部位，亦有少数品种耐腐蚀性较好（艾叶青、汉白玉）可用于室外装饰。大理石板材进场后最好放在室内保存，如在室外也应放在地势较高处，并且要用苫布覆盖。搬运时要轻拿轻放，运输和存放时要竖向码放。在使用前要依排板图，以颜色协调、花纹相近似为原则先进行预排编号，顺序地面对面、背对背码放备用。

（2）花岗石板

花岗石板材耐腐蚀能力及抗风化能力较强，强度、硬度均很高。抛光后板材光洁度很高，颜色、品种亦较多，是高级装饰工程的室内、外的理想面材。但花岗石板抗热能力在570℃以上时结构易产生变化。所以在加工和使用中要注意这一点。花岗石板在操作前的注意事项、准备工作与大理石板材相同，但花岗石板在室外使用时常用一些非光面的无光板、细琢面板和精毛面板材品种，以使建筑物局部或整体产生较强的立体感。

（3）面砖

面砖是由陶土坯挂釉经烧制而成。其质地坚硬，耐腐蚀、抗风化力均较强。可用于室内外墙面、柱面檐口、雨篷等部位。因为面砖是经烧制而成，在煅烧中因受热程度不同，可产生砖的尺寸和颜色、形状等方面的差异。所以面砖在进场后，使用前要进行选砖。选砖时颜色的差别可通过目视；变形的误差可通过目视与尺量相结合的方法；尺寸大小的误差和方正与否可通过自制的选砖样框来挑选。选砖样框（图3-2）是用一块短脚手板头或宽度大于砖体尺寸的厚木板，长度随意。在板上钉两根相互平行，间距大于砖边1mm长的，刨直的靠尺或米厘条，长度一般与板宽相同或略长。选砖时，把面砖放在两直条间的木板上，徐徐从一边推进，另一边拉出，同时目测每一块通过的面砖与选砖样框的缝隙要同样大小。如果缝隙过大，说明砖的尺寸小；如果通不过去说明砖尺寸大。大砖、小砖和标准砖要分别堆放，不要搞混。如果把面砖靠紧在选砖样框的一边木条上，则另一边的木条与面砖边棱产生的缝隙大小均匀一致，说明在这个方向上面砖是方的。如果缝隙产生一头大，一头小的现象，则说明面砖在这个方向是不方整的。

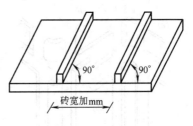

图 3-2　选砖样框

如果所使用的面砖是正方形时，可用一个选砖样框，分别进行两个方向的测量；如果所使用的面砖是长方形时，要制作两个不同间隔尺寸木条的选砖样框，分别对面砖进行两个方向测量。在制作两个样框时可借用一块木板，贴邻钉制。

（4）瓷砖

瓷砖由于其基体多有微毛细孔，质地比较松脆，不及面砖坚实，所以只是一种室内装饰材料。一般多用于厨房、卫生间的墙、柱和化验室的台面及墙裙等部位使用。其规格一般多为152mm×152mm 和 98mm×98mm 两种。也有长方形的特殊尺寸砖但比较少见。瓷砖进场后，施工前的准备工作基本与面砖相同。施工前要提前浸水润砖，而后阴干使用。瓷砖依不同部位的需要有许多相应配套的瓷砖及瓷砖配件（图 3-3）。如：阴角条、阳角条、压顶条、压顶阴角、压顶阳角、阴三角、阳三角、阴五角、阳五角、方边砖、圆边砖（分一边圆、两边圆）等。

（5）预制水磨石板

预制水磨石板，有普通本色板和白水泥板及彩色水泥水磨石板。水磨石板主要用于地面的铺贴，也可粘贴柱面、墙裙台面等。其价格比大理石花岗石板便宜得多。可用于一般学校、商店、办公楼等建筑。使用前亦要提前选砖（方法同面砖）及润砖、阴干。

（6）通体瓷砖

通体瓷砖简称通体砖，它是由陶土烧制而成的陶瓷制品。表面多不挂釉，类似品种亦有釉面砖和通体抛光砖等。这类砖耐腐

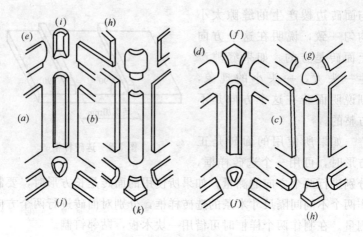

图 3-3  瓷砖及瓷砖配件

(a) 平边（方口砖）；(b) 两边圆；(c) 一边圆；(d) 阳角件；(e) 压顶条；(f) 阴阳
五角；(g) 阳三角；(h) 压顶阳角；(i) 压顶阴角；(j) 阴三角；(k) 阴五角

蚀、耐酸碱能力都很强，质地比较坚实，耐久性好。因此，可用于室外墙面、檐口、花台、套口及室内地面等部位。进场、库存、搬运时要注意轻拿轻放，不能碰掉棱角，使用时要提前选砖（方法同面砖）润砖、阴干。

（7）缸砖

缸砖是一种质地比较坚硬、档次较低、价格便宜的地面材料。一般多用于要求不高的厨房、卫生间、仓库、站台的地面及踏步等部位。其吸水力较强，所以在使用前要提前浸泡，阴干后使用。

（8）锦砖

锦砖又称马赛克，分陶瓷锦砖和玻璃锦砖两种。陶瓷锦砖为陶瓷制品，所以耐酸、耐碱、耐腐蚀能力均较强，且质地坚硬。可用于室外墙面、花池、雨篷、套口、腰线及室内的地面等许多部位。因其彩色不退，经久耐用，色彩丰富，图案多样，价格亦不高，所以常被采用。陶瓷锦砖的进场库存一定要注意防潮，万一受潮将造成脱纸而无法使用，将造成损失。

（9）其他材料

由于抹灰工作比较复杂，灰浆种类繁多，所以要用到许多附属的其他材料。如乳液、108 胶、903 胶、925 胶、界面剂胶、水玻璃、防水剂（粉）、防冻剂等多种材料。在材料的准备中，要依设计要求，有计划地适时进场，并按产品说明要求妥善保管。

## （二）机 具 准 备

抹灰工作比较复杂，不仅劳动量大，人工耗用多，同时也用到相应的机械和手工工具。所需的机械和工具必须要在抹灰开始前准备就绪。

### 1. 常用机械

（1）砂浆搅拌机

砂浆搅拌机是用来搅拌各种砂浆的。一般常见的为 200L 和 325L 容量搅拌机（图 3-4）。

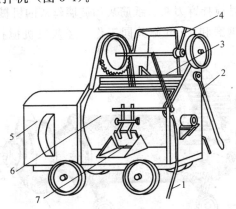

图 3-4　砂浆搅拌机

1—水管；2—上料操纵手柄；3—出料操纵手柄；4—上料斗；
5—变速箱；6—搅拌斗；7—出灰门

（2）混凝土搅拌机

混凝土搅拌机是搅拌混凝土、豆石混凝土、水泥石子浆和砂浆的机械。一般常用 400L 和 500L 容量（图 3-5）。混凝土搅拌机一般要在安装完毕后搭棚，操作在棚中进行。

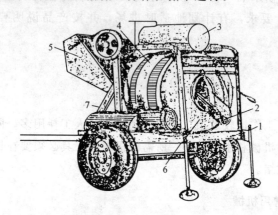

图 3-5　混凝土搅拌机

1—支架；2—出料槽；3—水箱；4—齿轮；5—料斗；6—鼓筒；7—导轨

（3）灰浆机

灰浆机是搅拌麻刀灰、纸筋灰和玻璃丝灰的机械。每一灰浆机均配有小钢磨和 3mm 筛共同工作。经灰浆机搅拌后的灰浆，

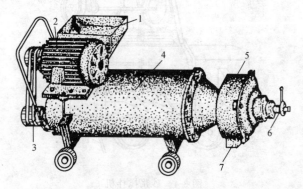

图 3-6　灰浆机

1—进料口；2—电动机；3—皮带；4—搅拌筒；5—小钢磨；6—螺栓；7—出料口

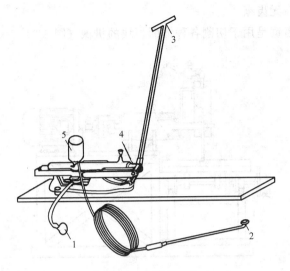

图 3-7  手压喷浆泵

直接进入小钢磨，经钢磨磨细后，流入振动筛中，经振筛后流入出灰槽供使用。灰浆机一般也要搭棚，在棚中操作（图 3-6）。

（4）喷浆泵

喷浆泵分手压和电动两种，用于水刷石施工的喷刷，各种抹灰中基面、底面润湿，及拌制干硬水泥砂浆时加水所用。图 3-7所示为手压喷浆泵。

（5）水磨石机

水磨石机是用于磨光水磨石地面的机械，可分立面和平面两种（图 3-8，平面式）。

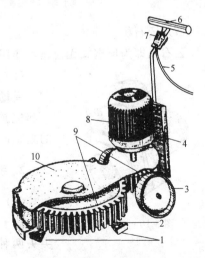

图 3-8  水磨石机

1—磨石；2—磨石夹具；3—行车轮；4—机架；
5—电缆；6—扶把；7—电闸；8—电动机；
9—变速齿轮；10—防护罩

（6）无齿锯

无齿锯是用于切割各种饰面板块的机械（图 3-9）。

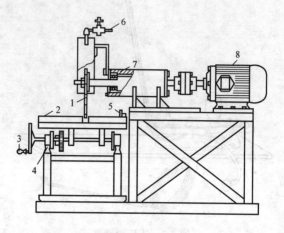

图 3-9　无齿锯

1—锯片；2—可移动台板；3—摇手柄；4—导轨；5—靠尺；

6—进水阀；7—轴承；8—电动机

（7）云石机

云石机即为便携式无齿锯，作用与无齿锯相同（图 3-10）。

（8）卷扬机

卷扬机是配合井字架和升降台一起完成抹灰中灰浆的用料、用具的垂直运输机械。

**2. 手工工具**

（1）抹子

图 3-10　云石机

抹子，依地区不同分为方头和尖头两种。又依作用不同分为普通抹子和石头抹子。普通抹子分铁抹子（打底用），钢板抹子（抹面、压光）。普通抹子分为 7.5 寸、8 寸、9.5 寸等多种型号。石头抹子是用钢板做成，主要是在操作水磨石、水刷石等水泥石子浆时使用，除尺寸比较小（一般为 5.5～6 寸）外，形状与普通抹子相同（图 3-11）。

（2）压子

压子，是用弹性较好的钢制成。主要是用于纸筋灰等的面层压光所用（图 3-12）。

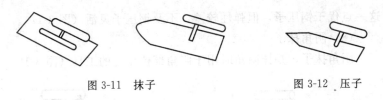

图 3-11　抹子　　　　　　　　图 3-12　压子

（3）鸭嘴

鸭嘴，有大小之分，主要用于小部位的抹灰、修理。如，外窗台的两端头，双层窗的窗档，线角喂灰等（图 3-13）。

（4）柳叶

柳叶，是用于抹灰的微细部位，及用工时间长而用灰量极小的工作。如，堆塑花饰、攒线角等（图 3-14）。

图 3-13　鸭嘴　　　　　　　　图 3-14　柳叶

（5）勾刀

勾刀，是用于管道、暖气片背后，用抹子抹不到而又能看到的部位的特殊工具。多为自制。可用带锯、圆锯片等制成（图 3-15）。

（6）塑料抹子

塑料抹子，外形同普通抹子。可制成尖头或圆头。一般尺寸比铁抹子大些。主要是抹纸筋等罩面时使用（图 3-16）。

（7）塑料压子

塑料压子，是用于纸筋灰的面层的压光用，作用与钢压相同，但在墙面稍干时用塑料压子压光时，不会把墙压糊（变黑）。

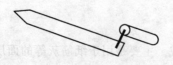

图 3-15　勾刀

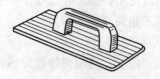

图 3-16　塑料抹子

这一点优于钢压子，但弹性较差，不及钢压子灵活（图 3-17）。

（8）阴角抹子

阴角抹子，是抹阴角时用于阴角部位压光的工具（图 3-18）

图 3-17　塑料压子

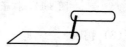

图 3-18　阴角抹子

（9）阳角抹子

阳角抹子，是用于大墙阳角、柱、窗口、门口、梁等处阳角抹直抹光的用具（图 3-19）。

（10）护角抹子

护角抹子，是用于纸筋灰罩面时，抹门、窗口、柱的阳角部位水泥小圆角，及踏步防滑条、装饰线等的用具（图 3-20）。

图 3-19　阳角抹子

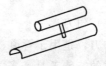

图 3-20　护角抹子

（11）圆阴角抹子

圆阴角抹子，俗称圆旮旯，是用于阴角处抹圆角的工具（图 3-21）。

（12）划线抹子

划线抹子，也叫分格抹子、劈缝溜子。是用于水泥地面刻画分格缝的工具（图 3-22）。

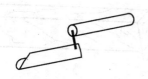

图 3-21 圆阴角抹子

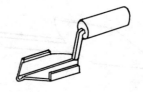

图 3-22 划线抹子

（13）刨锛

刨锛，是墙上堵脚手眼打砖，零星补砖，剔除结构中个别凸凹不平部位，及清理的工具（图 3-23）。

（14）錾子

錾子，是剔除凸出部位的工具（图 3-24）。

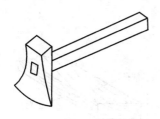

图 3-23 刨锛

图 3-24 錾子

（15）灰板

灰板是抹灰时用来托砂浆之用，分为塑料和木质两种（图 3-25）

（16）大杠

大杠是抹灰时用来刮平涂抹层的工具，依使用要求和部位不同，一般 1.2～4m 等多种长度。依材质不同有铝合金、塑料、木质和木质包铁皮等多种（图 3-26）。

（17）托线板

托线板，俗称弹尺板、吊弹尺。主要是用来作灰饼时吊垂直和用来检验墙柱等表面垂直度的工具。一般尺寸 1.5～2cm 厚，8～12cm 宽，1.5～3m 长（常用的为 2m）。亦有特殊时特制的

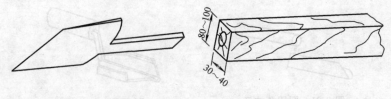

图 3-25 灰板    图 3-26 大杠

60～120cm 的短小托线板。托线板的长度要依工作内容和部位来决定。一般工程上有时要用到几种长度的托线板（图 3-27）。

（18）靠尺

靠尺是抹灰时制作阳角和线角的工具。分为方靠尺（横截面为矩形）、一面八字靠尺和双面八字靠尺等。长度依木料和使用部位不同而定（图 3-28）。

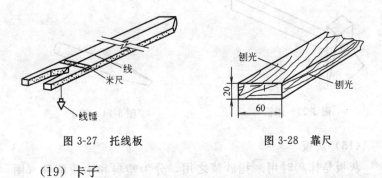

图 3-27 托线板    图 3-28 靠尺

（19）卡子

卡子，是用钢筋或有弹性的钢丝做成，主要是用来固定靠尺（图 3-29）。

（20）方尺

方尺，是测量阴阳角方正的量具。分为钢质和木质、塑料等多种。依使用部位不同尺寸亦不同（图 3-30）。

（21）木模子

木模子，俗称模子，是扯灰线的工具。一般是依设计图样，用 2cm 厚木板划线后用线锯锯成形，经修理和包铁皮后而成（图 3-31）。

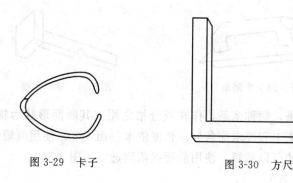

图 3-29　卡子

图 3-30　方尺

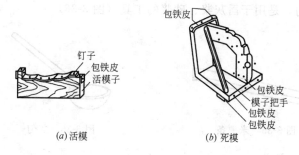

钉子
包铁皮
活模子

包铁皮

包铁皮
模子把手
包铁皮
包铁皮

(a)活模

(b)死模

图 3-31　木模子

（22）木抹子

木抹子，是抹灰时对抹灰层进行搓平的工具，有方头和尖头之分（图 3-32）。

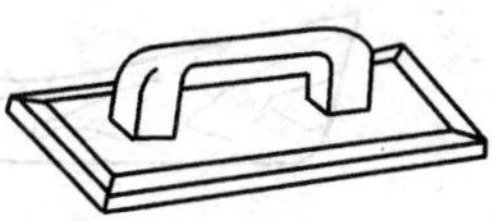

（23）木阴角抹子

木阴角抹子，俗称木三角，是对抹灰的底子灰的阴角和面层搓麻面的阴角的搓直工具（图 3-33）。

图 3-32　木抹子

（24）缺口木板

缺口木板，是用于较高的墙面，做灰饼时找垂直的工具。它是一对同刻度的木板与一个线坠配合工作的。其作用相当于托线板（图 3-34）。

（25）米厘条

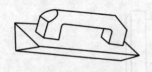
图 3-33　木阴角

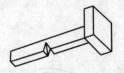
图 3-34　缺口木板

米厘条，简称米条，作抹灰分格之用。其断面形状为梯形，断面尺寸依工程要求而各异。长度依木料而不等。使用时短的可以接，长的可以截短。使用前要提前泡透水（图 3-35）。

（26）灰勺

灰勺，是用于舀灰浆、砂浆的工具（图 3-36）。

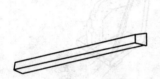
图 3-35　米厘条

图 3-36　灰勺

（27）墨斗

墨斗，是找规矩弹线之用，亦可用粉线包代替（图 3-37）。

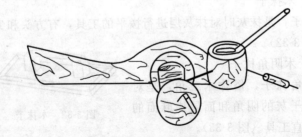
图 3-37　墨斗

（28）剁斧

剁斧，是用于斩剁假石之用的工具（图 3-38）。

（29）刷子

刷子，是抹灰中带水和水刷石清刷水泥浆及水泥砂浆面层扫

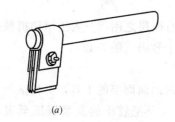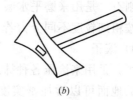

(a)　　　　　　　　　(b)

图 3-38　剁斧

(a) 多刃剁斧；(b) 单刃剁斧

纹等的工具，分为板刷、长毛刷、鸡腿刷和排刷等（图 3-39）。

图 3-39　刷子

(a) 竖鸡腿刷；(b) 横鸡腿刷

（30）钢丝刷子

钢丝刷子，是清刷基层及清刷剁斧石、扒拉石等干燥后由施工操作残留的浮尘而用的工具（图 3-40）。

（31）小炊把

小炊把，是用于打毛、甩毛或拉毛的工具，可用毛竹劈细做成，也可以用草把、麻把代替（图 3-41）。

图 3-40　钢丝刷子　　　　　图 3-41　小炊把

（32）金刚石

金刚石，是用来磨平水磨石面层之用，分人工用和机械用两种，又按粗细粒度不同分为若干号码（图 3-42）。

（33）滚子

滚子，是用来滚压各种抹灰地面面层的工具，又称滚筒。经滚压后的地面可以增加密实度。及把较干的灰浆辗压至表面出浆，便于面层平整和压光（图 3-43）。

图 3-42　金刚石

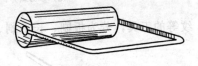

图 3-43　滚子

（34）筛子

抹灰用的筛子按用途不同分为大、中、小三种，和按孔隙分 10mm 筛、8mm 筛、5mm 筛、3mm 筛等多种孔径筛，大筛子一般是筛分砂子、豆石等，中、小筛子多为筛干粘石等使用（图 3-44）。

（35）水管

水管，是浇水润湿各种基层、底、面层等的输水工具。另外除输水胶管外，又有塑料透明水管，在抹灰工程中常用小口径的透明水管为抄平工具，其准确率高，误差极小。

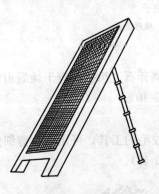

图 3-44　筛子

（36）其他工具

其他工具，是指一些常用的运送灰浆的两轮、独轮小推车，大、小水桶，灰槽、灰锹、灰镐、灰耙等多种用具。在实际工作中都要用到，所以要一应齐备，不可缺少。

124

## （三）现场准备和基层处理

### 1. 现场准备

抹灰开始前，要依施工组织平面设计图上标注的位置，安装好砂浆搅拌机、混凝土搅拌机、台式无齿锯（依工程需要）、灰浆机、卷扬机和升降台。且接通电源，安好电闸箱，接通水源。搅拌机前要用水泥砂浆提前抹出一块灰盘或铺好铁板。从搅拌机到升降台之间和升降台上口到抹灰现场的通道要铺设平整和清理干净。如有不安全的因素，一定要提前做好防护。如，施工洞口等要铺板和挂网。室外作业的脚手架要检查、验收，探头板下要设加平杆，架子要有护栏和挂网，并且护栏的下部要有竖向的挡脚板。架子要牢固，不能有不稳定感，以保证安全操作。对结构工程进行严格验收，并对所要安装的钢木门、窗进行检验，视其位置、标高、尺寸等是否正确，缝隙是否合适，质量是否符合要求，牢固与否，对门框下部的保护措施是否做好。水电管线等是否安装完毕，埋墙管是否有突出墙面或松动，位置是否正确。地漏的位置、标高是否正确。管口处的临时封闭是否严密，以免发生抹灰时落下的砂浆堵塞现象，以及穿线管口是否有纸塞好。电线盒突出墙面是否过高影响抹灰。并依距顶、柱、墙的高度搭设好架子和钉好马凳，铺好脚手板。

### 2. 基层处理

抹灰开始前要对结构进行严格验收。对个别凹凸不平处要进行剔平、补齐。脚手眼要堵好。对基层要进行湿润，湿润要依季节不同而分别处理，对不同基层要有不同的浇水量。对预制板顶棚缝隙应提前用三角模吊好，灌注好细石混凝土，且提前用 $1:0.3:3$ 混合砂浆勾缝。如果是板条或苇箔吊顶要视其缝隙宽度是否合适和有无钉固不牢现象，对于轻型、薄型混凝土隔墙等，视其是否牢固，缝隙要提前用水泥砂浆或细石混凝土灌实。门、窗口的缝隙要在做水泥护角前用 1:3 水泥砂浆勾严。配电箱、消防栓的木箱背面钉的钢网有无松弛、起鼓现象，如有要钉牢。现浇混凝土顶如有油渍，应先用 10% 的火碱水清洗后，再用清水冲净。墙体等表面有凹凸不平处应提早剔平或用砂浆补齐。面层过光的混凝土要凿毛后，用水泥 108 胶聚合物浆刮糙或甩毛，隔天养生。

## （四）技 术 准 备

抹灰工程的技术准备，主要是对图纸的审核，认真看图，关键部位要记熟。依照工期决定人员数量，在几个队组共同参与施工的前提下，技术负责人认真向施工人员做好安全技术交底，做好队组分工。有交叉作业时做好安全合理的交叉和有节律的流水施工。根据具体情况制定出合理的施工方案。一般要遵从先室外后室内，先地面后顶墙，从上至下的顺序来施工。使整个工程合理地、有条不紊地、科学地进行，以保证工程优质，顺利的进行。

### 复习思考题

1. 常用的硅酸盐水泥五大品种是指什么？

2. 为什么要对水泥的初凝和终凝时间有所要求？

3. 水泥的存放应注意哪些问题？

4. 对石灰的熟化有什么要求？

5. 磨细生石灰粉受潮后对使用有什么影响？

6. 怎样调节石膏的凝结速度？

7. 砂按粒径不同分为哪几种，按产源分为哪几种？抹灰应采用什么砂为好？

8. 一般水洗后的色石渣应怎样处理，以备使用？

9. 麻刀以什么样的为好，使用前应怎样处理？

10. 大理石板的特点是什么，适合于什么范围使用？
11. 花岗石板的特点是什么，适合于什么范围使用？
12. 抹灰前应在施工现场安放好哪些机械？
13. 抹灰应遵从怎样的施工顺序？

# 四、墙 面 抹 灰

抹灰工程由于基层的不同，所用的砂浆也不同。如墙基层分烧结普通砖墙、蒸汽砖墙、加气混凝土墙、陶粒砖（板）墙、石墙、混凝土墙、木板条墙等。相应的砂浆也有水泥砂浆、石灰砂浆、混合砂浆等多种。虽然种类繁多，但抹灰的技术操作也有其共性，都要经过挂线、作灰饼、充筋等找规矩的工作。然后依据灰饼的厚度做好门窗口护角，抹好踢脚、窗台。然后方可依据做好的灰饼而进行充筋、装档、刮平、搓平的一系列打底工作。最后再进行罩面压光、养护等面层工作。

学习抹灰就要掌握抹灰工作的一系列施工程序，和对不同基层的不同处理，以及特殊的基层特殊处理。

## （一）砖墙抹石灰砂浆

砖墙抹石灰砂浆分石灰砂浆打底、纸筋灰罩面，石灰砂浆打底、石灰砂浆罩面，石灰砂浆打底、石膏浆罩面等多种。但就打底而言，虽然面层不同，但其操作程序均要经过作灰饼、作门窗护角、窗台、踢脚和充筋装档、刮平、搓平等工序。

### 1. 作灰饼、挂线

作灰饼、挂线的方法是依据用托线板检查墙面的垂直度和平整度来决定灰饼的厚度。如果是高级抹灰，不仅要依据墙面的垂直度和平整度，还要依据找方来决定作灰饼的厚度。又因为有时结构平整度较差，所以按规范规定的 7～12mm 厚度往往不能找平。

作灰饼时是在墙两边距阴角 10～20cm 处，2m 左右高度各做一个大小 5cm 见方的灰饼。再用托线板挂垂直，依上边两灰饼的出墙厚度，在与上边两灰饼的同一垂直线上，踢脚线上口 3～5cm 处，各做一个下边的灰饼。要求灰饼要平整不能倾斜、扭翘，上下两灰饼在一条垂线上。然后在所做好的四个灰饼的外侧，与灰饼中线相平齐的高度各钉一个小钉。在钉上系小线，要求线要离开灰饼面 1mm，并要拉紧小线。再依小线作中间若干灰饼。中间灰饼的厚度也应距小线 1mm 为宜。各灰饼的间距可以自定。一般为 1～1.5m 左右为宜。上下相对应的灰饼要在同一垂直线上，为了便于掌握灰饼的操作，可参见图 4-1。

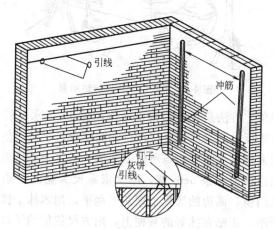

图 4-1　灰饼挂线充筋示意

如果墙面较高（3m 以上），做上边的灰饼要在距顶部 10～20cm 处，距两边阴角 10～20cm 位置各做一个灰饼，而后上、下两人配合用缺口木挂垂直做下边的灰饼。由于墙身较高，上下两饼间距比较大，可以通过挂竖线的方法在中间适当增加灰饼（图 4-2），方法同横向挂线。

**2. 护角**

抹墙面时门窗口的阳角处，为防止碰撞而损坏，要用水泥砂

图 4-2　用缺口木板做灰饼示意

浆做出护角。方法是先在门窗口的侧面抹 1∶3 水泥砂浆后，在上面用砂浆反粘八字尺或直接在口侧面反卡八字尺。使外边通过拉线或用人杠靠平的方法与所做的灰饼一平、上下吊垂直，然后在靠尺周边抹出一条 5cm 宽，厚度依靠尺为据的一条灰梗。用大杠搭在门窗口两边的靠尺上把灰梗刮平，用木抹子搓平。拆除靠尺刮干净，正贴在抹好的灰梗上，用方尺依框的子口定出稳尺的位置，上下吊直后，轻敲靠尺使之粘住或用卡子固定。随之在侧面抹好砂浆。在抹好砂浆的侧面用方尺找出方正，划捺出方正痕迹，再用小刮尺依方正痕迹刮平、刮直，用木抹子搓平，取除靠尺，把灰梗的外边割切整齐。待护角底子六七成干时用护角抹子在做好的护角底子的夹角处抹一道素水泥浆或素水泥略掺小砂子（过窗纱筛）的水泥护角。也可根据需要直接用 1∶3 水泥砂浆打底，1∶2.5 水泥砂浆罩面的压光口角。单抹正面小灰梗时要略高出灰饼 2mm，以备墙面的罩面灰与正面小灰梗一平（图4-3）。

130

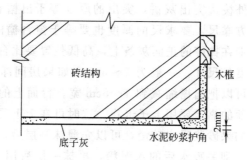

图 4-3　门窗口角做法

在抹水泥砂浆光口（护角）时，可以在底层水泥砂浆抹完后第二天进行抹面层1：2.5水泥砂浆，也可在打底后稍收水后即抹第二遍罩面砂浆。在抹罩面灰时阳角要找方，侧面（膀）与框交接部的阴角要垂直，要与阳角平行。抹完后用刮尺刮平，用木抹子搓平，用钢抹子溜光。如果吸水比较快，要在搓木抹子时适当洒水，边洒水边搓，要搓出灰浆来，稍收水后用钢板抹子压光，用阳角抹子把阳角捋光。随手用干刷子把框边残留的砂浆清扫干净。

### 3. 窗台

室内窗台的操作往往是结合抹窗口阳角时一同施工，也可以随做护角时只打底。而后单独进行面板和出檐的罩面抹灰，但方法相同。具体做法是先在台面上铺一层砂浆，然后用抹子基本摊平后，就这层砂浆在上边反粘八字靠尺，使尺外棱与墙上灰饼一平，然后依尺在窗台下的正面墙上抹出一条略宽于出檐宽度的灰条。并把灰条用大杠依两边墙上的灰饼刮平，用木抹子搓平，随即取下靠尺贴在刚抹完的灰条上，用方尺依窗框的子口定出靠尺棱的高低，靠尺要水平。确认无误后要粘牢或用卡子卡牢靠尺，随后依靠尺在窗台面上摊铺砂浆，用小刮尺刮平，用木抹子搓平，要求台面横向要水平（室内）。用钢板抹子溜光，待稍吸水后取下靠尺，把靠尺刮干净再次正放在抹好的台面上。

要求尺的外棱边突出灰饼，突出的厚度等于出檐要求的厚度。另外取一方靠尺，要求尺的厚度也要等于窗台檐的要求厚度。把方靠尺卡在抹好的正面灰条上，高低位置要比台面低出相当于出檐宽度的尺寸，一般为 5～6cm。如果房间净空高度比较低时，也可以把出檐缩减到 4～5cm 宽。台面上的靠尺要用砖压牢，正面的靠尺要用卡子卡稳。这时可在上下尺的缝隙处填抹砂浆。如果砂浆吸水较慢，可以先薄抹一层后，用干水泥粉吸一下水。刮去吸水后的水泥粉，再抹一层后用木抹子搓平，钢抹子溜光。待吸水后，用小靠尺头比齐，把窗台两边的耳朵上口与窗台面一平切齐用阴角抹子捋光。取下小尺头再换一个方向把耳朵两边出头切齐。一般出头尺寸与檐宽相等，即两边耳朵要呈正方形。最后用阳角抹子把阳角捋光，用小鸭嘴把阳角抹子捋过的印迹压平。表面压光，檐的底边要压光。室内窗台一般用 1：2 水泥砂浆。

### 4. 踢脚、墙裙

踢脚、墙裙一般多在墙面底子灰后，罩面纸筋灰施工前进行。也可以在抹完墙面纸筋灰后进行。但这时抹墙面的石灰砂浆要抹到离踢脚、墙裙上口 3～5cm 处切直切齐。下部结构上要清理干净，不能留有纸筋灰浆。这样施工比较麻烦，而且影响墙面美观，因为在抹完踢脚、墙裙后要接补留下的踢脚、墙裙上口的纸筋灰接槎，只有在不得已情况下，如为抢工期等才采用该施工方法。具体做法是根据灰饼厚度，抹高于踢脚、或墙裙上口 3～5cm 的 1：3 水泥砂浆（一般墙面石灰砂浆打底要在踢脚、墙裙上口留 3～5cm，这样恰好与墙面底子灰留槎相接），做底层灰。底子灰要求刮平、刮直、搓平，要与墙面底子灰一平并垂直。然后依给定的水平线返至踢脚、墙裙上口位置，用墨斗弹上一周封闭的上口线。再依弹线用纸筋灰略掺水泥的混合纸筋灰浆把专用的 5mm 厚塑料板粘在弹线上口，高低以弹线为准，平整用大杠靠平，拉小线检查调整。无误后，在塑料板下口与底子灰的阴角处用素水泥浆抹上小八字。这样做的目的是，既能稳固塑料板，又能使抹完的踢脚、墙裙在拆掉塑料板后上口好修理，修理后上棱角挺直光滑美观。在小八字抹完吸水后随抹 1：2.5 水泥砂浆，厚度与塑料板相平齐，竖向要垂直。抹完后用大杠刮平，如有缺灰的低洼处要随时补齐后再用大杠刮平，而后用木抹子搓平，用钢板抹子溜光，如果吸水较快，可在搓平时，边洒水边搓平，如果不吸水，要在抹面时分成二遍抹，抹完第一遍后用干水泥吸过水刮掉，然后再抹第二遍。在吸水后面层用手指捺时，手印不大时再次压光。然后拆掉塑料板，抱上口小阳角用靠尺靠住（尺棱边与阳角一平）。用阴角抹子把上口捋光。取掉靠尺后用专用的踢脚、墙裙阳角抹子，把上口边捋光捋直，用抹子把捋角时留下的印迹压光。把相邻两面墙的踢脚、墙裙阴角用阴角抹子捋光。最后通压一遍。要求立面垂直，表面光滑平整，线角清晰、丰满、平直，出墙厚度均匀一致。

### 5. 充筋、装档

手工抹灰一般充竖筋，机械抹灰一般充横筋。本节以手工为例。充筋时可用充筋抹子（图 4-4），也可以用普通铁抹子。充筋所用砂浆与底子灰相同，本节所述以 1：3 石灰砂浆为例。具体方法是在上下两个相对应的灰饼间抹上一条宽 10cm、略高灰饼的灰梗，用

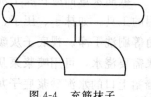

图 4-4　充筋抹子

抹子稍压实，而后用大杠紧贴在灰梗上，上右下左，或上左下右的错动直到刮至与上下灰饼一平。把灰梗两边用大杠切齐，然后用木抹子竖向搓平。如果刚抹完的灰梗吸水较慢时，要多抹出几条灰梗，待前边抹好的灰梗已吸水后，可从前开始向后逐条刮平，搓平。

装档可在充筋后适时进行。过早进行，充的筋太软在刮平时易变形；过晚进行，充筋已经收缩，依此收缩后的筋抹出的底子

灰收缩后易造成墙面低洼，充筋处突出的现象。所以要在充筋稍有强度，不易被大杠轻刮而产生变形时进行。一般约为 30min左右，但要具体依现场情况（视气候和墙面吸水程度）而定。装档要分两遍完成，第一遍薄薄抹一层，视吸水程度决定抹第二遍的时间。第二遍要抹至与两边筋一平。抹完后用大杠依两边充筋，从下向上刮平。刮时要依左上→右上→左上→右上的方向抖动大杠。也可以从上向下依左下→右下→左下→右下的方向刮平。如有低洼的缺灰处要及时填补后刮平。待刮到完全与两边筋一平时稍待用木抹子搓平。在刮大杠时一定要注意所用的力度，只把充筋作为依据，不可把大杠过分用力的向墙里捺，以免刮伤充筋。如果有刮伤充筋的情况，要及时先把伤筋填补上灰浆修理好后方可进行装档。待全部完成后要用托线板和大杠检查垂直度、平整度是否在规范允许范围。如果数据超出规范时，要及时修理。要求底子灰表面平整，没有大坑、大包、大砂眼，有细密感、平直感。

## 6. 纸筋灰罩面

纸筋灰罩面应在底子灰完成第二天以后进行。罩面前要把使用的工具，如抹子、压子、灰槽、灰勺、灰车、木阴角、塑料阴角等刷洗干净。视底子灰颜色而决定是否浇水润湿和浇水量。如果需要浇水，可用喷浆泵从上至下通喷一遍，喷浇时注意踢脚、墙裙上口的水泥砂浆底子灰上不要喷水，这个部位一般不吸水。踢脚、窗台等最好用浸过水的牛皮纸贴盖严密，以保持清洁。罩面时应把踢脚、墙裙上口和门、窗口等用水泥砂浆打底的部位，先用水灰比小一些的纸筋灰先抹一遍。因为这些部位往往吸水较慢。罩面应分两遍完成，第一遍竖抹，要从左上角开始，从左到右依次抹去，直到抹至右边阴角完成，再转入下一步架，依然是从左向右抹，第一遍要薄薄抹一层。用铁抹子、木抹子、塑料抹子均可以。一般要把抹子放陡一些刮抹，厚度不超过 0.5mm，每相邻两抹子的接搓要刮严。第一遍刮抹完后稍吸水可以抹第二遍。在抹第二遍前，最好把相邻两墙的阴角处竖向抹出一抹子纸筋灰。这样做的目的是既可以防止相邻墙面底子灰的砂粒进入抹好的纸筋灰面层中，又可以在抹完第一面墙后就能在压光的同时及时把阴角修好。在抹第二遍时要先把两边阴角处竖向先抹出一抹子宽后，溜一下光，然后用托线板检查一下，有问题及时修正好，再从上到下，从左向右横抹中间的面层灰。两层总厚度不超过2mm，要求抹得平整，抹纹平直，不要划弧，抹纹要宽，印迹要轻。抹完后用托线板检查垂直平整度，如果有突出的小包可以轻轻向一个方向刮平，不要往返刮。有低洼处要及时补上灰，接搓要压平。一般情况下要按"少刮多填"的原则，能不刮的就不刮，尽量采用填补找平，全部修理好后要溜一遍光，再用长木阴角抹子把两边阴角挂直，再用塑料阴角抹子溜光。随之，再用塑料压子或钢皮压子把挂阴角的印迹压平，把大面通压一遍。这遍要横走抹子，要走出抹子花（即抹纹）来，抹子花要平直，不能波动或划弧，最好是通长走（从一边阴角到另一边阴角一抹子走过去），抹子花要尽量宽，所谓的"几寸抹子，几寸印"。最后把踢脚、墙裙等上口保护纸揭掉，把踢脚、墙裙及窗台、口角边用水泥砂浆打底的不易吸水部位修理好。要求大面平整，颜色一致，抹纹平直，线角清晰，最后把阳角及门、窗框上污染的灰浆擦干净交活。

### 7. 刮灰浆罩面

刮灰浆罩面比较薄，可以节约石灰膏。但一般只适用于要求不高的工程上。它是在底层灰浆尚未干，只稍收水时，用素石灰膏刮抹入底层中无厚度或不超0.3mm的一种刮浆操作。刮灰浆罩面的底子灰一定要用木抹子搓平。刮面层素浆时一定要适时，太早易造成底子灰变形，太晚则素浆勒不进底子灰中也不利于修理和压光。一般要在底子灰抹子抹压下不变形而又能压出灰浆时为宜。面层灰刮抹完后，随即溜一遍光，稍收水后用钢板抹子压光即可。

### 8. 石膏灰浆罩面

石膏的凝结速度比较快，所以在抹石膏浆墙时，一般要掺入一定量的石灰膏或菜胶、角胶等在石膏浆内，以使其缓凝，利于操作。

石膏浆的拌制要有专人负责，随用随拌，一次不可拌和过多，以免造成浪费。制拌石膏浆时要先把缓凝物和水拌成溶液，再把石膏粉放入窗纱筛中筛在溶液内。边筛边搅动以免产生小颗粒。石膏浆抹灰的底层与纸筋灰罩面的底层相同，采用 1∶3 石灰砂浆打底。面层的操作一般为三人合作，一人在前抹灰浆，一人在中间修理，一人在后压光。面层分两遍完成，第一遍薄薄刮一层，随后抹第二遍，两遍要垂直抹，也可以平行抹。一般第二遍为竖向抹，因为这样利于三人流水作业。面层的修理、压光等方法可参照纸筋灰罩面。

### 9. 水砂罩面

水砂含盐，所以在拌制灰浆时要用生块石灰现场淋浆，热浆拌制，以便使水砂中的盐分挥发掉。灰浆要一次拌制，充分熟化一周以上方可使用。水砂罩面亦为高级抹灰的一种，其面层有清凉、爽滑感。操作方法基本同石膏罩面，需要两人配合，一人在前涂抹，一人在后修理压光。涂抹时用木抹子为好，特别是使用多次后的旧木抹子。压光则用钢板抹子。最后用钢压子压光，要边洒水边竖向压光，阴角部位要用阴角抹子捋光。要求线角清晰美观，面层光滑平整、洁净，抹纹顺直。

### 10. 石灰砂浆罩面

石灰砂浆罩面是在底层砂浆收水后立即进行或在底层砂浆干燥后，浇水湿润再进行均可。石灰砂浆罩面的底层用 1∶3 石灰砂浆打底，方法同前。面层用 1∶2.5 石灰砂浆抹面。抹面前要视底子灰干燥程度酌情浇水润湿，然后先在贴近顶棚的墙面最上部抹出一抹子宽的面层灰。然后用大杠横向刮直，缺灰处及时补平，再刮平，待完全符合时用木抹子搓平，用钢抹子溜光，然后把墙两边阴角同样抹出一抹子宽的面层灰，用托线板找垂直，用大杠刮平，木抹子平，钢抹子溜光。如果一面墙只有一人抹，墙面较宽，一次揽不过来时，可只先做左边阴角的一抹子宽灰条。等抹到右边时再先做右边灰条。抹中间大面时要以抹好的灰条做为标筋，一般是横向抹，也可竖抹。抹时一抹子接一抹子，接搓平整，薄厚一致，抹纹顺直。抹完一面墙后，用大杠依标筋刮平，缺灰的要及时补上，用托线板挂垂直。无误后用木抹子搓平，钢板抹子压光，如果墙面吸水较快，应在搓平同时，边洒水边搓，要搓平搓出灰浆。压光后视表面稍吸水时再次压光。待抹子上去时印迹不明显时作最后一次压光。相邻两面墙都抹完后，要把阴角用刷子甩水，用木阴角抹子端稳放在阴角部上下通搓，搓直、搓出灰浆，而后用铁阴角抹子捋光，用抹子把通阴角留下的印迹压平。石灰砂浆罩面的房间一般门窗护角要做成用水泥砂浆直接压光的。可以随抹墙一同进行，也可以提前进行。如果是提前进行，可参照护角的做法（本节之二），但抹正面小灰梗条时要考虑抹面砂浆的厚度。如果是随抹墙一同做时，要在护角的侧面 1：2.5 水泥砂浆反粘八字尺，使尺外棱与墙面面层厚度一致，然后吊垂直。抹墙时把尺周边 5cm 处改用 1：2.5 水泥砂浆，修理压光后取下八字尺刷干净后反贴在正面抹好的水泥砂浆灰条上，依框的子口用方尺决定靠尺棱的位置，挂吊垂直后卡牢，再抹侧小面（方法同前）。

## （二）砖墙抹水泥砂浆

砖墙抹水泥砂浆，一般多用在工业建筑和民宅的室外。室内只限于门窗护角、梁、柱等部位，有特殊需要才采用。在工业厂房或民宅室外抹水泥砂浆时，由于墙体的跨度大，墙身高，接搓多，所以施工有一定难度。特别是水泥砂浆吸水比较快，不便操作，所以要求操作者需要一定的技术水平、操作速度和施工经验。砖墙抹水泥砂浆前要对基层进行浇水湿润，浇水量的问题是一个关键问题。浇水多者，容易使抹灰层产生流坠，变形凝结后造成空鼓；浇水不足者，在施工中砂浆干得过快，不易修理，进度下降，且消耗操作者体能。有经验的技术工人，可以依季节、气候、气温及结构的干湿程度等，比较准确地估计出浇水量。如果没有把握，可以把基层浇至基本饱含程度后，夏季施工时第二天可开始打底；春秋季施工要过两天后再进行打底。也可以根据浇水后砖墙的颜色来判断，浇水的程度是否合适，这一问题实为经验问题，需要每一个从事抹灰工作的工人（青工）在今后的工作中多观察、多动脑、多向有经验的老工人请教。所谓抹水泥砂浆较难，其实就难在掌握火候（吸水速度）上，只要掌握好"火候"，工作起来就会得心应手，掌握主动，以人控制物。相反，则难题百出，工作起来既慢又累，以物控制人。所以工作年限比较短的工人要努力钻研，早一些掌握这方面的知识。

抹水泥砂浆墙面的底层操作基本与抹石灰砂浆相同。只是由于工业厂房或室外抹灰与室内抹灰比较，有跨度大、墙身回高的特点。所以在做灰饼时要采用缺口木板，做上、下两个、两边的灰饼。两边的灰饼做完后，要挂竖线依上下灰饼，做中间若干灰饼。然后再横向挂线做横向的灰饼。每个灰饼均要离线1mm，竖向每步架不少于一个，横向以1~1.5m间距离为宜。灰饼大小为5cm见方，要与墙面平行，不可倾斜、扭翘。做饼、充筋、打底均采用1：3砂浆。

充筋可以在装档前先抹出若干条标筋后，再装档；也可以用专人在前充筋，后跟人装档。充筋的厚度与上下灰饼一平，以10cm宽为宜，各条标筋的宽度方向要在一条直线上，不能倾斜。充筋要有计划，在速度上要与装档保持相应的距离；在量上，要以每次下班前能完成装档为准，不要作隔夜标筋。以及控制好充筋与装档的距离时间，一般以标筋尚未收缩，但装档时大杠上去不变形为度。这样形成一个小流水，比较有节奏，有次序，工作起来有轻松感。因为水泥砂浆吸水较快，有时为了省力，在抹竖向一步架、横向两条标筋之间的面积时，可以不必一次抹完后再刮平，可以先抹好一半就刮平、修整后，再抹另一半，这样比较省力。如果基层吸水不快，就不必如此，可以一次抹完。在打底过程中遇有门窗口时，可以随抹墙一同打底，也可以把离口角一周5cm及侧面留出来先不抹，派专人在后抹，这样施工比较快。门窗口角的做法可参考前边门窗护角做法。如遇有阳角大角要在另一面反贴八字尺，尺棱边出墙与灰饼一平，靠尺粘贴完要挂垂直，然后依尺抹平、刮平、搓平。做完一面后，反尺正贴在抹好的一面，做另一面，方法相同。抹罩面灰时采用1：2.5水泥砂浆，从上到下、从左到右进行。

室外抹水泥砂浆一般为了防止面积过大，不便施工操作和砂浆收缩产生裂缝，以及所需要的装饰效果等原因，常采用分格的做法。分格多采用粘贴分格米厘条的方法。米厘条的截面尺寸一般由设计而定。粘贴米厘条时要在打底层上依设计分格，弹分格线。分格线要弹在米厘条的一侧，不能居中，一般水平条多弹在米厘条的上口，竖直条多弹在米厘条的右边。米厘条在使用前要捆在一起浸泡在米条桶内，也可以用大水桶浸泡，浸泡时要用重物把米厘条压在水中泡透。泡米厘条的目的是，米条干燥后水分挥发而产生收缩，这样易取出；另外，米厘条刨直后容易产生变形影响使用，而浸泡透的米厘条比较柔软，没有弹性可以很容易调直，并且米厘条浸湿后，在抹面时，米厘条边的砂浆能修压出较尖直的棱角，取出米厘条后，分格缝的棱角比较清晰美观。粘贴米厘条时，应先在米厘条的小面上用鸭嘴打上一道素水泥浆后，粘在相应的位置，要以弹线为依据找直，厚度方向要用一根直靠尺在面上靠平。在一条水平线上（每一面墙）的米厘条要在一条直线上（高低和薄厚两个方向）。竖直方向同一弹线旁的米厘条要在同一垂直线上（左右和薄厚两个方向）。各条不同高度的横向米厘条薄厚方向要在同一垂直线上。米厘条之间的接搓要一平。米厘条的大面要与墙面平行，不能倾斜。粘好的米厘条要在一侧抹上素水泥小八字，待一侧小八字稍吸水后，再抹另一面的小八字灰。粘贴米厘条可以分隔夜和不隔夜两种。不隔夜条抹小八字时，八字的坡度可以放缓一些，一般为45°。隔夜条的小八字抹时要放的稍陡一些，一般为60°（图4-5）。如果所用米厘条的截面较小，米厘条又比较长时，可在弹线的一侧先粘贴一根靠尺，然后依靠尺粘贴米厘条，则可提高粘贴米厘条的质量。

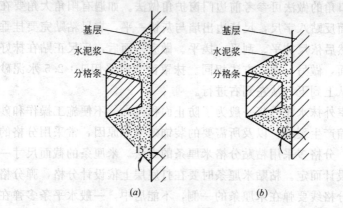

图4-5 镶米条打灰的角度示意
(a) 不隔夜条；(b) 隔夜条

　　大面的米厘条粘贴完成后，可以抹面层灰，面层灰要从最上一步架的左边大角开始。大角处可在另一面抹1：2.5水泥砂浆，反粘八字尺，使靠尺的外边棱与粘好的米厘条一平。在抹面层灰时，有时为了与底层粘结牢固，可以在抹面前，在底子灰上刮一道素水泥粘结层，紧跟抹面层1：2.5水泥砂浆，抹面层时要依分格块逐块进行，抹完一块后，用大杠依米厘条或靠尺刮平，用木抹子搓平，用钢板抹子压光。待收水后再次压光，压光时要把米厘条上的砂浆刮干净，使之能清楚地看到米厘条的棱角。压光后可以及时取出米厘条。方法是用鸭嘴尖扎入米厘条中间后，向两边轻轻晃动，使米厘条和砂浆产生缝隙时轻轻提出，把分格缝内用溜子溜平，溜光，把棱角处轻轻压一下。米厘条也可以隔日取出，特别是隔夜条不可马上取出，要隔日再取。这样比较保险而且也比较好取。因为米厘条干燥收缩后，与砂浆产生缝隙，这时只要用刨锛或抹子根轻轻敲振后即可自行跳出。室外墙面有时为了颜色一致，在最后一次压光后，可以用刷子蘸水或用干净的干刷子，按一个方向在墙面上直扫一遍。要一刷子挨一刷子，不要漏刷，使颜色一致，微有石感。室外的门窗口上脸底要做出滴水。滴水的形式有鹰嘴、滴水线和滴水槽（图4-6）。

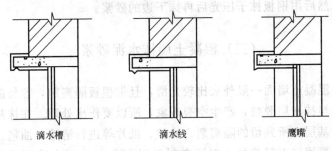

滴水槽        滴水线        鹰嘴

图 4-6　滴水的形式

　　鹰嘴是在抹好的上脸底部趁砂浆未终凝时，在上脸阳角的正面正贴八字尺，使尺外边棱比阳角低 8mm，卡牢靠尺后，用小圆角阴角抹子，把 1:2 水泥砂浆（砂过 3mm 筛）填抹在靠尺和上脸底的交角处，捋抹时要填抹密实，捋光。取下尺后修理正面。使之形成弯弧的鹰嘴型滴水。滴水线是在抹好的上脸底部距阳角 3～4cm 处划一道与墙面平行线。按线卡上一根短靠尺在线里侧，然后用护角抹子，把 1:2 水泥细砂子灰，按着靠尺捋抹出一道突出底面的半圆形灰柱的滴水线。而滴水槽是在抹上脸底前，在底部底子灰上，距阳角 3～4cm 处粘一根米厘条而后再抹灰。等取出米厘条后形成一道凹槽称为滴水槽。在抹室内如工业厂房之类较大的墙面时，由于没有米厘条的控制，平整、垂直度不易掌握时，可以在打好底的底子灰的阴角处竖向挂出垂直线，线离底子灰的距离要比面层砂浆多 1mm。这时可依线在每步架上都用碎瓷砖片抹灰浆做一个饼，做完两边竖直方向后，改横线，做中间横向的饼。抹面层灰时，可以依这些小饼直接抹，也

141

可以先充筋再抹。在抹完刮平后可挖出小瓷砖饼，填上砂浆一同压光。在室内由于墙面比较大，有时一天完不成，需要留槎，槎不要留在与脚手板一平处，因为这个部位不便操作，容易出问题，要留在脚手板偏上或偏下的位置。而且槎口处横向要刮平、切直，这样比较好接。接槎时应在留槎上刷一道素水泥浆，随之先抹出一抹子宽砂浆，用木抹子把接口处槎平，接槎要严密、平整。然后用钢板抹子压光后再抹下边的砂浆。

## （三）混凝土墙抹水泥砂浆

混凝土墙面一般外表比较光滑，且带模板隔离剂，容易造成基层与抹灰层脱鼓，产生空裂现象，所以要作出处理。在抹灰前要对基层上所残留的隔离剂、油毡、纸片等进行清除。油毡、纸片等要用铲刀铲除掉，对隔离剂要用10％的火碱水清刷后，用清水冲洗干净。对墙面突出的部位要用錾子剔平。过于低洼处要在涂刷界面剂后，用1：3水泥砂浆填齐补平。对比较光滑的表面，应用刨锈、剁斧等进行凿毛，凿完毛的基层要用钢丝刷子把粉尘刷干净，然后要浇水湿润，浇水湿润时最好使用喷浆泵。第二天做结合层。结合层可采用15％～20％水重量的水泥108胶浆，稠度为7～9度。也可以用10％～15％水重量的乳液，拌合成水泥乳液聚合物灰浆，稠度为7～9度。用小笤帚头蘸灰浆，垂直于墙面方向甩粘在墙上，厚度控制在3mm，也可以在灰浆中略掺细砂。甩浆要有力、均匀，不能漏甩，如有漏甩处要及时补上。结合层的另一种做法是，不用甩浆法，而是前边有人用抹子薄薄刮抹一道灰浆，后边紧跟用1：3水泥砂浆刮抹一层3～4mm厚的铁板糙。结合层做完后，第二天浇水养护。养护要充分，室内采用封闭门窗喷水法，室外要有专人养护，特别是夏季，结合层不得出现发白现象，养护不少于48h，待结合层有一定强度时方可进行找平层。找平层的方法可以参照砖墙抹水泥砂浆一节的做灰饼、充筋、装档、刮平、搓平，而后在上边划痕以利粘结。抹面层前也要养护，并在抹面层砂浆前先刮一道素水泥粘结层后紧跟再抹面层砂浆。方法参照砖墙抹水泥砂浆的罩面一节。

## （四）石墙抹水泥砂浆

石材的密度比砖高得多，所以与砂浆的粘结力要比砖墙小得多，而石材墙体表面平整度误差一般比砖墙大，所以石材墙体的抹灰需要进行底层的处理。在石墙的抹灰前要把石墙上残留粘结不牢的灰浆剔掉，用刷水后稍晾一下就可进行结合层操作。也可以提前一天浇水，第二天抹结合层。结合层做法基本与混凝土墙抹水泥砂浆相同，可参照而行。但石材墙体只适合于甩浆法，因其表面平整度差，不适于刮糙处理。结合层做完的第二天开始养护，养护不少于 36h，待结合层有一定强度后可以抹垫衬层，所谓"垫衬"层即是分层垫平。因石材墙体有比较大的误差，直接打底时，有的局部过于低洼，需要较厚的砂浆层才能填平，为了避免收缩造成的空裂现象所以要分层垫衬平齐。方法是先在低洼处一层一层地抹，可以通过肉眼或借助小线、小杠、靠尺等工具分层垫抹，每层厚度不超过 1.2cm。垫衬层完成后方可进行底子灰找平和面层的罩面压光的操作。打底的找规矩、做灰饼、充筋、装档等直至面层的抹平、压光，均可参照混凝土墙抹水泥砂浆。

## （五）板条、苇箔、钢板网墙面抹灰

板条、苇箔、钢板网墙面，在抹灰前要检查一下钉得是否牢固，平整度如何。不合适的要进行适当的加固和调整。

由于板条、苇箔及钢板网与砂浆的粘结力很差，所以在抹砂浆找平层前要先抹粘结层。粘结层采用掺加 10％石灰质量的水泥调制成的水泥石灰麻刀灰浆。板条和钢板网用灰的稠度值小一点为好，一般为4～6度。而苇箔由于缝隙小，质地又软，需要轻一点抹。所以灰浆的稠度值要稍大一些，一般为7～8度。板条基层的粘结层要横着抹，苇箔要顺着抹，使灰浆挤入缝隙中，在上边形成一个蘑菇状，以防止抹灰层脱落。抹完水泥石灰麻刀浆后，紧跟用1∶3石灰砂浆（砂过3mm筛），俗称小砂子灰。薄薄抹一层，要勒入麻刀灰浆中无厚度。待底子灰六七成干时（一般在第二天），用1∶2.5石灰砂浆找平，用托线板挂垂直、刮尺刮平、用木抹子搓平。钢板网的粘结层也可用1∶2∶1水泥石灰砂浆略掺麻刀，中层找平用1∶3∶9水泥石灰混合砂浆，面层亦可用1∶3∶9混合灰浆或低筋灰浆。罩面时要在找平层六七成干时进行，罩面前，视找平层颜色决定是否洒水润湿，然后开始找面，面层一般分两道完成，两道灰要互相垂直抹，以增加抹灰层的拉结力。面层的具体操作方法可参照砖墙抹石灰砂浆中，纸筋灰罩面一节（本章第一节之六）。板条、苇箔、钢板网墙抹灰时遇有门窗洞口时，要在抹粘结层灰前，用头上系有20～30cm长的麻丝的小钉，钉在门窗洞口侧面木方上。在刮抹粘结层灰浆时，把麻钉的麻刀燕翅形粘在粘结层上，刮小砂子灰时，可用1∶3水泥砂浆加石灰麻刀浆或1∶1∶4混合砂浆略掺麻刀。中层找平可用1∶3水泥砂浆或1∶0.3∶3混合砂浆略掺麻刀。面层用1∶2.5水泥砂浆或1∶0.3∶3混合砂浆抹护角。墙体下部的踢脚线或墙裙所用灰浆各层的配合比可同护角。但底、中两层要抹至踢脚、墙裙上口3～5cm处。护角和踢脚、墙裙的操作方法，可参照本章第一节的二、四（护角、踢脚、墙裙）做法。但一般板条、苇箔、钢板网的门窗洞口侧面比较狭小，有时只有2～3cm宽或更窄一些。这时要有意识稍厚出1～2mm，然后在口角处用大杠向侧面相反的方向刮平后，再用刚抹好的正面灰正粘八字尺，吊垂直，粘牢后抹侧面的灰，抹完后可以用木阴角抹子依柜和靠尺通直，搓平后用钢板抹子，或阴角抹子捋光。取下靠尺吸水后用阳角抹子捋直、捋光阳角，压去印迹即可。

## （六）加气板、砖抹灰

加气板、砖抹灰，按面层材料不同，可分为水泥砂浆抹灰、混合灰浆抹灰、石灰砂浆抹灰和纸筋灰抹灰。加气板、砖抹灰前要把基层的粉尘清扫干净，浇水湿润，由于加气板、砖吸水速度比红砖慢，所以可采用两次浇水的方法。即第一次浇水后，隔半天至一天后，浇第二遍。一般要达到吃水 10mm 左右。把缺棱掉角比较大的部位和板缝用 1：0.5：4 的水泥石灰混合砂浆补、勾平。待修补砂浆六七成干时用掺加 20％水质量的 108 胶水涂刷一遍，也可在胶水中掺加一部分水泥。紧跟刮糙，刮糙厚度一般为 5mm，抹刮时抹子要放陡一点。刮糙的配比要视面层用料而定。如果是水泥砂浆面层，刮糙用 1：3 水泥砂浆。内略加石灰膏，或用石灰水搅拌水泥砂浆。如果是混合灰面层时，刮糙用 1：1：6 混合砂浆，而石灰砂浆或纸筋灰面层时，刮糙可用 1：3 石灰砂浆略掺水泥。在刮糙六七成干时可进行中层找平，中层找平的做灰饼、充筋、装档、刮平等程序和方法可参照本章第一节的有关部分。采用的配合比应分别为：水泥砂浆面层的中层用 1：3 水泥砂浆；混合砂浆面层的中层用 1：1：6 或 1：3：9 混合砂浆；石灰砂面层和纸筋灰面层的中层找平为 1：3 石灰砂浆。

待中层灰六七成干时可进行面层抹灰。水泥砂浆面层采用 1：2.5 水泥砂浆；混合砂浆面层采用 1：3：9 或 1：0.5：4 混合砂浆；石灰砂浆面层采用 1：2.5 石灰砂浆。各种面层抹压的操作程序和方法见本章第一节的有关篇幅，这里不再重复。

## 复习思考题

1. 墙面抹灰的找规矩包括哪些步骤？
2. 室内墙面抹灰的操作顺序是怎样的？
3. 应怎样正确使用大杠？

4. 用纸筋灰抹面层时，在踢脚或墙裙上口处应怎样处理？

5. 抹纸筋灰面层的方法是怎样的？

6. 抹石膏面层时应注意什么？

7. 水砂抹面时，拌制灰浆要求是怎样的？

8. 抹水泥砂浆墙面时，浇水量依据哪几方面条件估计得出，浇水量的多少对抹面有什么影响？

9. 在混凝土基层上抹水泥砂浆时应对基层进行怎样处理。

10. 外墙抹水泥砂浆为了减少因面积过大而产生的开裂应采取什么措施，怎样去做？

11. 抹板条、苇箔墙面粘结层的灰浆稠度各应控制在什么范围，怎样涂抹？

12. 加气板、砖抹灰前应对基层怎样处理？

# 五、顶棚抹灰

顶棚抹灰依基层不同，可分为预制钢筋混凝土顶棚抹灰、现浇钢筋混凝土顶棚抹灰、木板条吊顶抹灰、苇箔吊顶抹灰和钢板网吊顶抹灰等。

## （一）预制钢筋混凝土顶棚抹灰

顶棚抹灰前要搭设架子。凡净高在 3.6m 以下的要求抹灰工自己搭设，架高大约人站在架上头顶离棚顶 8～10cm 为宜。脚手板间距不大于 50cm，板下平杆或凳子的间距不大于 2m。抹顶棚前要把顶棚残留的纸、油毡铲掉，粘有的砂、土要扫净。油污用 10% 浓度的火碱水刷洗后用清水冲干净，把楼板缝隙挤出的灰浆剔平。用 1：3 水泥砂浆把板缝勾平，并把相邻板由于安装误差产生的低洼处，可刮抹 1：0.05 稠度为 7～8 度的水泥乳液浆后，随用 1：3 水泥砂浆或 1：0.3：3 的水泥石灰混合砂浆顺平。坡度不大于 10%，阴角部分坡度不大于 5%，基本达到用肉眼感觉阴角平直为好。抹灰前要浇水湿润，湿润最好提前一二天进行。在抹灰开始前要在四周的墙顶部弹一周封闭的水平线，作为顶棚抹灰找平的依据，在第一道刮糙前要用 1：0.05、稠度为 7～8 度的水泥乳液聚合物灰浆，涂刷或刮抹一道。紧跟用 1：3 水泥砂浆（砂过 3mm 筛），抹刮糙灰一道，厚度为 3mm。

待刮糙灰六七成干时用水泥砂浆抹罩面灰。罩面要先在阴角四周依所弹的控制线抹出一抹子宽灰条作为标筋。用软尺把标筋刮平，用木抹子搓平，用钢板抹子溜一下，然后依据标筋抹中间大面灰。抹顶棚可以横抹，也可以纵抹。纵抹是指抹子的走向与前进方向相平行，纵抹时要站成丁字步，一脚在前，一脚在后。抹子打上灰后，由头顶向前推抹，抹子走在头上时身体稍向后仰，后腿用力。抹子推到前边时，重心前移，身体向前以前腿用力。从身体的左侧一趟一趟向右移。抹完一个工作面后向前移一大步，进入下一个工作面，继续操作。横抹是指抹子的运动走向与前进方向相垂直。横抹分拉抹和推抹，横抹时两腿叉开呈并步，抬头挺胸身体微向后仰。抹子打灰后，拉抹是从头上的左侧向右侧拉抹，推抹是从头上右侧向左侧推抹。一般来说拉抹速度稍快，但费力，而推抹稍慢，但比较省力。在抹大面时多采用横抹，抹到接近阴角时可采用纵抹。抹顶棚打灰时，每抹子不能打得太多，以免掉灰，每两趟间的接槎要平整，严密，相邻两人的接槎，走在前边的人要把槎口留薄一些，以利后边的人接槎顺平。全部抹完后用软尺刮平，用木抹子搓平，有低洼处要在搓平时，及时填补平齐，一同搓平。随之用钢板抹子溜一下，如果有气泡时，要在稍收水后，用压子尖在气泡中间扎一下，然后在压子扎过的四周向中间压至合拢。如果气泡比较大经以上方法处理后仍有空起现象时，可以用压子夹在气泡周围，迅速、圆滑地划圈，把气泡挖掉。另用稠度值稍小一点同比例的砂浆补上去，如果该处基层经以上变故而比较湿，可以先薄抹一层后，用干水泥粉吸一下，刮去吸过水的干粉后再抹至一平即可。待大面稍收水后，用压子压一遍，这遍要走出抹子花来，抹子在长度方向应与前进方向相垂直。待表面无水光时，抹子上去印迹已经比较轻时，再通压一遍，抹纹尽量直、长，方可交活。

如果是采用纸筋灰浆罩面时，在刮糙层六七成干时，用1：1：6水泥石灰砂浆做中层找平，找平层仍是先从四周阴角边开始，先把阴角四边的顶棚各抹出一抹子宽灰条后，用软尺刮平，用木抹子搓平，钢板抹子溜一下作为抹中间大面灰层的依据标筋。然后按水泥砂浆罩面的方法，抹中间的找平层。抹完后用软尺刮平，用木抹子通搓一遍，中层找平厚度约5mm，如有起泡处，可依前方法处理。第二天可进行罩面，罩面前视找平层的颜色而决定是否需要洒水。如果颜色发白，一定要洒水湿润后进行抹面。面层一般分两遍完成，两遍应垂直涂抹，第一遍薄薄刮一遍最好纵抹，第二遍应横抹，方法与中层相同，亦应先抹周边，后抹中间，两层厚度为2mm。全部抹完后，最好是上一遍木抹子（用木抹子搓平），如果感觉比较平整时也可直接用钢板抹子溜一遍，待稍吸水后，用压子溜一道抹子花，如果设计需要顶棚阴角为小圆角时，要圆阴角抹子把较干的纸筋灰将抹在阴角处，要捋直、捋光，在表面无水光，但经揉压仍能出浆时，先把捋阴角的印迹压平，而后把大面轻轻顺抹子花通走即一遍交活。

如果预制钢筋混凝土顶棚不抹灰，只须勾缝时，要扫净尘砂，有油污者用10％火碱水清刷后，用清水冲洗干净，把三角模板吊缝挤出的灰浆剔除，如果缝隙内的细石混凝土比较光滑时，要用掺加水质量15％108胶拌和的聚合物水泥胶浆，涂刷一道后，紧跟用1∶3水泥砂浆或1∶0.33水泥石灰混合砂浆分层把缝隙填平，再用木抹子搓平，要把缝隙边上楼板上的残留砂浆全部搓干净。待吸水后，用一份水泥一份石灰膏拌制的混合纸筋灰浆，在打过底的板缝薄薄罩上一遍，然后压一遍光，要把缝隙与楼板边的接缝口压密实，吸水后压光。相邻板块间高低误差比较大时，要在低洼的板块处向较高的板块坡顺平，要求坡度不大于10％，阴角处坡度不大于5％。抹顺平坡时，要先在湿润过的低洼处抹刮一道水泥质量15％的水泥108胶浆，也可涂刷该胶浆。而后紧跟用1∶3水泥砂浆顺平、找坡，坡度要符合要求，然后用1∶1水泥石灰浆掺加纸筋拌合均匀后抹面层，方法基本同勾缝。如果找坡时，因两板间误差较大，需要找坡的厚度较大，宽度尺寸也相应比较宽，一次抹不完时，要先抹离板缝近的部位，随着层数的增加而逐渐延伸找坡的宽度，直至达到要求的厚度和宽度后，用木抹子搓平宽度方向两端的槎口，并用小靠尺顺平坡度。待找坡层六七成干时，用混合纸筋灰罩面，方法同勾缝。压光完成后，也可以用干净刷子把找坡的两端坡度起止槎口刷一遍即可。

## （二）现浇钢筋混凝土顶棚抹灰

现浇钢筋混凝土顶棚上，容易有木丝、油毡、残存的隔离剂等。所以要在抹灰前对基层进行处理。有木丝、油毡及残留的模板缝挤出的灰浆，要进行剔除，油污等隔离剂可用10％浓度的火碱水清刷后，用清水冲干净。并要适当浇水湿润基层。另外，要在贴近顶棚的四周墙上弹一圈封闭的水平线，作为抹灰的找平依据。因面层用料和使用要求不同可分为水泥砂浆罩面、混合砂浆罩面和纸筋灰罩面及两遍成活和三遍成活等。

抹钢筋混凝土现浇顶棚时，先在基层上涂刷或刮抹一道，掺加15％水泥重量108胶的水泥108胶浆，或掺加5％水重的乳液水泥乳液聚合物灰浆。紧跟用1：0.5：1的水泥石灰混合砂浆（砂过3mm筛）刮抹2mm厚铁板糙。刮抹时要横着模板方向用力抹，使之粘结牢固。紧随着抹中层找平层。中层找平要先从阴角周边开始，依弹线在四周阴角边先抹出一抹子宽灰条来，然后用软尺刮平，用木抹子搓一下，再以四周先抹的灰条为标筋，抹中间的大面灰，中层最好抹的方向与底层相垂直。水泥砂浆罩面时，中层灰采用1：3水泥砂浆（砂过3mm筛）；混合砂浆罩面时，中层采用1：3：9或1：1：6混合砂浆；纸筋灰罩面时，中层可采用1：3水泥砂浆或采用1：3：9水泥石灰混合砂浆均可。中层砂浆的厚度为3mm。中层大面抹完后，用软尺依四周抹好的标筋刮平，用木抹子搓平，待中层六七成干时进行罩面。

罩面前可视中层颜色，决定是否洒水湿润，如果底子发白，要稍洒水湿润后方可抹面。水泥砂浆面层采用1：2水泥砂浆；混合砂浆面层采用1：1：4或1：0.5：4水泥石灰混合砂浆，厚度均可控制在5mm左右；纸筋灰面层，用纸筋灰分两遍抹成，要求两遍要相互垂直抹，总厚度为2mm。面层抹灰也是先从四周边开始作标筋后，再抹中间大面的灰层，抹平、压光的方法可参照预制顶棚有关部分。也有的工程要求不高时，可以分两遍完成。方法是在基层处理和湿润后，在基层刮抹素水泥浆一道，厚1mm；而后紧跟用1：2.5水泥砂浆抹面、压光即可，厚度控制在6～8mm。抹平、压光方法同前。

## （三）木板条吊顶抹灰

木板条吊顶抹灰前，要悉心对吊顶进行检查。看一下平整度是否符合要求，缝宽是否过大或过小，板条有无松动、不牢固的部位，发现问题及时修整好。然后在近顶的四周墙上弹一圈封闭的水平线，作为抹顶棚时找规矩的依据。如果顶棚面积较大，为了保证抹灰层与基层粘结牢固、不起鼓脱落，往往要采用钉麻钉的措施。方法是用20～30cm长的麻丝系在小钉子帽上，按着每20～30cm一个的间距，钉在顶棚的龙骨上。每相邻两行的麻钉要错开1/2间距长度，使之钉好的麻钉呈梅花形分布。木板条顶吊抹灰的头道灰为粘结层。粘结层用10％左右水泥掺拌成的水泥石灰麻刀灰浆，垂直于板条缝抹。粘结层灰浆的稠度值要相对小一些，因为稠度值大的灰浆中水分含量也大，板条遇水易膨胀，干燥后又收缩，而且稠度值过大时，抹完后在板条缝隙部的灰浆易产生垂度，从而影响平整值。一般灰浆稠度值应控制在4～5度为宜。如果板缝稍大，应该控制在3～4度为好。抹粘结层灰浆时，抹子运行得不要太快，以利于把灰浆能够充分挤入板缝中，使之能在板缝上端形成一个蘑菇状，以增强灰浆的粘结力。在抹完底层粘结层后，把麻钉上的麻丝以燕翅形粘在粘结层灰浆中。再用1：3石灰砂浆（砂过3mm筛），薄薄贴底层刮一道（俗称刮小砂子灰），要勒入底层中无厚度，主要是为了与下一层的粘结。待底层六七成干时，用1：2.5石灰砂浆做中层找平。中层找平要先从四周阴角边开始，先把四周边抹出一抹子宽的灰条，用软尺刮平，木抹子搓平，而后以四周抹好的灰条为标筋，再抹中间大面的中层找平灰。抹时可依房间的大小由两人或多人并排站立于架上，一般多采用横抹的推抹子抹法，一字形并排向前抹，每两人间的接槎要平缓，抹在前的人要把槎口留成坡形，以利接槎。抹完后要用软尺顺平，用木抹子搓平或用笤帚扫出纹来。中层厚度为6mm。待中层找平六七成干时，用纸筋灰罩面，面层一般分两遍抹，两遍应相互垂直抹，这样可以增加抹灰层的拉结力。第一遍一般纵抹，要薄薄刮一层，每两趟之间的灰浆棱迹要刮压平，不可有高起现象；第二遍要横抹，可以推抹子，也可以拉抹子。但要先把周边抹出一条一抹子宽的灰条，抹完溜一下平。然后从一面开始向另一面抹去。每两趟之间和两人之间的接槎要平整。抹子纹要走直，厚度控制在2mm之内。关于修理、压光等可参照本章第一节中纸筋灰罩面的相应部分。

## （四）苇箔吊顶抹灰

苇箔吊顶抹灰前亦要对基层进行检查，如有不平整、松动等现象要及时调整好，并在墙上部近顶处，依抹灰的厚度弹一圈封闭的水平线，作为抹灰找平的依据。苇箔吊顶抹灰的分层做法和各层用料基本与板条吊顶相同。只是头一道粘结层灰浆的稠度值要稍大些。因为苇箔缝隙较小，太稠的灰浆不易挤入缝隙中，从而减小了灰浆对基层的粘结力。易使抹好的抹灰层脱落。另外，因为苇箔比较软，如果用稠度值较小的灰浆，在涂抹过程中相对要比较用力涂抹，这样会使苇铺在被涂抹过程中产生颤动，将先抹好的粘结层产生坠落而影响质量。所以苇箔吊顶的头一道粘结层灰浆的稠度应控制在6~8度。而且头一道灰要顺着苇箔的方向抹。粘结层抹完后紧跟用1：3小砂子灰稠度为5~7度勒入底层。中层抹灰应在底子灰六七成干时进行。用1：2.5石灰砂浆找平时最好在灰浆中略掺麻刀。

关于中层找平的方法及面层抹灰的要求和方法均可参照板条吊顶抹灰的相应部分而行，这里不再叙述。

## （五）钢板网吊顶抹灰

本节所述的钢板网吊顶，是指在顶棚部装吊大、小龙骨后，上表钉装钢板网的吊顶抹灰。钢板网吊顶抹灰前要对吊顶进行检查。如平整度是否符合要求和钢板网是否装钉牢固，有无起鼓现象。如有问题要及时修整。钢板网吊顶抹灰的头道粘结层可采用掺加麻刀灰总量 10％的水泥拌和的混合麻刀浆（可略掺过 3mm 筛的细砂子）；或用一份水泥、三份麻刀灰和二份细砂子的混合麻刀砂浆。稠度为 3～4 度，刮抹入钢板网的缝隙中。粘结层抹完后，用配比为 1∶1∶4 的混合砂浆（砂过了 3mm 筛），勒入底层无厚度，待底面干至六七成干时，用 1∶3∶9 水泥石灰混合砂浆做中层找平。待中层找平六七成干时可用纸筋灰罩面。中层找平和面层罩面的方法可参照本章第三节板条吊顶的相应方法进行操作。

### 复习思考题

1. 抹顶棚时对架子有什么要求？
2. 抹钢筋混凝土预制顶棚时基层处理是怎样的？
3. 抹顶棚时可以采用横抹或纵抹，其采用的站式是怎样的，运抹子方法是怎样的？
4. 抹顶棚时为什么有时会产生气泡，怎样防治？
5. 抹钢筋混凝土现浇顶棚的基层处理是怎样的？
6. 抹顶棚的程序是怎样的？

# 六、地面抹灰

地面抹灰根据所用材料不同可分为水泥砂浆地面抹灰、豆石混凝土地面抹灰、混凝土随打随压地面抹灰、聚合物彩色地面抹灰、菱苦土地面抹灰、水磨石地面抹灰等多种。

## （一）水泥砂浆地面抹灰

水泥砂浆地面，依垫层不同可以分为混凝土垫层和焦渣垫层的水泥砂浆抹灰。在混凝土垫层上抹水泥砂浆地面时，抹灰前要把基层上残留的污物用铲刀等剔除掉。必要时要用钢丝刷子刷一遍，用笤帚扫干净，提前1~2d浇水湿润基层。如果有误差较大的低洼部位，要在润湿后用1：3水泥砂浆填补平齐。用木抹子搓平。

抹灰开始前要在四周墙上依给定的标高线，返至地坪标高位置，在踢脚线上弹一圈水平控制线，来作为地面找平的依据，抹地面应采用1：2水泥砂浆，砂子应以粗砂为好，含泥量不大于3%。水泥最好使用强度等级32.5的普通水泥，也可用矿渣水泥。砂浆的稠度应控制在4度以内。在大面抹灰前应先在基层上洒水扫浆。方法是先在基层上洒上干水泥粉后，再洒上水，用笤帚扫均匀。干水泥用量以1kg/m²为宜，洒水量以全部润湿地面，但不积水，扫过的灰浆有黏稠感为度。扫浆的面积要有计划，以每次下班（包括中午）前能抹完为准。

抹灰时如果房间不太大，用大杠可以横向搭通者，要依四周墙上的弹线为据，在房间的四周先抹出一圈灰条作标筋。抹好后用大杠刮平，用木抹子稍加拍实后搓平，用钢板抹子溜一下光。

而后从里向外依标筋的高度，摊铺砂浆，摊铺的高度要比四周的筋稍高 3～5mm，而后用木抹子拍实，用大杠刮平，用木抹子搓平，用钢抹子溜光。依如此方向从里向外依次退抹，每次后退留下的脚印要及时用抹子翻起，搅和几下随后再依前法刮平、搓平、溜光。如果房间较大时，要依四周墙上弹线，拉上小线，依线做灰饼。做灰饼的小线要拉紧，不能有垂度，如果线太长时中间要设挑线。做灰饼时要先做纵向（或横向）房间两边的，两行灰饼间距以大杠能搭及为准。然后以两边的灰饼再作横向的（或纵向的）。灰饼的上面要与地平面平行，不能倾斜、扭曲。做灰饼也可以借助于水准仪或透明水管。做好的灰饼均应在线下1mm，各饼应在同一水平面上，厚度应控制在 2cm。灰饼做完后可以充筋。充筋长度方向与抹地面后退方向相平行。相邻两筋距离以 1.2～1.5mm 为宜（在做灰饼时控制好）。做好的筋面应平整，不能倾斜、扭曲，要完全符合灰饼。各条筋面应在同一水平线上。然后在两条筋中间从前向后摊铺灰浆。灰浆经摊平、拍实、刮平、搓平后，用钢板抹子溜一遍。这样从里向外直到退出门口，待全部抹完后，表面的水已经下去时，再铺木板上去从里到外用木杠边检查（有必要时再刮平一遍），边用木抹子搓平，钢板抹子压光。这一遍要把灰浆充分揉出，使表面无砂眼，抹纹要平直，不要划弧形，抹纹要轻。待到抹灰层完全收水（终凝前），抹子上去纹路不明显时，进行第三遍压光。各遍压光要及时、适时，压光过早起不到每遍压光应起到的作用；压光过晚，抹压比较费力，而且破坏其凝结硬化过程的规律，对强度有影响。压光后的地面的四周踢脚上要清洁，地面无砂眼，颜色均匀，抹纹轻而平直，表面洁净光滑。24h 后浇水养护，养护最好要铺锯末或草袋等覆盖物。养护期内不可缺水，要保持潮湿，最好封闭门窗，保持一定的空气湿度。养护期不少于 5 昼夜，7 天后方可上人，亦要穿软底鞋，并不可搬运重物和堆放铁管等硬物。

如果在焦渣垫层上抹水泥砂浆地面，要在打垫层时用木拍子把垫层拍平、拍实。垫层误差值不可超出规范要求。面层砂浆稠度一般为 5～7 度，厚度控制在 1.2～1.5cm。而且焦渣垫层吸水比较快，在压光时要注意干湿度的变化，以免耽误压光时机。另外在预制钢筋混凝土楼板上抹水泥砂浆地面时，应在基层处理后，在基层上洒水扫浆后用 1∶3 水泥砂浆打底，刮平、搓平后，第二天用 1∶2.5 水泥砂浆抹面，方法同前。

## （二）豆石混凝土地面抹灰

豆石混凝土多在预制钢筋楼板上，作为地面面层。豆石混凝土所用的水泥应以强度等级为 32.5 的普通水泥为好，矿渣水泥次之。砂子以粗砂为好，含泥量不大于 3%，豆石要洗净晾干，含泥量不大于 2%，并且不得含有草根、树叶等杂物。灰浆配合比为水泥∶砂子∶豆石＝1∶2∶4，稠度值不大于 4 度。铺抹厚度为 3.5cm，面层洒干粉的配合比为 1∶1 水泥细砂（砂过 3mm 筛）。抹灰前，要对基层进行清理，把残留的灰浆、污物剔除掉，用钢丝刷子刷一遍，清扫去尘土，浇水湿润，湿润最好提前一二天进行。如果相邻两块楼板误差较大时，要提前用 1∶3 水泥砂浆垫平、搓毛。并要在四周踢脚线上以地面设计标高，弹上一周封闭的水平线，作为地面找平的依据。抹灰开始时要对基层进行洒水扫浆，方法同水泥砂浆地面，亦不能有积水现象，并且扫浆量要有计划。如果房间不大，用大杠能搭通时，抹铺要先从四周边开始。先在四周边各抹出 30cm 左右宽度的一条灰梗，用大杠刮平、用木抹子搓平，用钢板抹子溜一下水光。如果房间较大，用大杠不能搭通时要适当增加灰饼，然后依灰饼充筋。在有地漏的房间要找好泛水，做灰饼和充筋的方法和要求，同地面抹水泥砂浆中的做灰饼和充筋的方法。小房间的边筋和大房间的做灰饼充筋完成后，要从里向外摊铺豆石混凝土。摊铺时要边铺边拍实、刮平、搓平和溜光。待抹完一个房间或抹完一定面积后，用 1∶1 水泥砂子干粉，在抹好的豆石混凝土表面均匀地撒上一层。待干粉吸水后，表面水分稍收时，用大刮杠把表面刮平。用大刮杠时，要抖动手腕把灰浆全部振出。然后用木抹子搓平，用钢抹子溜一遍。等表面的水分再次全部沉下去，人上去脚印不大时，脚下垫木板压第二遍。这遍要压平、压实，把表面的砂眼全部压实，抹纹要直、要浅。随压随把洒干粉时残留在墙边、踢脚上的灰粉刮掉，压在地面中。待全部收水后（终凝前），抹子走上去没有明显的抹纹时进行第三遍压光。压光后应进行养护，养护的方法和要求与水泥砂浆地面养护的方法同。

## （三）聚合物灰浆彩色地面

聚合物灰浆彩色地面，也称水泥无砂地面。无砂地面的底层可采用水泥砂浆或豆石混凝土浆。底层做法同水泥砂浆地面和豆石混凝土地面做法。但只是在最后压光时，不用钢板抹子，而是用木抹子搓平、搓细。最好是用新木抹子，这样搓出的面层比较细。也有在原来抹好水泥砂浆面层的老底子上做彩色无砂地面的。这时应在底层上边作凿毛处理。并用钢丝刷子，刷扫干净后浇水湿润。无砂地面应采用强度等级 32.5 的普通水泥为好。颜色用氧化铁系列的无机颜料。胶料一般多用 108 胶，也可以用乳液或 881 胶等。面层依要求不同可分多道刮抹，一般多为三道成活。头道用掺加水泥质量 30％108 胶的，水泥 108 胶浆，水灰比为 0.4；第二道的比例为水泥：颜料：108 胶＝1：0.05：0.3，水灰比为 0.4；第三道的配比为水泥：颜料：108 胶＝1：0.05：0.2，水灰比为 0.45～0.50。抹无砂地面的每道灰不能连续操作，每天最多只能进行一道。涂抹前要对底层进行湿润，但不能有积水和泛水光现象，头道灰可以用抹子，也可以用刮板从里向外退着刮，厚度为 1mm，接槎要严密，抹纹要浅，厚度均匀，表面平整。第二天干透、发白后用 2 号或 2.5 号砂布打磨平整，打磨时最好用砂布包小木块进行打底。打磨后用潮湿布擦干净。第二天可进行第二道刮抹，刮抹前要用刷子刷水润湿。然后用第二道的彩浆如前道的方法刮抹。要求刮抹得要平整，纹路直纹路线。待第二道彩浆干燥后，用 1～1.5 号砂布如前法打磨至平整。平整度的检查可通过目视和手摸的方法，看接槎处是否有高出的棱痕，用手摸有无高出的部位。如有，以上缺陷要再次打磨至符合要求。如果工期允许时，最好在第二天刷水或喷水养护。也可在打磨擦净后，刷水养护。然后抹刮第三道灰浆，方法同前。干燥后用 1 号砂布打磨至平整，扫去浮尘后，再用 0 号砂布打磨一遍，要求打磨光滑，使手感平滑。然后扫去浮尘，用潮湿布擦干净。待晾干后，在表面涂涮一道丙烯酸溶液，使之渗透到灰浆层中，增强密实度。待丙烯酸溶液干燥后，用明蜡均匀地擦上一道，再用干布擦抹一下，稍晾片刻后，用包蜡擦一遍。稍待后，再用干布快速摩擦至光亮。彩色无砂地面依要求不同，可以多道刮抹，刮抹的遍数越多，耐磨性能越好。所使用的水泥一定不能过期和受潮，不得有小颗粒，颜料一定要干燥，胶料不能受冻。彩浆拌制时，要先把干水泥粉取一部分与颜料搅拌均匀后加入余下所需用量的干水泥拌和均匀。另把胶料与一部分水先放在容器中，拌和至均匀的溶液后，再加入剩余量的水稀释搅匀。然后把彩色干水泥粉与溶液搅拌均匀。同一面层所有的彩色胶浆的干粉，最好一次拌好，以免颜色产生变化，彩色胶浆的拌和量要有计划，以免造成浪费。无砂地面的各层施工中，操作人员要穿软底鞋工作，因为底层灰浆的强度值尚未达到较高值。如果穿硬底或带钉子鞋等，容易破坏底层的完好，对质量和工期造成影响。

## （四）混凝土地面

混凝土地面适合于居室的首层地面（随打随压）、仓库地面、室外散水、马路等部位。混凝土地面因其厚度比较大，一般面积也比较大，所以使用混凝土时多为由大型搅拌站来完成搅拌或使用商品混凝土，强度等级由设计而定，依要求不同有加浆和不加浆之分。在铺设混凝土地面时，要提前把土层平整好，最好铺一层砂子，夯实、浇水湿润。依分块的大小把木模支好或钉好，找平水平木桩。木模和木桩顶要用水平仪或透明管抄平（亦可在模板侧面依超平钉铁钉或弹线控制高度）。模板边要拉线找直，如果有坡度要求时，应按设计要求在支模板和钉桩时留有坡度。然后依支好的模板填铺混凝土，填铺混凝土时要注意保护模板，时常对模板进行检查，如有变形要立即调好。混凝土初步用铁锹摊平后，用平板振动器依次振一遍，要振出浆，然后用大拍耙（图6-1）拍振一遍，再把拍耙放平或推或拉搓一遍，搓时要用手腕抖动，拍耙面放平拖振。如果是加浆混凝土，应在拍耙拖振后洒1：1水泥干粉或1：1水泥砂浆，用包铁皮的大杠（图6-2），两人一边一个分握大杠把手，由前向后依模板刮平。刮平应分为两遍进行，第一遍要把铺撒的加浆荡平、铺饱满。大杠的宽度方向与地面的角度均不是90°角，即大杠的前方要大于90°，而大杠的后边要小于90°。即大杠运行时宽度方向不为垂直，而是稍有后倾。第一遍刮完后，再从头进行第二遍刮平，这遍大杠要放平，即宽度方向要垂直于地面。刮动大杠时要用手腕抖动，似拉锯状，边振动边前进。在刮大杠过程中如有低洼处及时补上灰浆再刮振一下，每一房间或每一分块刮平后稍待，铺上木板上人用木抹子搓平，钢抹子溜光。待表面的水基本沉下，近初凝时压第二遍。这遍要求把模板上的残灰刮干净，石子要压平，灰浆要提上来。抹纹要浅、要直、无大砂眼。待终凝前进行第三遍压光。如果是马路面，要在第三遍压光后用刷子带毛以便正加摩擦力。隔一天浇水养护，养护要覆盖草帘、草袋等物。一周后方可

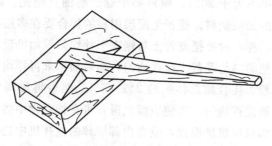

图 6-1　拍耙

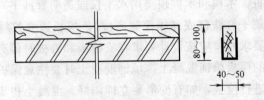

图 6-2　包铁皮大杠

上人，且不能穿硬底鞋，以保证地面强度。

## （五）菱苦土地面抹灰

　　菱苦土亦称镁质水泥。菱苦土地面保暖性好，有弹性，耐磨性好，有隔热、隔声、绝缘等特点。菱苦土地面分为单层和双层。亦可依使用部位和拌合料的比例不同，分为软性面层和硬性面层。单层面层的厚度一般为 12～15mm。双层地面的下层为 12～15mm，上层为 8～10mm。软性地面的固体材料用菱苦土和锯末，硬性地面为菱苦土、锯末和砂（或石屑）。菱苦土在使用前要过筛，其粒径大于 0.08mm 的不应超过 25％，大于 0.3mm 的不应超过 5％。氯化镁应在抹灰前敲碎，放入大缸中，放水用木棒搅动，使其溶解为溶液。然后取另一大缸，分别取溶液和水，用比重计测量，调至与要求密度值相符。锯末最好是松木锯末。不得已时也可以掺加不大于 20％ 的杂木锯末。锯末要求干燥，含水率不大于 20％，颜料要干燥、磨细且耐光、耐碱的氧化铁系列的无机颜料。菱苦土面层用料的拌合要在多层板或塑料板上进行。拌合时要把菱苦土与锯末干拌均匀，如果设计要加颜色的可先把颜料与菱苦土搅拌均匀，而后加锯末再拌均匀。颜料的用量一般为拌合物总体积的 2％～5％。然后再加调好比重的氯化镁溶液搅拌均匀。为使表面光滑，可在拌和物中掺入适量的滑石粉。如果用机械搅拌，应在内部镀锌的搅拌机中进行。菱苦土地面的基层必须清洁、干燥，不得留有石灰、石膏、矿渣水泥等与氯化镁起化学作用的材料。且抗压强度不小于设计强度的50%，且不小于5MPa。凡有与菱苦土接触的金属配件均要涂刷一道沥青漆，以防氯化镁的腐蚀。基层上如有油污，要用10%火碱水清刷后用清水冲净，并用1：3水泥砂浆打底（水泥要采用硅酸盐水泥或普通硅酸盐水泥），打底后要划毛，以利粘结。

在底子灰干燥后方可进行面层施工。在抹上边一层面层前，要在底子灰上涂刷一道菱苦土：氯化镁溶液＝1：3（质量比）的粘结层。这时氯化镁溶液的相对密度为1.06。紧跟用1：4的菱苦土：锯末，稠度为8度的菱苦土锯末拌合物，铺15mm厚。这时氯化镁溶液的相对密度应1.16。要铺设平并用木拍子（图6-3）拍实，拍出浆，也可以用滚筒压实。此时如出现表面有液体时，要在该处撒上干拌的菱苦土锯末搅和物，吸水后继续拍实。

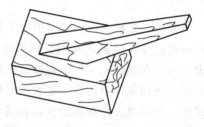

图6-3 木拍子

在下层抹完1～2天后，可以进行上层面层涂抹。如果设计有分格条时，要在下层面层干燥后弹分格线，粘玻璃条。粘条应用稠度适宜的菱苦土与氯化镁溶液的拌合浆，待粘条灰浆凝结硬化后再抹面层。抹上层面层前亦要先在下层面层上涂刷一道粘结层，紧跟摊铺面层的拌合物。面层上层拌合物的配合比为：菱苦土：锯末：颜料：滑石粉＝1：(1.5～2)：0.1：0.06；如果是硬性地面，其配合比为：菱苦土：锯末：颜料：滑石粉＝1：(1～1.4)：0.5：0.1：0.07，这时氯化镁溶液的相对密度为1.18～1.22。抹面层时，有分格条的要依分格条铺平。没有分格条的可采用作饼、充筋的方法，依标筋铺平。或者在下边面层的上边用靠尺平铺成标筋状，靠尺下边可用与面层相同的拌合物垫平，用大杠把所铺的靠尺找平后，依靠尺为准填铺拌合物。填铺平整后，用木拍子拍实，或用滚子压实。然后用大杠刮平，木抹子搓平，塑料压子溜光。在终凝前分次适时压光，最后一遍要压出光面。

如果在抹压过程中，面层干燥较快，可边刷菱苦土、颜料和氯化镁溶液（密度为 1.06）拌和的浆体，边压抹。

菱苦土地面的施工不可在雨天进行。操作时室内温度应控制在 10～30℃内，且硬化期间不得受潮或局部过热现象，室内要稍有通风。每遍抹压时要在脚下垫木板，以免有脚印。待充分干燥后，要用包蜡打一至二道，稍晾后用干布擦匀，抛光即可。

## （六）钢屑水泥地面

钢屑水泥地面，一般适用于工业厂房中常有机动车辆通过和有硬物碰撞、摩擦的地面。钢屑地面在施工前要对基层进行清理。如果在混凝土基层上直接做钢屑地面时，应在基层上做凿毛处理。抹面层前要随涂一道素水泥浆或洒水扫浆，但不能有积水现象。也可以在涂抹面层前，在清理干净的基层上涂抹一道结合层。结合层为 1：2 水泥砂浆。厚 20mm 抹钢屑地面的水泥，应采用不低于强度等级 32.5 的普通水泥或矿渣水泥。钢屑粒径为 1～5mm，粒径过大时或有螺旋状的钢屑时应破碎。用前挑出杂质，除去钢屑上的油脂，用稀酸除锈，用清水冲洗干净。砂子宜采用河砂或石英砂，粒径应选中砂为宜。

钢屑地面的面层配合比，应由设计而定。如果设计无要求时，可按如下参考配合比搅拌，水泥：砂：钢屑＝1：（0.3～0.5）：（1～1.5），水灰比≤0.6，坍落度不大于 1cm。以水泥能填满骨料间隙为准。且砂浆强度等级不低于 M40。

铺设面层时，应在结合层铺完后进行，一般有分格时要用木板支好分块模，依木板上口找平铺设 4cm 厚钢屑水泥砂浆，铺设初平后，要拍实，刮平，用木抹子搓平，钢抹子溜光。钢屑地面的铺设要在拌合物初凝前进行完，压光要在终凝前完成。第二天浇水养护，养护要铺锯末，在面层强度不足一定程度时，严格禁止上人，一般养护期要满足 15 天，20 天内不准穿硬底鞋上去走动和堆放硬物。

## （七）水磨石地面

水磨石地面在施工前要对基层进行清理、处理和打底，"处理"一般是指结构地面垫层中有无埋设的穿线管等。要对其标高是否合适作出检查，有地漏的看其临时封闭是否严密。如有问题要及时整改。有泛水要求的要在打底时找出泛水坡度。清理和打底可参照水泥砂浆地面有关部分的操作方法。面层施工前要依设计的分格，在打好的底子灰上弹出分格线，粘好分格条。分格条常用的有铜条、铝条和玻璃条，普通水磨石多采用玻璃条。玻璃条的镶嵌方法是先镶嵌一个方向（纵向或横向），完成一个方向后，再进行另一个方向的镶嵌。开始时要从一边条向另一边镶嵌。镶嵌每一道分格条时，先要依弹在墙上的地面标高线提高1mm高度和地面弹线垂直的上方位置拉上小线。要求所拉小线应与地面弹线平行，小线要拉紧，不能有垂度，如果小线过长，中间要设挑线。这时可用方靠尺（长度不限，不够可以接，但要直），下边用素水泥浆以打点法垫平，平垫在小线和弹线的一侧，要求左、右方向离线中心1/2玻璃条度，高低方向在所拉小线下1mm。靠尺上平面可用大杠靠平。调整好后，用干水泥把打点水泥浆吸一下，以使靠尺稳固，然后取裁割好的玻璃条，紧贴靠尺小面，放置在小线和弹线之间，使小线和玻璃条、弹线在同一垂直线上，高度方向要与靠尺大面一平，抵于拉线1mm，玻璃条下用素水泥浆勾垫平稳，如果素水泥浆比较软，玻璃条下陷时可以用干水泥粉吸一下以稳固玻璃条。同一条小线上的玻璃条全部稳固后，可以拆除小线。在玻璃条的侧边用素水泥浆抹成小八字灰条，一侧小八字抹完收水后，拆去靠尺，抹上另一侧的小八字灰。小八字灰的上口离玻璃条顶不少于3mm。镶嵌分格条分为不隔夜条和隔夜条两种。不隔夜条的小八字灰的坡度要缓一些，一般呈30°（图6-4）；隔夜条小八字灰的坡度要陡一些，一般呈 45°，分格条在两个方向相交处留出 3～5cm 不抹小八字灰（图 6-5）。分格条两边的小八字灰全部抹完收水后，要用刷子蘸水刷一遍。一个方向的分格条镶嵌完后，再换一个方向镶嵌另一个方向的分格条。

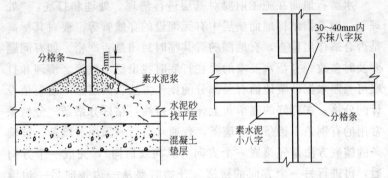

图 6-4　水磨石不隔夜条　　　　图 6-5　分格条十字相交处示意

美术水磨石地面一般采用铜条或铝条，在采用铜条和铝条时，除曲线图案外，直线条处分格条的镶嵌法与玻璃条相同。铝条在使用前要在表面先刷一道清漆，防止铝与水泥接触而产生化学反应，使分格条附近的水泥松化。曲线图案分格条要在直线分格条镶嵌完毕后进行。镶嵌时先在底子灰上弹画好图案线，把铜条或铝条按图案形状弯好。然后在底子灰弹好的图案线上，用素水泥浆打点后，把弯好的铜、铝条放上去，依底子上弹画的图案线调整位置，依镶嵌好的直线条，用靠尺或拉小线的方法调好高低和平整。曲线图案镶嵌后，所有的上口边要在一个平面上，不能扭翘。然后在条侧抹好小八字灰，稍收水后，用刷子蘸水，清刷一遍，这样既能把嵌条上口残留的灰浆刷干净，又能使小八字灰与底层很好地粘结，也可以提高小八字灰的强度。分格条镶嵌后，第二天用刷子甩水养护。待小八字灰产生一定强度后方可进行面层操作。

抹面层水泥石子浆可分为撒石子和不撒石子两种。另外按石子粒径不同，分别有不同的配合比。一般小八厘、中八厘水泥石子浆多采用不撒石子的做法。小八厘水泥石子浆的配合比为：水泥：石子＝1：2；中八厘水泥石子浆的配合比为：水泥：石子＝1：2.25；大八厘水泥浆，不撒石子法的配合比为：水泥：石子＝1：2.5；大八厘水泥石子浆，撒石子做法的配合比为：水泥：石子＝1：1.5。为了级配更合理，增加石子密度感，有时常将大、中、小八厘石子混合使用。面层水泥石子浆的涂抹应依分格块，逐块进行。如果是分颜色的地面，要按先深后浅的次序进行，有大块和镶边时，要先大块后抹边条。颜色的掺量一般占水泥重量的5％为宜，有颜色的水泥石子浆，在拌和时要先把水泥和颜料按比例进行拌和，待拌和均匀后再加入石子继续拌和，最后再加水拌至符合要求。同一地面所需的同一种色浆要一次把水泥和颜色拌好待用，待使用前再加入石子和水搅拌，以免产生整体上颜色的误差。铺面层水泥石子浆前，要视底层颜色，酌情洒水润湿，而后在分格条内抹一道素水泥粘结层，或洒水扫浆。但表面不能有积水，紧跟在分格条内摊铺稠度为5～6度的水泥石子浆。一般要先把分格条四周抹出一抹子宽，而且抹子要从中间向外边分格条方向揉抹、拍挤，把分格条边上挤满石子，不可以使分格条附近只有水泥浆而缺少石子，造成"黑边"现象。然后再填平中间剩余部分的水泥石子浆，摊铺完成后，用刮尺依分格条刮平面层灰浆。如果是撒石子的，这时要在初平的水泥石子浆上面，撒上一层洗净晾干的石子，石子要散布均匀，然后用滚子在上面反复碾压至石子完全下去，灰浆充分提出（不撒石子的做法在摊铺石子后也要上滚子），再用抹子拍抹平整，抹平后的水泥石子浆应稍高于分格条1.5mm。待铺好的面层基本收水后，水泥浆中的石子隐约显现（水泥浆稍低于石子）时，用抹子平拍一遍，并用抹子在表面反复抹压几遍，目的是把石子浆中的石子抹压得大面、平面朝上，增加表面平整度和石子的密度。而后晾置1～2h，待表面灰浆近于初凝时，用刷子蘸水把面层上部的水泥浆带掉，使灰浆低于石子0.5～1mm，使石子的分布情况比较清楚地显露出来。这时可根据石子的分布情况取相应的措施。如果石子的分布比较均匀，可以用抹子把石子拍至与灰浆一平后用抹子反复抹压；如果有的局部石子稀疏（特别要注意分格条边部），应加上适量的同颜色、同比例的水泥石子浆，用抹子拍平，用刷子带一下，看一看效果，经修整，感觉比较理想后，用抹子把石子拍平，用抹子在表面反复抹压几遍至平整。再晾置 1h 左右，如前方法，再一次用刷子带浆，抹子拍压平整。再次晾置半小时后，用刷子带水，把表面的灰带去，使之灰浆低于石子1mm 左右，准备开磨。通过带灰浆可以加快第一道的磨平速度，减少磨平时间，也节省机械和金钢石。

面层完成后要适时开始进行磨平、磨光，开磨时间受季节、气候、温度、环境等多种因素的影响，是比较复杂的问题。一般春秋季要在最后抹压后 30h 以上，夏季在 24h 以上，冬季为 48～60h 以上，此开磨时间只作为一个参考，具体情况要依各种因素而定，手工和机械的差异，相同季节温度、湿度不同的差异等等，均要综合考虑，总之以磨石上去不掉石子，而灰浆下得比较快为好。进行太早要掉石子，而太晚时水泥强度过高，磨起来费时间，耽误工期。普通水磨石的磨平、磨光一般分三遍进行。第一遍用 60～80 号金钢石，磨至分格条清晰，石子均匀外露后，换 100 号金钢石再磨一遍。磨平过程中不可断水，机械不能在一个部位停滞，要边徐徐向前推进，边左右均匀摆动。磨层要均匀，表面要平整，第一遍磨过后要用靠尺检查，如有过高的突出点要重点磨。磨完后用清水洗干净。擦去水分，或晾干水分后用同颜色的水泥浆，在表面擦揉一道，要求把砂眼填平。有掉石子的部位要用同颜色的水泥石子浆补平。在补石子时也可以用小錾子把掉石子的部位剔深后再补，以利补上的石子能牢固粘结。24h 后浇水养护，养护不少于 3d。而后进行第二遍磨平。第二遍用 100～180 号金钢石，磨至石子大面外露，表面光滑平整后，用清水冲洗干净磨掉的水泥浆，擦晾干燥后，再用同颜色的水泥浆擦一道，把砂眼进一步填平。过 3～5d 后，或在交工前进行第三遍磨光，第三遍用 200～220 号金钢石磨至表面洁净光滑、光亮。经冲洗擦晾干后，可上草酸。上草酸时，用小笤帚头蘸草酸溶液，洒在面层上，边洒边用细油石或澄浆石磨，磨至表面出白浆后，用清水冲洗干净，擦晾干燥。晾至表面发白时，即可进行打蜡。

打蜡时，可用干净棉丝或布蘸蜡（成品蜡）均匀地涂擦在地表面，为了充分渗透和涂抹均匀，可以洒上一些煤油一同擦抹。稍晾后用干布擦匀、擦亮。而后再用布把蜡包裹在里边，在地面擦一道包蜡。稍晾后使用干布快速擦光、擦亮。抛光过程可以借助磨石机进行。把三角磨石取下，用三角木块上包布代替磨石，上紧三角木块进行机械抛光，由于磨擦速度的提高，磨擦的亮度更好，如果采用毛尼或毛毡代布，则效果更佳。如果是高级美术水磨石，要对磨光的遍数适应增加，遍数越多效果越好，但随着磨光遍数的增加，金刚石的细度亦应越来越细，使磨光后的面层愈加光亮、平滑。

## （八）不发火地面

不发火地面，是适用于禁止火种的车间、仓库等，如遇有火种可能引起火灾和爆炸的化学品库。不发火地面，主要是通过掺加某些不发火材料拌和成灰浆，涂抹面层后经磨擦和撞击瞬间不发火，达到安全的目的。不发火地面的胶凝材料采用强度等级32.5 的矿渣硅酸盐水泥或强度等级 32.5 的普通硅酸盐水泥，细骨料采用大理石或白云石石屑及膨胀珍珠岩；粗骨料采用大理石、白云石渣。材料进场后要作物理试验，达到要求的方能使用。水泥珍珠岩灰浆的配合比为：水泥：珍珠岩＝1：1，稠度为5 度。拌和时先将珍珠岩和水先行拌和均匀，然后再加入水泥拌和均匀。水泥石屑浆的配合比为：水泥：石屑＝1：2，稠度为5～6 度。不发火灰浆的施工方法基本与菱苦土地面相同，先在底层上涂刷粘结层灰浆一道，然后依标筋或分格模板，摊铺 2～3cm 厚的不发火灰浆，经拍实（或滚子碾压），抹平、溜光，终凝前分次压光，一般隔天或第二天浇水养护，养护时要铺锯末或草袋，养护不少于7d。养护期严禁上人，10d后上人时要穿软底鞋（特别是水泥珍珠岩面层），两周内不得堆放重物和硬物。水泥石渣浆的做法即同水磨石面层做法，请参阅有关部分。

不发火地面施工完成后要作不发火试验。试验可通过不发火地面砂浆试块经标准养护后进行，也可在地面不显眼的局部进行。试验要用电动砂轮，经标准转速、标准施力和标准磨损量后，不产生瞬间火花为合格。

## （九）楼梯踏步抹灰

楼梯踏步抹灰前，应对基层进行清理。对残留的灰浆进行剔除，面层过于光滑的应进行凿毛，并用钢丝刷子清刷一遍，洒水湿润。并且要用小线依一梯段踏步最上和最下两步的阳角为准拉直，检查一下每步踏步是否在同一条斜线上，如果有过低的要事先用1∶3水泥砂浆或豆石混凝土，在涂刷粘结层后补齐，如果有个别高的要采用剔高补低相结合的方法解决。然后在踏步两边的梯帮上弹出一道与梯段平行，高于各步阳角1.2cm的打底控制斜线，再依打底控制斜线为据，向上平移1.2cm弹出踏步罩面厚度控制线。打底时，在湿润过的基层上先刮一道素水泥或掺加15％水泥质量的水泥108胶浆，紧跟用1∶3水泥砂浆打底。方法是先把踏面抹上一层6mm厚的砂浆，或先把近阳角处7～8cm处的踏面至阳角边抹上6mm厚的一道砂浆，然后用八字尺反贴在踏面的阳角处，使靠尺棱突出踢面8mm，把靠尺用抹子敲几下粘牢，或用砖块压牢，用1∶3水泥砂浆依靠尺打出踢面底子灰。如果踢面的结构是垂直的，打底也要垂直。如果原结构是倾斜的，每段踏步上若干踢面要按一个相同的倾斜度涂抹。抹好后，用短靠尺刮平，刮直，用木抹子搓平。然后取掉踏面的八字尺，刮干净后面正贴在抹好的踢面阳角处，高低与梯帮上所弹的控制线一平，用抹子轻敲尺面使之粘牢，或用砖块支住。而后依次把踏面抹平，用小靠尺刮平，用木抹子搓平。要求踏面要水平，阳角两端要与梯帮上的控制线一平。如上方法依次下退抹第二步、第三步，直至全部完成。为了与面层较好的粘结，有时可以在搓平后的底子灰上划纹。打完底子后，可在第二天开始罩面，如果工期允许，可以在底子灰抹完后用喷浆泵喷水养护二三天更佳。罩面采用1∶2水泥砂浆。抹面的方法基本同打底相同。只是在用木抹子搓平后要用钢板抹子溜光。抹完三步后，要进行修理，方法是从第一步开始，先用抹子把表面揉压一遍，要求揉出灰浆，把砂眼全部填平，如果压光的过程中有过干的现象，可以边洒水边压；如果表面或局部有过湿易变形的部位，要用干水泥或1∶1干水泥砂子拌合物，吸一下水，刮去吸过水的灰浆后再压光。压过光后，用阳角抹子把阳角捋直、捋光。再用阴角抹子把踏面与踢面的相交阴角和踏面、踢面与梯帮相交的阴角捋直、捋光。而后用抹子把捋过阴角和阳角所留下的印迹压平，再把表面通压一遍交活。依此法再进行下边三步的抹压、修理，直至全部完成。

如果设计要求踏步出檐时，应在踏面抹完后，把踢面上粘贴的八字尺取掉，刮干净后，正贴在踏面的阳角处，使靠尺棱突出抹好的踢面5mm，另外取一根5mm厚的塑料板（踢脚线专用），贴在踢面离上口阳角距离等于设计出檐宽度的位置粘牢。如果踢面原抹好的砂浆比较干，粘贴不牢塑料板时，可先用抹子在粘贴塑料板的位置上揉压至出浆，或有必要时洒水少许再揉压即可把塑料板粘牢。然后在塑料板上口和阳角粘贴的靠尺中间凹槽处，用罩面灰抹平、压光。如果表面不吸水，可用干水泥吸一下，刮掉吸过水的水泥后压光，稍收水后拆掉上部靠尺和下部塑料板。把阳角用阳角抹子捋光、捋直。把檐底用阴角抹子捋直、捋光，用抹子把阴阳角抹子捋过的印迹压平，把平、立面通压一遍交活。

如果设计要求踏步带防滑条，可以在打底后在踏面离阳角2～4cm处粘一道米厘条，米厘条长度应每边距踏步帮3cm左右，米厘条的厚度应与罩面层厚度一致（并包括粘条灰浆），在抹罩面灰时，与米厘条一平。待罩面灰完成后隔一天或在表面压光时起掉米厘条。另一种方法是在抹完踏面砂浆后，在防滑条的位置铺上刻槽靠尺（图6-6），用划缝镏子（图6-7），把凹槽中的砂浆挖出。待踏步养护期过后，用1∶3水泥金钢砂浆把凹槽填平，并用护角抹子把水泥金刚砂浆捋出一道凸出踏面的半圆形小灰条防滑条来，捋防滑条时要在凹槽边顺凹槽铺一根短靠尺来作为防滑条找直的依据。抹防滑的水泥金刚砂浆稠度值要控制在4度以内，以免防滑条产生变形，在施工中，如感到灰浆不吸水时，可用干水泥吸水后刮掉，再捋直、捋光。待防滑条吸水后，在表面用刷子把防滑条扫至露出砂粒即可。

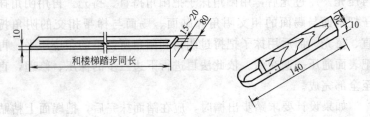

图6-6　刻槽靠尺

楼梯踏步的养护应在最后一道压光后的第二天进行，要在上边覆盖草袋、草帘等以保持草帘潮湿为度，养护期不少于7d。

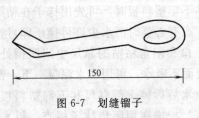

图6-7　划缝镏子

10d以内上人要穿软底鞋，14d内不得搬运重物在梯段中停滞、休息。为了保证工程质量，楼梯踏步一般应在各项工程完成后进行。

如果是高级工程，要求做水磨石踏步时，在找规矩时要求比较严格，一般要在打底前弹踏步控制斜线时，要考虑每步踏步的踏面尺寸要相等，每步踏步的梯面高度尺寸要一致。所以要在所弹的踏步控制斜线上，匀分斜线。方法是以每个梯段最上一步和最下一步的阳角间斜线长度为斜线总长（但要注意最下一步梯面的高度一定要与其他梯面高度一致），用总长除以踏步的步数减1所得的商，为匀分后踏步斜线上每段的长度。以这个长度在斜线上分别找出匀分线段的点，该点即为所对应的每步踏步阳角的位置。在抹灰的操作中，踏面在宽度方向要水平，踢面要垂直（斜梯面斜度要一致），这样既可保证要求的所有踏面宽度相等，踢面高度尺寸一致。防滑条的位置应采用镶米厘条的方法留槽，待磨光后，再起出米厘条镶填防滑条材料。水磨石踏步的操作程序，可参考水泥砂浆踏步的操作。水泥石子浆的涂抹方法和磨平磨光的方法可参考水磨石地面的施工方法。只是在水磨楼梯踏步在打底前，要用掺加15％水泥质量的乳液，拌制的水泥乳液聚合物灰浆，在基层上刮抹粘结层后，用1：3水泥砂浆紧随刮糙，经养护后，方可用1：3水泥砂浆打底。打底后再经养护后方可抹面层。

## 复习思考题

1. 抹水泥砂浆地面时对所用水泥、砂及砂浆有哪些要求？

2. 请简述抹水泥砂浆地面的操作方法。

3. 豆石混凝土地面的分层压光是怎样进行的？

4. 聚合物灰浆彩色地面各层的灰浆配合比是怎样的？

5. 请说出彩色地面的全部施工过程？

6. 混凝土地面铺设前要做哪些工作？

7. 菱苦土地面的特性是什么？

8. 对菱苦土地面的用料有什么要求，配合比是怎样的？

9. 钢屑地面的适用范围是什么？配合比是怎样的？

10. 水磨石地面镶嵌分格条的种类和方法有哪些？

11. 水磨石地面的石子浆配合比是怎样的？

12. 水磨石地面一般应分几遍磨成，每遍采用什么样的金刚石，磨到什么程度？

13. 不发火地面的用料都采用什么？

14. 楼梯踏步找规矩的方法是什么？

# 七、装饰抹灰

## （一）干粘石抹灰

干粘石抹灰工艺是水刷石抹灰的代用法。其有着水刷石的效果，却较之水刷石造价低得多，施工进度快得多，但不如水刷石坚固、耐久。所以一般多用于室外装饰的首层以上。

干粘石抹灰，依要求不同或地区不同，各层用料亦有不同，做法也略有异。一般分3～4层完成。干粘石抹灰前，要做出相应的准备工作：除常用的工具外，要准备大筛子（80cm×3040cm×8cm）两个，小筛子（40cm×30cm×8cm）三四个，木拍子（大小自定，似乒乓球拍状）不少于两个。大筛子作为甩石子时放在墙下接落下的石子和存放石子之用；小筛子为甩石子时托石子和运石子之用；木拍子是用来甩粘石子的工具。另外，也可以准备一二个油印机滚子（也可以用木抹子），用来把甩过石子的墙面压平，把石子压实、压牢。干粘石抹灰第一道，要用1∶3水泥砂浆打底，在打底前要对基层进行浇水湿润，打底的方法可参照水泥砂浆墙面抹灰中打底一节。打底后，一般第二天可以进行下一道的操作。

第二道开始前，要依设计要求，在底子灰上用墨斗弹分格线。分格线要弹在分格条的一侧，不要居中。然后依分格线粘分格条。分格条在粘贴前要经浸泡和阴干。粘分格条时要把分格条用眼穿一下，有不直的在粘贴前要调直。比较长的米厘条在粘贴前，应在弹线的另一侧，用打点法贴线，先粘一根直靠尺，而后依靠尺再粘分格条。然后在分格条的外侧用素水泥浆抹出上小八字灰，稍收水后取掉靠尺抹另一面的小八字灰。要求粘好的分格条要平直，不能扭翘，横向在一条水平线上，接头平齐，竖向在一条垂直线上。一面墙的所有横、竖分格条，要竖向在一个垂直面上。然后可以逐格逐块抹第二道粘结层。在抹粘结层前要洒水湿润。粘结层一般用刮抹 1mm 素水泥浆或 1：0.5 水泥石灰膏的方法。也可以采用涂刷掺加水质量 30％108 胶的水泥聚合物灰浆的方法，紧跟抹第三道结合层。

第三道用 1：1：6 水泥石灰砂浆分二遍抹成。第一遍薄薄抹一层，第二遍要与第四道连续进行，一般最好是三人合作。第一人在前抹第三道灰的第一遍，稍收水后抹第二遍，这遍灰要依分格条抹平，两遍厚度 5～6mm，要求抹平，抹纹要极浅。如果不平整可依分格条，用靠尺刮平、补平后溜平、溜光至抹纹轻浅。第二人在抹完第三道灰的墙下，用大筛子接好，左手托小筛子，内盛石子，右手拿木拍子铲上石子，托平，水平摆动一下，使木拍上的石子均匀后，垂直于墙面方向甩粘在抹好灰浆的墙上，每一拍子甩石子的角度、力度要一致。要一拍子紧挨一拍子，不要漏甩，同时石子也不能迭粘。在粘石子过程中，如果是灰浆发干，粘不牢时要用刷子甩水湿润后再粘，如果灰浆较软时甩石子要轻一些，或稍待些时刻再粘，以免造成灰浆流坠。甩过石子后，第三人可根据灰浆吸水程度，适时在后用木抹子把石子拍平嵌实。或用滚子将石子滚压平整，滚压牢固，拍压时要一抹子挨一抹子（一滚子挨一滚子），不要漏过，力度要适宜，石子嵌入灰浆不少于 1/2 粒径，轻重度要掌握均匀。不要一下轻一下重，不可拍出灰浆影响美观。干粘石面层完成后，要求表面平整，石子分布均匀，密实，无抹纹，石子洁净，无露浆和漏粘石子及"黑边"现象。干粘石的石子一般采用小八厘石子，并在使用前提前过筛，冲洗后晾干备用。

干粘石抹灰施工中，在遇阳角处时，最易产生"黑边"。为了消除阳角"黑边"，往往采用近阳角处相邻两墙同时抹、同时粘的方法。具体做法是：在抹正面墙时先在侧面打灰反粘八字尺，把正面抹好，然后取下靠尺刮干净正贴在正面阳角处，再抹侧面的墙面，抹好后先粘侧面的石子，粘完侧面后，随即取一正面靠尺，另用一根干净靠尺，一人用双手持定，虚贴在粘好石子的侧面阳角处，另一人把正面的石子甩粘好。这时可用两根短靠尺（80～100cm）分别顺阳角放贴在阳角两边的正、侧墙上，两根靠尺相接触呈 90°，两手一上一下卡住两尺，轻轻夹压，使石子嵌入灰浆至合适的深度。取下靠尺后，一条棱角挺括、清晰、顺直的阳角即现。这种做法则要求操作人员技术熟练、动作迅速、基本功扎实、相互间配合默契。否则由于动作缓慢而造成砂浆干燥，失去粘结力，甩粘的石子稀落而失败。这种做法虽然比较难，但不是无法做到，希望每个操作者在实践中不断钻研，掌握一定的规律和巧妙的方法。如，在抹正面时，反粘好侧面的八字尺后，只打竖抹子，抹出一、二抹宽，即翻尺贴在刚抹好的灰条上，一人接着抹正面的灰浆，另一人在翻完尺后即抹侧面灰浆。正面灰浆抹完一段后紧随甩粘石子，侧面抹出一段后亦可同时甩粘石子，只要把侧面顺阳角甩粘出 10～20cm 后即可取下正面靠尺。这时正面先抹好的灰浆层上均已粘上石子，只有取下靠尺后的一条部位。由于这部位有靠尺覆盖，水分挥发慢，所以不至产生粘不上石子的现象。这样就不会产生过于忙乱，与砂浆失水造成石子稀落、粘结不牢的现象。

　　干粘石抹灰的另一种方法是在打底、粘分格条后，在底子灰上涂刷一道掺加 30％水质量 108 胶的水泥 108 胶稀浆为结合层。而后用 1∶2 水泥砂浆或 1∶1∶4 水泥石灰砂浆略掺细麻刀，在结合层上抹一道 5mm 厚的垫层。垫层抹完后要用靠尺刮平，木抹子搓平。稍吸水后，在垫层上抹 1mm 厚，掺加水质量 15％ 108 胶的水泥 108 胶聚合物灰浆粘结层一道。紧跟甩粘石子。这种做法虽稍繁琐，但垫层可以随意刮搓，平整度易保证。而且通过抹垫层后再抹粘结层时，表面吸水均匀一致，抹灰层既吸水缓慢，又不易流坠变形，对甩粘石子的操作和质量均提供了有利条件。

再有一种干粘石的做法是：打好底子灰后（这种做法对底子灰的涂抹质量要求比较高，偏差值极小），在底子灰上涂刷 20％水质量的 108 胶水溶液为结合层，后跟抹粘结层，粘结层用 10％～15％水质量的 108 胶拌和的水泥 108 胶聚合物灰浆，稠度为 7～9 度，分二遍抹成。第一遍薄薄抹一层，稍待后，抹第二遍，这遍要抹平，抹纹要极浅，两遍厚度为 3mm。然后依设计分格的位置用浸过水的潮湿布条，粘在分格的位置后即可甩粘石子。石子经拍压后即可以把分格布条拉去，显现出分格线。拉去的布条可放入水桶中洗净以备再用。这种操作方法，由于打底要求严格，偏差极小，粘结层又薄（3mm），所以平整度有保证。而且涂层薄，在甩石子时甩力大些也不会产生出浆现象。又因粘结层采用聚合物灰浆，抹灰后，涂层吸水慢，操作时不太紧张，涂层也不易产生裂纹，所以这种方法多被人采用。如果因分格条取除后产生的分格缝立体感差，也可采用米厘条代之。

干粘石作为水刷石的代用品，不仅是在室外墙面上使用，而且在外檐的檐口、檐裙、腰线、窗套、遮阳板、柱垛等部位多有使用。干粘石面层施工完成后，分格条即可起出，也可以在抹灰层干燥硬结后起出。然后用镏子把分格缝勾平整，溜出光，隔天喷水养护。

## （二）水刷石抹灰

水刷石是一种传统的抹灰工艺。由于其使用的水泥、石子和颜料种类多，变化大，色彩丰富，立体感强，坚实度高和耐久性好。所以被许多工程采用，特别是在 20 世纪 50～60 年代，被视为高级装修的一种工艺。水刷石的花饰工艺的操作（包括现场堆塑和倒模），至今仍被视为具有神秘感的高技艺领域。

水刷石工艺在外檐抹灰中，应用部位极为广泛，几乎可以在外檐所有的部位使用。但它也有施工效率低、水泥用量大、劳动强度高等不尽如人意之处。

水刷石抹灰前要把石子先行用筛子筛去尘土和砂子，挑去树叶、草根等杂物，用水冲洗干净，晾干备用。一般选用小八厘或中八厘石子。水泥石子浆的配合比，用小八厘石子时为水泥：石子＝1：1.15，用中八厘石子时为水泥：中八厘石子＝1：1.25，所谓"平灰尖石"，即一平桶水泥加一尖桶石子。水泥石子浆的拌制，多为人工拌制。要求使用的稠度值依粒径不同而在 4～6 度之间（粒径越大则稠度值越小，反之粒径越小则稠度值越大）。要求在人工搅拌时，要控制好用水量，一次不能放太多，要边拌和边加水。要充分拌和，有必要采用铲起后，扬高摔下的强力拌合法，致使其稠度比较小的水泥石子浆，能产生较好的和易性和粘结力，以便工作人员操作。如果是在夏季施工，为了延缓水泥石子浆的凝结速度和利于冲刷，可以在石子浆中掺加一定量的石灰膏或用石灰水搅拌灰浆。水刷石因部位不同，操作程序亦有不同。本节以外墙裙为例，叙述水刷石的具体操作方法。水刷石的打底同墙面水泥砂浆打底相同。墙裙打底子时，底子灰的上口应比设计高度低 1cm，以便抹面层石子灰浆时，上口能被水泥石子浆包盖住。

罩面前，视底子灰的颜色和施工季节酌情浇水湿润。浇水最好用喷浆泵。这样喷的水比较均匀。然后依设计分格位置弹线，粘米厘条。所粘的分格条应横平、竖直，在同一平面上。待米厘条侧面的小八字灰稍收水后，先用素水泥浆在底子灰上抹 2mm 厚的结合层。紧跟依分格条填抹水泥石子浆。抹时要用力，从上到下，从左到右依次而抹，每抹之间的接槎要压平，抹完一个分格空间后，用小木杠轻轻刮平，低洼处补上水泥石子浆。用石头抹子拍平、拍实，从下向上走竖抹子捋一遍。以增加水泥石子浆的密度和粘结力。施工过程中一定要随时把握面层的吸水速度，在修整和抹压过程中要把面层控制在最佳状态。才能保证施工质量。所谓最佳状态，是指面层处于既不流坠又不干燥，抹子上去感觉比较柔软的时刻。

如果面层抹完后比较软时（只要不流坠），可以先放置不动，使其自然吸水凝固，而去抹另一个分格空间。待第一块达到较好状态时，再行修整、压平。如果局部比较软，有流坠的可能，要用干水泥吸一下水，刮掉吸过水的水泥后进行修整。如果有局部比较吸水，可用刷子蘸水刷一下，或用喷浆泵喷水润湿。总之在施工中面层稍湿时，最好少采用干水泥吸水的方法，而是进入下一工作面。这样既节省水泥又提高工效。

在正常情况下，对抹好、修平的面层上，要进行刷汰水泥浆、压平石子的反复工作程序。方法是在面层稍吸水后，用刷子蘸水把表面的灰浆带掉至深于石子 0.5mm 左右。这时石子均显现出来，如果石子的分布不均匀，有灰坑处，要用水泥石子浆补上去用石头抹子拍平；如果石子分布比较理想，要用抹子拍一遍，把表面露出的石子拍平，而后用抹子从下向上竖向捋压一遍。过半小时左右（要依季节和环境，以刷子上去刷和抹子拍抹不流坠为度），再如前方法用刷子带浆，用抹子拍实，捋压平整。上部裙口处在抹面层时，应抹得比设计裙口标高稍高出 5mm，在经抹压后，初凝前，用靠尺正贴在裙口处，使靠尺外棱与设计标高一平。依靠尺用抹子把裙口割齐、压平，用刷子刷一遍后再压平。在割切和刷压过程中，要用左手扶住靠尺以免下坠。待表面灰浆达到一定强度，对石子产生较好的握裹力，而表面经刷洗后能汰掉一定的灰浆时，用刷子蘸水把表面灰浆刷掉，至石子露出灰浆表面 1/3 粒径（或用喷浆泵喷刷）时，用直径 5mm 壶嘴的小水壶，从上向下一冲到底。

如果在冲刷过程中有局部裂缝流坠掉石子，要停止冲刷，待水落下后，在掉石子和裂缝处，补上水泥石子浆，用抹子拍平，用干水泥吸一下，刮掉吸过水的水泥稍晾置后方可继续冲刷。如果有流坠的也要停止冲刷，落水后，在流坠产生的鼓包底部，用抹子扎一下，把内部的水放出。稍待，用抹子在过流坠部位从下向上推抹至平整，随后用干水泥吸一下刮掉吸过水的水泥后用刷子蘸水带出石子看一下，可能有石子稀疏处及黑纹产生。这时要用水泥石子浆补上去，用抹子拍平，从下向上捋压平整。视干湿度决定是否采用干水泥吸水，稍晾置，至冲刷不掉石子时可继续冲刷干净。

在夏季施工时，面层抹压修整后晾置待刷时，可以在面层外表粘贴一层浸过水的牛皮纸。这样既不影响面层内部水泥浆的硬化。又可以解决由于太阳的照射和气温较高表面硬化较快不易冲刷的困难。

水刷石面层在冲刷后，应没有掉石子、裂纹、反浆和面层冲刷深度不均匀及颜色不一致等缺陷。而应平整洁净，棱角鲜明，石子密实，大面外露，分布均匀。在施工中遇阳角时要把阳角两边相邻的两块全部抹完一同冲刷，并要先在侧面用水泥石子浆反粘八字尺，翻尺后正面贴八字尺，以免产生棱角上无石子和黑边。水刷石工艺由于涂刷部位不同，施工程序也相应不同。以上只就水刷石墙裙，叙述水刷石的施工工艺。因墙裙抹灰只有一个立面，施工相对比较简单，而在实际工作中要遇到比较复杂的多个面组合的部位（檐口、窗口、花池等），操作程序就相应要比较繁琐。这里只作简单介绍，以供参考。

以水刷石窗台为例。窗台有顶面、底面、正立面和两个小侧面。特别是对底面的涂抹，要在打底后距正面1cm的底面，与正平行粘贴一根米厘条。抹面层石子浆时，要在正面底子灰上抹水泥石子浆反粘上、下两根八字尺。两尺要水平且相互平行。下尺比下部米厘条面略低或一平。上、下尺外棱宽度应与设计的窗台宽度一致。然后先抹下面水泥石子浆，抹压修整可同墙裙水刷石的方法。在抹压和冲刷的间隙时间中，可以把上平面抹好，上平面可用1:2.5水泥砂浆抹平压光，也可以用水泥石子浆抹平、压光。上平面要有泛水坡度。在上平面压光后，下面冲洗完时，可用抹子敲击靠尺正面数下，使粘尺的石子浆与靠尺产生缝隙后，起下靠尺，刮干净用卡子卡在上、下面，使上、下尺垂向在一条垂直线上，且两尺平行，出墙尺寸一致。然后依上、下尺把正立面抹平，并在抹好的立面两端贴上小靠尺，调整好小侧面的厚度，把小靠尺竖向吊垂直后，用手扶小靠尺把侧面抹好。然后分别把立面和小侧面进行修整、刷、拍、压。

最后适时进行冲刷，冲刷干净后，待水落下即可拆除靠尺，用刷子向底面甩水，再用另一干净刷子把甩上的水蘸干。这样就可以把冲洗立面流下的污水带干净。下边的滴水槽米厘条可以随之起出，也可以第二天再起。米厘条起出后，把滴水槽用素水泥浆勾好。

## （三）剁 斧 石

剁斧石又称剁假石、剁石、斩假石。其使用部位比较广，几乎可以在外檐的各部位应用。剁斧石坚固、耐久，古朴大方而自然，且有真石的感觉，是室外装饰的理想工艺。剁斧石打底采用1:3水泥砂浆打底，面层采用1:2.5水泥石渣米粒石浆。剁斧石由于施工部位不同，相应的施工程序也各有异。本节以剁斧石墙面为例叙述剁斧石的操作工艺。

剁斧石的打底，与水泥砂浆墙面打底相同，在打底后要浇水养生，养护不少于3d。罩面前要依设计的分格位置，在底子灰上弹分格线，粘米厘条。弹线、粘分格条的方法可参照墙面抹水泥砂浆中弹线、粘分格条方法。而后依底子灰的颜色决定是否要洒水润湿。抹面层灰前，要先用素水泥浆刮抹一道结合层，厚度约0.5~1mm。随之用1:2.5水泥米粒石灰浆抹面，面层分两遍完成。第一遍薄薄抹一层，稍吸水后，再依分格条抹第二层。一个分格块内的面层灰抹完后，要用小木杠刮平，有低洼处要及时补平，用抹子压平、压光。稍收水后再压一遍，如果抹压过程中，面层灰比较干燥，要边洒水边压，终凝前再压一遍。如果是上午抹完，可在第二天养护。如果下午抹完，一般应隔1天养护。

待面层产生一定强度，剁斧上去石子不掉时开始斩剁。斩剁的纹路要依设计而行。如设计无要求时，一般剁纹呈垂直状。斩剁前要先在分格条周边量出2cm宽弹上线，斩剁时依弹线留出分格条周边 2cm 不剁，作为镜边，增加美观。开始斩剁时要把周边近镜边处先斩剁完，然后再剁中间大面。为了使剁纹方向整体保持一致，可以在大面上弹若干控制线。斩剁的方法是，使剁斧垂直于墙面剁向面层，一般应剁入石子粒径的 1/3，约 1mm 深。要求剁纹要相互平行、力量要均匀，深浅一致，疏密度一致，颜色一致，方向一致。剁斧石墙面的分格缝米厘条，可以在涂抹压光后起掉，也可在斩剁后起掉，米厘条起出后，用素水泥浆把分格缝勾好。面层斩剁完毕后，要边浇水边把斩剁时留在墙面上的残屑和粉尘用钢丝刷子刷干净。由于面层要经过斩剁，对涂抹层有斩剁冲击，所以对底层的强度要求比较严格。在罩面前要对底层进行检查，一定不能有空鼓现象后才可以进行面层施工。面层的开剁时间不可过早，以免造成掉石子和面层空鼓。

## （四）扒 拉 石

扒拉石由于工艺比较简单，工效比较高，且具有坚实、耐久、立体感强、石感强、造价不高等许多优点，所以常被工程的外装饰选定。扒拉石的操作依地区不同，有不同的用料与配合比。但就工艺而言，却无甚大异。扒拉石所用水泥，最好是普通硅酸盐水泥，其次为矿渣硅酸盐水泥。砂子，以洁净的河砂以粗砂为主，中粗结合为好。绿豆砂，要在使用前挑去杂质，过筛，冲洗干净，晾干备用。小八厘色石渣，亦要经挑选、过筛、冲洗及晾干等准备工作。扒拉石的打底，是在湿润过的基层上，用 1∶3 水泥砂浆打底。方法同墙面抹水泥砂浆中的打底方法。打好的底子灰上要划毛，第二天浇水养护。罩面前要依设计分格，弹分格线。粘分格米厘条。方法同墙面抹水泥砂浆中粘分格条。罩面时先要依底子灰的颜色而决定是否需要洒水湿润。

而后用素水泥浆抹一道 0.5～1mm 厚的结合层，紧跟用水泥∶绿豆砂＝1∶2 水泥绿豆砂（直径不大于 5mm）灰浆或水泥∶砂∶小八厘石子＝1∶0.5∶1.5 的水泥砂石子浆罩面，厚度

8～10mm。罩面可分两遍抹成，第一遍薄抹一层，稍等抹第二层，抹完一个分格块后要依分格缝的米厘条，用刮尺刮平，低洼处及时补齐。随后用抹子抹压出灰浆，抹压平整，溜出水光。稍待，在面层灰浆初凝时，再压一遍，这遍要把分格条上的灰浆刮干净，米厘条边的四周压光一些，随之用墨斗把分格条边和阴阳角边附近 2cm 处弹出镜边线。在面层灰凝结程度适当情况下（只要钉刷上去时，抹灰层内部没有湿浆），即可进行面层扒拉。

面层扒拉是用自制的长 15cm、宽 6～7cm、厚 1～1.5cm 的红松木板（钉子钉过不易产生劈裂），上钉满间距为 5～10mm 钉子的钉刷，在抹灰层表面依一定方向或规律扒拉，使表面部分灰浆、石子经钉刷扒拉掉后，形成蜂窝状的麻面，产生一种极强的立体感，形成一种特殊的装饰效果。进行面层扒拉时，要统一方法。纹路要方向一致，如果采用竖直纹则都采用竖直纹，若采用水平纹则都要采用水平扒拉。也有采用同一斜度，或划圆形的，但一定要统一。而且钉刷进入墙的划痕深度要一致，不能有深有浅。同时扒拉的行刷速度也要均匀，不要忽快忽慢。因为速度的变化能影响到力量的变化，力量的变化直接可导致石子被刷后的进出量，造成表面不自然的人为感。另外各个分格块内开始进行扒拉的时刻要相近（指灰浆的凝结程度），要在面层硬度相同的时刻进行。不要一块早，一块晚，一块软，一块硬，这些因素都能直接影响整体效果。另外为了美观和扒拉时钉刷不致碰坏镜边，要先用靠尺盖住镜边与弹线一齐，用压子根斜着扎入面层的镜边以里的面层，顺靠尺刮出一道斜面形（近镜边部深，近大面浅）的一周边小八字凹槽（图 7-1）。然后再用钉刷贴四周凹槽，进行大面扒拉。

另外，扒拉石工艺如果不是在大面墙上进行，而是在窗间墙、窗盘心等各体小面积上施工时，为了提高工效，可以不必提前打底和进行底层养护等。可以在基层浇水润湿后，即打底、抹面层，随之进行面层扒拉。扒拉石完成后第二天用笤帚清扫浮尘，用水冲洗干净，起掉分格米厘条，把分格缝勾好，使之大面

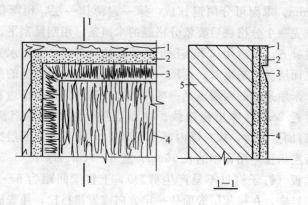

图 7-1  小八字装饰槽

1—分格条；2—镜边；3—小八字装饰槽；4—扒拉石面层；5—结构砖基层

麻，镜边光，线条尖而挺括，美感极强。

## （五）扒 拉 灰

扒拉灰，是扒拉石的一个同宗，扒拉灰所用的材料只有水泥和砂，水泥的选择可同扒拉石。砂子，在底层亦同扒拉石，面层最好用粗砂。底层采用 1：3 水泥砂浆，面层采用 1：2 水泥砂浆。扒拉灰的打底方法完全同扒拉石。面层施工程序也完全同扒拉石。只是扒拉石所用灰浆骨料比之扒拉灰的灰浆骨料粗得多，所以前者经扒拉后，麻面感强，比较粗犷，后者经扒拉后，则平整感较好，比较细腻。两者虽然工艺相同而产生的效果却各异。特别是具体操作时，钉刷划入面层的深度不能同扒拉石时一样，而要浅得多。而且要求面层凝结时间稍长一些，再进行扒拉时反而更便于操作和利于提高生产效率。

## （六）拉 毛 抹 灰

拉毛抹灰，可以运用在室内，也可以在室外使用。在室内常用于礼堂、会议厅、影剧院等的墙、顶部位。在室内主要是取其吸音效果。在室外常用于墙、柱等部位，主要是取其装饰效果。拉毛抹灰，依使用部位不同，要求不同，而相应的用料、配合比也不同，所用的工具也随地区不同、习惯不同而各异。拉毛抹灰的工具有：抹子、压子、鸭嘴等硬工具和炊帚、笤帚头、草把等软工具。所用灰浆有：水泥砂浆、混合砂浆、石灰砂浆、聚合物灰浆、纸筋灰浆等。依拉毛的状态分为挺尖拉毛和垂尖拉毛。按拉毛的形状分为平尖拉毛和尖拉毛。按大小可分为大拉毛、小拉毛、微拍拉毛等。拉毛的种类虽然繁多，但施工工艺却大同小异同出一理，只要掌握各种原理，可以举一反三。具体操作时，不但灰浆种类多，而稠度也有许多变化。稠度的变化也与所用工具、拉毛的形状、状态、大小有关。在施工中应按设计要求进行。如设计无要求时，一般稠度要随拉毛状态、大小、使用工具而变化。如拉毛越大，越挺直，则稠度值越小；而拉毛越小，垂度越大，则稠度值越大。一般使用鸭嘴一类硬工具适于做大拉毛，稠度值要求小些；而使用炊帚一类软工具，适于做小拉毛，稠度值要求大些。拉毛的操作也分为用工具蘸浆在底层上拉毛和先抹灰后用抹子拍拉做拉毛两种方法。一个工程要选定什么样配合比稠度和种类的灰浆，用什么样工具和操作方法，要依具体情况而定。本节就三种不同施工方法，不同工具、配合比和稠度的拉毛工艺，作以下叙述。

## 1. 室外聚合物混合砂浆大拉毛

大拉毛有着粗犷、大方的特点，其施工方法是，先在基层上用 1∶3 水泥砂浆打底，方法参照墙面抹水泥砂浆的打底部分。做面层前要视底层颜色酌情浇水湿润。湿润最好提前 1 天进行。拉毛前要在底子灰上刮一道素水泥浆粘结层，以利拉毛灰与底子灰的粘结。紧随用水泥∶石灰∶砂＝1∶0.5∶1 的水泥石灰砂浆略掺 108 胶拌和成的聚合物混合砂浆拉毛。方法是：一手拿灰板，灰板上盛面层灰浆，用鸭嘴打灰，在粘结层上一拍一拉，拉出毛来。灰浆稠度为4度，拍拉的鸭嘴要与墙保持90°，呈直角垂直拍去。适当用力，以利粘结牢固。拉出时要大于90°，稍向上扬一点，目的是因拉出的毛由于砂浆的自重产生下垂度不致太大，而呈现出大拉毛的挺感。如果要求垂感强烈些，可调整灰浆的稠度和拍拉时所用工具的角度。

有时由于施工面积比较大，在同一面墙上操作时需要多人一同进行。所以在施工前要对操作人员进行统一操作意识，要有专人作出样板。操作人员依照样板练习，要求达到手法相近似，拍拉效果大体一致，不可差别过大。拉出的灰毛疏密、垂度、大小等尽量相同。一面墙上的拉毛要一次完成，不要接搓。如果是色浆，要把所用的水泥和颜料一次拌好，随用随加水搅拌，以免产生颜色有变化，影响整体效果。

### 2. 室内墙面混合砂浆中拉毛

室内混合灰浆中拉毛的打底可用1：3石灰砂浆或用1：0.5：4水泥石灰砂浆。方法同墙面抹水泥砂浆的打底。抹面层拉毛前适当喷水湿润，而后在底子灰上刮抹1：2水泥石灰膏素浆粘结层一道，随即罩面。罩面用1：2：1水泥纸筋灰砂浆（砂过3mm筛），放在小灰桶内，用炊帚蘸砂浆，垂直向墙面上拍拉。亦要求疏密一致，毛长一致，垂度一致，颜色一致。施工前要对操作人员统一手法培训，依样板试做合格后方可施工。以保证工程质量。中拉毛不及大拉毛粗犷豪放，但其质朴雅致。

### 3. 纸筋灰小拉毛

纸筋灰小拉毛是在室内施工操作的一种拉毛。纸筋灰小拉毛的底子灰，可采用1：3石灰砂浆，打底前要对基层进行浇水湿润，然后作灰饼、挂线、充筋、装档、刮平，搓平方法同墙面抹石灰砂浆的打底。

罩面前在底子灰上适当浇水湿润。然后用纸筋灰罩面（罩面的方法如前墙面抹纸筋灰面层相同），而后在面层上拉毛，也可两人合作，一人在前抹纸筋灰，一人在后用抹子平贴在抹好的纸筋灰上，按一定的速度、力度、方向向外拉毛，使之产生小而挺的毛头。小拉毛在操作施工前，也要对操作人员进行统一手法的训练，训练时要按制好的样板，反复练习，要求每个人拉出的毛头要疏密一致，长短一致，垂挺度一致，有整体一致的感觉。小拉毛有细腻、温馨感，而且简便易行，技术性要求不高，很值得采用。

拉毛灰的方法种类比较多，这里只选以上三种，以供参考。望读者在工作中，依不同的情况自己去钻研和合理地去开发更科学、更富装饰性而又简便易行的施工方法。

## （七）甩毛抹灰

甩毛抹灰是在打好底的底层上面，用笤帚、炊帚、麻把、草把等工具蘸灰浆甩出毛面的一种工艺。

甩毛与拉毛有相近之处，而又各自有异。甩毛是用工具蘸灰浆甩向底层，工具不接触墙面，而拉毛是用工具蘸灰浆在底层上拍拉，工具要接触墙面。拉毛由工具的控制能较有规律地把所拉出的毛头有序均匀地分布，而甩毛更有着随意、自然、洒脱的风格。

甩毛抹灰，多用于室外。往往对打底的平整度要求不太严格，特别是比较高的部位。甩毛操作也是采用1：3水泥砂浆打底。方法参照墙面抹水泥砂浆中的打底部分。面层是在打过底子灰的底层上，适当浇水湿润后，用炊帚等工具在灰桶内蘸上面层灰浆自然地甩粘在底子灰上。面层灰浆可采用1：2水泥砂浆或1：1：4水泥石灰混合砂浆以及1：0.5：4水泥石灰混合砂浆或1：0.5：1水泥石灰砂浆，掺加一定量的108胶的聚合物灰浆，有时也可采用水泥石灰乳液砂浆等。灰浆的稠度要依设计而定。如果设计无要求时，可按甩毛的毛头大小而进行调整，一般在5～7度范围内。按毛头越大稠度值越小、毛头越小稠度值越大的原则进行调整。操作前要有专人制作样板，经设计认定后，操作人员先依照样板统一训练手法，对照检查符合要求时方可施工。甩粘面层前要在底子灰上刮涂一道素水泥浆粘结层。一般小面积多不设分格缝。如设计有分格缝时要粘好分格条。甩粘完面层灰后起出分格条，用溜子勾好分格缝。甩粘面层时要毛头大小一致、疏密一致、薄厚一致，也要求毛头大小相间，疏密有致，薄厚错落，不过要做到恰到好处却比较难，需要有一定的经验。甩毛时工具与墙要保持90°，要稍用力以增加粘结力。工具离墙要保持一定距离，工具不要碰墙，以免把先甩粘好的毛头碰坏。甩毛抹灰，立体感极强，自然、古朴、洒脱、天然感较强。

## （八）打 毛 抹 灰

打毛抹灰，也称筛子毛，是古建筑工艺的一种，多用于柱、壁画、庭院的影壁等部位。发展到今天只在使用材料上有所变化，工艺上仍比较传统。

打毛工艺，由于运用的部位不同，操作方法也各有不同，本节以独立柱的柱芯为例叙述打毛工艺的操作工艺。打毛工艺多用于高级建筑、公共性建筑物，作为装饰面层。在打毛抹灰开始前，一般要把柱子的柱头、柱墩，用模具扯出线角，柱身打好底子。把底子灰浇水湿润后，先在相背两面的阳角处用水泥砂浆（1∶2，稠度5～7度）反粘八字尺，把另两面的阳角边和柱身上、下近柱头和柱墩处的柱面四周边，抹出10mm厚的镜边（图7-2），然后，翻尺把另两面的镜边也抹好。第二天浇水养护，养护过后，方可抹打毛灰。

打毛灰涂抹前要准备一个边长30cm×30cm×5cm钉有窗纱

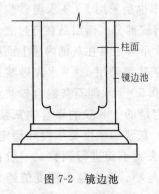

图7-2 镜边池

柱面

镜边池

的小筛子及 1：1 水泥砂子（砂过 3mm 筛）搅和的干粉，以备用。打毛灰的粘结层采用 1：0.5：1 的水泥石灰砂浆（砂过 3mm 筛），略掺麻刀或纸筋。打毛开始时先在池内适当洒水湿润，而后抹上一层 5mm 厚的粘结层。粘结层最好分二遍抹成，第一遍薄薄抹一层，稍待，再抹至要求厚度。粘结层要刮平，搓平压光，抹纹要浅。要保证面层在操作中保持一定的含水率。使抹好的面层有较好的粘结力。如果吸水比较快时，在搓平时要洒水搓抹。待粘结层抹平溜光后，操作人员用左手拿住筛子，对准要打毛的部位（一般要从上到下，从左到右，依次打毛），右手抓起拌好的水泥砂干粉，向筛底抛打，干粉通过筛底筛过而比较均匀地浮粘在粘结层上。一个面层全部打完后，待干粉把粘结层的水分全部吸出后，干粉吸水变色，产生粘结力，与粘结层溶为一体时，可在浮绒表面，用柳叶等小工具，按设计构思或随意发挥，刻画出花、鸟、草、虫等图案。如果想要色彩的感染力，可在涂抹粘结层时，用加颜色的彩色水泥砂浆，这样在刻画时粘结层的颜色即可显现出来。为了色彩丰富，在抹粘结层时可分几层色浆涂抹，而且各层均要有较协调的颜色变化。但在每层涂抹过程中要有层与层的间隔时间，以免混色。但间隔时间不可过长，以防由于整体操作时间过长而刻画困难。所以要掌握准间隔时间，以下一层灰既无混色又尚存可塑性为佳。这样，可以根据色彩层次的不同需要而决定刻画的深度（刻画越深色彩层次越丰富）。另外也可依面层刻画内容，对不同颜色的不同需要，分别在粘结层抹灰时的不同部位，涂抹不同色彩的砂浆。比如图案画面，在右下角要画一簇小草，而左上方要画出一座山峰时，则应在上部抹粘结层时采用褐色，而抹到下部时换用绿色砂浆等。

这些艺术技巧读者可在实践中自己逐步去探索、去实践、去研究，才能逐步掌握和进行创意。打毛灰完成后，把打毛时落在池边的尘粉用干刷子扫干净。第二天用喷浆泵，喷水养护，不可用水管直接浇水，因为打毛的干粉处粘结力相对比较差，在没有完全达到强度时容易冲掉浮粘在粘结层上的干粉。一般养护期不少于 3d，而且最好是遮阴，不可曝晒。

## 复习思考题

1. 干粘石有几种做法，各有什么特点？

2. 干粘石施工中的常见质量问题有哪些？

3. 水刷石面层在抹压到什么程度时开始冲刷为好，应冲刷到什么程度？

4. 水刷石面层在冲刷过程中遇裂缝、流坠掉石子时怎么办？

5. 剁斧石面层应什么时间开始斩剁？

6. 扒拉石抹灰在进行面层扒拉时应注意什么？

7. 拉毛的种类有哪些？各有什么特点？拉毛的工具有哪些？甩毛有什么特点？

8. 打毛抹灰时进行多种颜色层次时，在涂抹时应注意什么？

# 八、饰面块材

## （一）内墙瓷砖

内墙瓷砖是使用在室内墙面的一种饰面块材。由于其质地比较疏松，多为石膏基底上釉而成。这种砖随温度的变化性比较大，所以只限于室内使用。一般多在室内的厨、厕的墙、柱面、各种台面、水池等部位使用。它有表面光滑、易清洗、价格低等特点。

本节以内墙面（裙）为例叙述内墙瓷砖的粘贴工艺。内墙瓷砖粘贴工艺，近年来随着建材业的发展也有不同的变化。但由于操作者的习惯和地区不同，施工方法也各有异。如就粘结层所用材料而言，就有混合砂浆、水泥砂浆、聚合物灰浆及建筑胶等。就排砖方法而言，也有比较传统的对称式和施工快捷、节省瓷砖的一边跑，以及以某重要显眼部位为核心的排砖等方法。瓷砖在粘贴前要对结构进行检查，墙面上如有穿线管等，要把管头用纸塞堵好，以免施工中落入灰浆。有消防栓、配电盖箱等的背面钢板网要钉牢并先用混合麻刀灰浆抹粘结层后，用小砂子灰刮勒入底子灰中，与墙面基层一同打底。打底的作灰饼、挂线、充筋、装档、刮平等程序可参照水泥砂浆抹墙面的打底部分。打底后要在底子灰上划毛以增强与面层的粘结力。打底的要求应按高级抹灰要求，偏差值要极小。

瓷砖贴前要对不同颜色和尺寸的砖进行筛选，选砖的方法可以肉眼及借助选砖样框和米尺共同挑选（参照第三章材料准备中，面砖的选砖）并且在使用前要进行润砖。润砖是一个经验性很强的问题。润砖，可以用大灰槽或大桶等容器盛水，把瓷砖浸泡在内，一般要1小时左右方可捞出，然后单片竖向摆开阴晾至底面抹上灰浆时，能吸收一部分灰浆中的水分，而又不致把灰浆吸干时使用。在实际工作中，这个问题是个关键的问题，对整个粘贴质量有着极大的影响。如果浸泡时间不足，砖面吸水力较强，抹上灰浆后，灰浆中的水分很快被砖吸走，造成砂浆早期失水，产生粘贴困难或空鼓现象。如果浸泡过长，阴晾不足时，灰浆抹在砖上后，砂浆不能及时凝结，粘贴后易产生流坠现象，影响施工进度，而且灰浆与面砖间有水膜隔离层，在砂浆凝固后造成空鼓。所以掌握瓷砖的最佳含水率是保证质量的前提。有经验的工人，往往可以根据浸、晾时间，环境、季节、气温等多种复杂的综合因素，比较准确地估计出瓷砖最佳的含水率。由于这是一个比较复杂、含综合因素的问题，所以不能单从浸泡时间或阴干时间来判定，望年轻工人在今后的工作中多动脑，多观察，积累一定的经验，往往可以通过手感、质量、颜色等表象，而产生一种直感和比较准确的判断。关于浸砖、晾砖的劳动过程要在粘贴前进行，不然可能对工期有影响。

粘贴瓷砖时要先在底子灰上找规矩弹线。弹线时首先要依给定的标高，或自定的标高在房间内四周墙上，弹一圈封闭的水平线，作为整个房间若干水平控制线的依据。然后依砖块的尺寸和所留缝隙的大小，从设计粘贴的最高点，向下排砖，半砖放在最下边。再依排砖，在最下边一行砖（半条砖或可能是整砖）的上口，依水平线反出一圈最下一行砖的上口水平线。这样认为竖向排砖已经完成，可以进行横向排砖。如果采用对称方式时，要横向用米尺，找出每面墙的中点（要在弹好的最下一行砖上口水平线上画好中点位置），从中点按砖块尺寸和留缝向两边阴（阳）角排砖，如果采用的是一边跑的排砖法，则不需找中点，要从墙一边（明处）向另一边阴角（不显眼处）排去。排砖时可以通过计算的方法来进行。如竖向排砖时，以总高度除以砖高加缝隙所得的商，为竖向要粘贴整砖的行数，余数为边条尺寸。如横向排砖时一面跑排砖，则以墙的总长除以砖宽加缝隙，所得的商，为横向要粘贴的整砖块数，余数为边条尺寸。依规范要求少于 3cm 的边条不准许使用，所以在排砖后阴角处如果出现少于 3cm 边条时要把与边条邻近的整砖尺寸加上边条尺寸后除以 2 后得的商为两竖列大半砖的尺寸粘贴在阴角附近（即把一块整砖和一块小条砖，改为两块大半砖）。在排砖中，如果设计采用阴阳角条、压顶条等配件砖时，望在找规矩排砖时要综合考虑进去。计算虽然稍微复杂些，但也不甚难。如果有门窗口的墙，有时为了门窗口的美观，排砖时要从门窗口的中心考虑，使门窗口的阳角外侧的排砖两边对称。有时一面墙上有几个门窗口及其他的洞口时，这样要综合考虑，尽量要做到合理安排，不可随意乱排，或没有整体设想赶上什么算什么。要从整体考虑，要有理有据。依上所述在横、竖向均排完砖后。弹完最下一行砖的上口水平控制线后，再在横向阴角边上一列砖的里口竖向弹上垂直线。每一面墙上这两垂一平的三条线，是瓷砖粘贴施工中的最基本控制线，是必不可少的。另外应在墙上竖向或横向以某行或某列砖的灰缝位置弹出若干控制线亦是有必要的，以防在粘贴时产生歪斜现象。所弹的若干水平或垂直控制线的数量，要依整墙的面积、操作人员的工作经验、技术水平而决定，一般墙的面积大，要多弹，墙面积小，可少弹。操作人员经验丰富、技术水平高可以不用弹或少弹，否则需要多弹。弹完控制线后，要依最下一行砖上口的水平线而铺垫一根靠尺或大杠，使之水平，且与水平线一平，下部用砂或木板垫平。然后可以粘贴瓷砖。

粘贴用料种类较多，这里以采用素水泥中掺加水质量 30％ 108 胶的聚合物灰浆为例。粘贴时用左手取浸润，阴干后的瓷砖，右手拿鸭嘴之类的工具，取灰浆在砖背面抹 3～4cm 厚，要抹平，然后把抹过灰浆的瓷砖粘贴在相应的位置上，左手五指叉开，五角形按住砖面的中部，轻轻揉压至平整，灰浆饱满为止。要先粘垫铺靠尺上边的一行，高低方向以坐在靠尺上为准，左右方向以排砖位置为准，逐块把最下一行粘完。横向可用靠尺靠平，或拉小线找平。然后在两边的垂直控制线外把裁好的条砖或整砖，在 2m 左右高度，依控制线粘上一块砖，用托线板把垂直控制线外上边和下边两块砖挂垂直，作为竖直方向的标筋。这时可以依标筋的上下两块砖一次把标筋先粘贴好，或把标筋先粘出一定高度，以作为中间粘大面的依据。大面的粘贴可依两边的标筋从下向上逐行粘贴而成。每行砖的高低要在同水平线上。每行砖的平整要在同一直线上。相邻两砖的接缝高低要平整。竖向留缝要在一条线上。水平线可用两股小线拧成的线绳垫起。线绳有弹性可以调整高低。如果有某块砖高起时，只要轻压上边棱，就可降下。如有过低者，可以把线绳放松，弯曲或叠折压在缝隙内，以解决水平方向的平直问题。平整问题如有过于突出的砖块用手揉不下时，可以用鸭嘴把敲振平实。然后调正位置。大面粘贴过一定高度时，下几行砖的灰浆已经凝固时，可拉出小线捋去灰浆备用，一面墙粘贴到顶或一定高度，下边已凝结可拆出下边的垫尺，把下边的砖补上。且每贴到与某控制线相当高度时，要依控制线检验，及时发现问题及时解决。以免造成问题过大，不好修整。内墙瓷砖在粘贴的过程中有时由于面积比较大，施工时间比较长，所以要对拌和好的灰浆经常搅动，使其经常保持良好的和易性，以免影响施工进度和质量。经浸泡和阴干的砖，也要视其含水率的变化而采取相应的措施。杜绝较干的砖上墙，造成施工困难和空鼓事故。要始终把所用的砖和灰浆，保持在最佳含水率和良好的和易性和理想稠度状态下进行粘贴，才能对质量有所保证。待一面墙或一个房间全部粘贴完后，第二天用喷浆泵喷水养护。3 天后，可以勾缝。勾缝可以采用粘结层灰浆，也可以减少 108 胶的使用量或只用素水泥浆。但稠度值不要过大，以免灰浆收缩后有缝隙不严和毛糙的感觉。勾缝时要用柳叶一类的小工具，把缝隙内填满塞严，然后捋光。一般多勾凹入缝，勾完缝后要把缝隙边上的余浆刮干净，再用干净布把砖面擦干净。最好在擦完砖面后，用柳叶再把缝隙灰浆捋一遍光。第二天用湿布擦抹养护，每天最少 2～3 次。采用聚合物灰浆作粘结层的优点是粘结牢固，收缩性小，不易脱落，灰层薄；平整度不须拉线粘贴，即可保证，且节约材料，节省劳动力；减轻自重，提高施工进度，工效等。

## （二）陶 瓷 锦 砖

陶瓷锦砖也称马赛克，为陶瓷制品，其质地坚硬，耐久性好，不老化，耐酸碱性强，可在室外墙面、檐口、腰线、花池、花台、台阶及室内地面等多处使用。

粘贴前要对基层进行清理、打底。具体方法可参照水泥砂浆打底的相应部分。对陶瓷锦砖砖块也要进行检查，看是否有受潮、脱粒的现象，如有要挑选出来，不严重的可用胶粘上，或在边角上裁条使用。如果有颜色差别较大的，要选出来不用，每相邻两张陶瓷锦砖的颜色要相近，不能差别太大，要逐渐变化。每张陶瓷锦砖的大小尺寸如果有误差，也要挑选一下。粘贴面层前还要准备一个 1m 见方的操作平台，高度为 70cm 左右，也可以用桌子代替。并准备一个 30cm 见方，后边有把手的平木板，做拍平面层用。还要干拌一些 1∶1 水泥砂子（砂过 3mm 筛）干粉备用。粘贴面层所用的水泥以强度等级为 42.5 的普通水泥为好。

陶瓷锦砖墙面的粘贴前要对打好的底子进行洒水润湿，然后在底子灰上找规矩，弹控制线，如果设计要求有分格缝时，要依设计先弹分格线，控制线要依墙面面积、门窗口等综合考虑，排好砖后，再弹出若干垂直和水平控制线。粘贴时，要把四张陶瓷锦砖，纸面朝下平拼在操作平台上，再用 1∶1 水泥砂子干粉撒在陶瓷锦砖上，用干刷子把干粉扫入缝隙内，填至 1/3 缝隙高度。而后，用掺加 30％水重 108 胶的水泥 108 胶浆或素水泥浆，把剩下的 2/3 缝隙抹填平齐。这时由于缝隙下部有干粉的存在。马上可以把填入缝隙上部的灰浆吸干，使原来纸面陶瓷锦砖软板，变为较挺括的硬板块。然后一人在底子灰上，用掺加 30％

水重的 108 胶搅拌成的水泥 108 胶聚合物灰浆涂抹粘结层。粘结层厚度为 3mm，灰浆稠度为 6～8 度，粘结层要抹平，有必要时要用靠尺刮平后，再用抹子走平。后边跟一人用双手提住填过缝的陶瓷锦砖的上边两角，粘贴在粘结层的相应位置上，要以控制线找正位置，用木拍板拍平、拍实，也可用平抹子拍平。一般要从上向下，从左到右依次粘贴。也可以在不同的分格块内分若干组同时进行。遇分格条时，要放好分格条后继续粘贴。每两张陶瓷锦砖之间的缝隙，要与每张内块间缝隙相同。粘贴完一个工作面或一定量后，经拍平、拍实调整无误后，可用刷子蘸水把表面的背纸润湿。过半小时后视纸面均已湿透，颜色变深时，把纸揭掉。检查一下缝子是否有变形之处，如果有局部不理想时，要用抹子拍几下，待粘结层灰浆发软，陶瓷锦砖可以游动时，用开刀调整好缝隙，用抹子拍平、拍实，用干刷子把缝隙扫干净。由于在没粘贴前在缝隙中分层灌入干粉和抹填了灰浆，而使陶瓷锦砖在粘贴中板块挺实便于操作，而且缝隙中不能再挤入多余的灰浆造成污染面层，同时在粘贴的拍移中不会产生挤缝的现象。这样逐块、逐行地粘贴，粘贴后经揭纸、扫缝后，如有个别污染的要用棉丝擦净。第二天进行擦缝。擦缝前，要用喷浆泵喷水润湿，而后用素水泥浆刮抹表面，使缝隙被灰浆填平。稍待用潮布把表面擦干净即可。如果是地面，也可以采用同样的方法，在打底后，用水泥 108 胶聚合物灰浆如上粘贴。但在打底时要注意地面有泛水要求的要在打底时打出坡度。

　　传统的铺地面陶瓷锦砖方法，是在地面垫层上与抹水泥砂浆地面方法相同，抹上粘结层水泥砂浆。在抹粘结层前要依地面的面积和陶瓷锦砖纸块的尺寸在四周墙上划出控制线的位置。在抹粘结层砂浆时要抹平度平，有地漏的要找好坡度，砂浆稠度值要稍小一些，一般不大于 4 度。抹完粘结层后，稍吸水，用干水泥均匀地在表面撒上一层，待干水泥吸水变颜色后，用木抹子搓均，或用抹子放陡刮一下，使水泥粉均匀，而后把填好缝的陶瓷锦砖依控制线，一张一张地铺在粘结层上，操作人员的脚下可垫上木板，以免把粘结层踩出脚印。每铺完一行，要用拍板拍平、拍实和调整好。再向后退铺第二行。这样，从里向外依次退铺至门口。每铺完两行要用刷子蘸水把背纸润湿。铺完第三行时，刷上水后，可以把第一行润透的背纸揭掉。这样有节奏地向后退出。也可以全部先把陶瓷锦砖铺完，过 2 小时后，铺上木板上去从前向后刷水润湿背纸，过 30 分钟后铺木板上去从前向后边揭纸，边用开刀调整缝隙，用抹子拍平、拍实。依次后退，并且边退边调整好，拍平的陶瓷锦砖上撒一层干水泥，用笤帚扫匀。约过 30 分钟，撒上的干水泥把粘结层中的水吸出后，上人边用笤帚扫干净，边用湿布把表面擦干净，把缝子擦平。

传统的粘贴法，把打底子和粘贴面层同时一次完成，不留间隔时间，工期短，但操作比较麻烦，质量不易保证，在砂浆未完全凝固时就要上人擦缝，易踩活块材。采用聚合物灰浆粘贴时，打底和粘贴面层有间隔时间，工期稍长，但由于粘结层薄，平整度有保证，比较容易施工。因为陶瓷锦砖是用胶粘在背纸上的，有时，其表面有残留的胶灰痕迹，不易擦干净。这时可以在第二天粘结层凝固后用细砂布磨去污染物，而后用潮湿布擦干净。陶瓷锦砖完工后，第二天要浇水养护。特别是室外，夏季严热时期，更不要缺水，有条件最好遮阴养护更佳。

## （三）预制水磨石板

预制水磨石板多为地面使用，也可以用边长尺寸不大的板材，作为墙裙、踢脚、工作台板等使用。

水磨石板正方形有边长 30cm×30cm，40cm×40cm 和 50cm×50cm 等规格，及 40cm×15cm 的踢脚专用板（也可用在现浇、预制水磨石地面镶边）和多种特殊规格的特种板。从档次上看，有黑水泥、白石子的普通水磨石板和彩色水泥、色石渣的高级水磨石板。

水磨石地面板一般可在混凝土、焦渣等垫层上做地面的面层，也可以在钢筋混凝土楼板底层上做楼面的面层。

地面的施工前，要对结构垫层进行检查。看有无地下穿线管，标高是否正确。地漏的管口离地面的高度如何，管口临时封闭是否严密。如果发现问题要及时向有关人员提出，并征得同意后在地面施工前及时整改。对垫层有过高的部位要剔平。有过于低洼之处要提前用1：3水泥砂浆填齐。有个别松动的地方，也要剔除后，用1：3水泥砂浆补平，并要浇水湿润。镶铺块材时要在基层上洒一道素水泥浆或洒水扫浆。无论是素水泥浆或洒水扫浆要随扫随铺，不能提前时间过早，以免灰浆凝结后失去粘结作用。铺贴水磨石板材时，进入一个房间后要先找规矩，放线，作标筋等。找规矩的方法是利用勾股定理，先检查一下房间的墙是否方正。如果四周的墙，相邻之间都呈90°或误差不大时，可依任意一面长向墙作找方的依据，向相邻两面短向墙找方。如房间方正误差较大，应取一面显眼的长向墙，向相邻两墙找方。找方的基准点的定位，要依排砖而定。排砖的方法，如果设计有要求，则要依设计要求。设计如无要求，可采用对称法或一边跑的方法均可。

对称法，是先要找出一个房间中的两个方向中心线，一般以其中长向的中心线作为基准线，以两中心线的交点作为基准点。然后以板材的中心或边（依房间宽度尺寸与板块的尺寸模数关系而定）对准中心线（长向），以基准点为中心，板材与中心线（长向）平行方向按一定缝隙排砖，这种排砖方法相对两面墙边处的砖块尺寸相同（或整砖，或半条）且规矩，所以叫对称法。但找方次数多，比较复杂，施工速度慢，浪费砖；一边跑是进入房间后，马上可以依某面长墙作基准线，依线从比较显眼的一面短向墙边为基准点，向相对的比较隐蔽的一面排砖。这种排砖法比较常用，特点是排砖程序简单，插手快，省砖（切割少）。但相对两面墙边的砖块尺寸多为不同。这两种方法，各有利弊，主要是依操作人员习惯和现场具体情况而定。有时还要考虑到许多其他因素，如门口处的美观、材料的节约等，都要综合考虑。所以在遇到具体问题时，要有不同的处理方法，有一定的灵活性。

为了便于理解，本节就一个房间的实例，以一边跑的排砖方法，进行叙述地面找规矩的方法和步骤。如图8-1，是一房间的平面图。房间内净尺寸为：南北长 5.8m，东西宽3.3m，现用 400mm×400mm 的水磨石块铺设地面，板块间缝隙2mm。铺设时板材要离开墙边 10mm，不要紧顶墙边。进入房间后开始找规矩，首先，设定以东边长墙为基准，挂线、排砖、充边筋。方法和步骤如下：

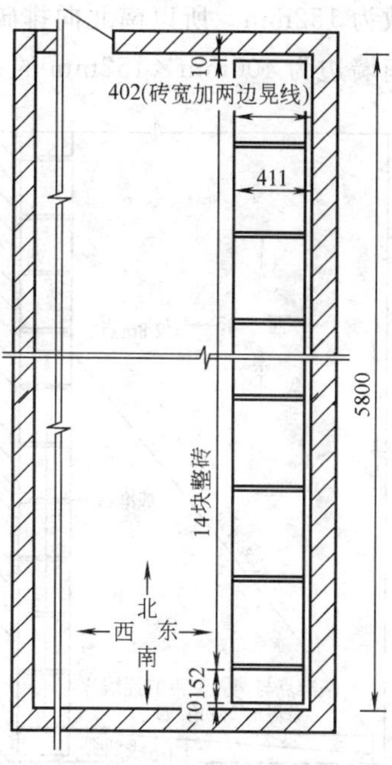

先依给定的地面标高的高

图 8-1　房间平面图

度，及离东边长墙两端各为 411mm（板材离墙 10mm，板材宽400mm，小线要离开板材 1mm 为晃线，共计 411mm），拉一道小线，两边用重物压牢固，小线要拉紧，不能有垂度。另外，拉道一水平高度（地面标高），离第一道小线向东墙方向平移402mm（板宽 400mm，两边各 1mm 晃线），即离东墙 9mm 距离拉出第二道水平小线。这两道水平小线即作为东边长向标筋的依据。这时可依拉好的两道小线为据，开始以板缝 2mm 的距离从北向南（保证整砖在门口显眼处）逐块排砖，第一块砖和最后一块砖要离北、南墙 10mm，排砖时，最好是结合排砖而一次镶死（铺成），来作为整个房间地面铺贴标准。结合图8-1我们做这样一个算式：（5800－20）÷（400＋2）＝14……152，即房间内墙净长（地面长）5800mm 减掉两边离墙各 10mm，共 20mm，除以板宽 400mm 加板材间缝隙 2mm，共 402mm，得出商为 14，余数为 152mm。所以南北向排砖（即东边标筋）为 14 块整砖，加南墙边为 400mm×152mm 的条砖。东边条筋镶贴完成后，要以

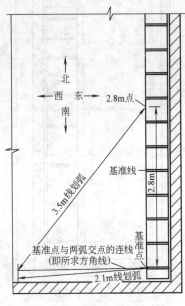

东边的条筋的内边为基准线，以基准线及条筋上南边第一块整砖和条砖之间缝隙的交点，为基准点（图 8-2），找出东、南两条筋的方角来。方法是以基准点沿基准线、向北用钢尺拉紧量出 2.8m，在基准线上画出该点，另外，以基准点为圆心，用 2.1m 的钢尺长度为半径，向西拉直后，南、北方向摆动划弧，再以 2.8m 点为圆心，以 3.5m 钢尺长度为半径拉向已划弧位置，再划弧，使两弧产生交点。这时，要以地面设计标高为高度，以基准点和交点为两点，拉出南墙标

图 8-2　房间基准点的确定

筋的第一条控制小线（让出晃线）。然后，用平移的方法向南平移 154mm（南墙边的边条为 152mm，加每边晃线各 1mm 共 154mm），拉出第二道南边条筋的控制线。再依拉好的双线，把切割好的边条砖，以 2mm 缝隙的距离镶铺成南边的标筋。南边同样要通过算式 $(3300-20)\div(400+2)=8\cdots\cdots74$ 得出。故东、西方向为 8 块整砖，近西墙边为 74mm，400mm 的条砖。

　　这时可依南筋西边第一块整砖的西北角为基准点，按前边的方法找出南、西两边条筋的方角来。在本例中，由于西墙边仅为 74mm 宽的条砖，宽度尺寸过小，不适于作为标筋，标筋应选再条筋边的第一块整砖处。该筋拉线时，应依找方线为据，在西边第一块整砖两侧以 402mm 的间距与设计标高一致拉直，固定好。

在施工中，东、南两边的标筋要镶成死筋，而西边的条筋要为活筋（即不能一次先镶铺好，只要走在中间大面铺贴前一块或二块砖即可）。具体地说，在东、南两边条标铺好后，把西边的条筋双道控制线拉好，先由南向北铺贴出二块砖，而后以这二块砖的缝隙和东边条筋的相对应的板间缝隙为两点，拉一道小线，在南边铺好的标筋和小线中间铺灰（要宽于小线 5cm 左右宽），横向以小线和南边条筋的边棱为依据，纵向以前边铺好的板缝为准铺贴大面的第一行砖，这样依次向后（北）退着铺贴直至退出门口。西边的活筋要保持走在大面粘贴前一二块砖能拉线即可，而且在每铺出三四块西边活筋时，要用钢尺量一下长度，与东边铺好的条筋相应块数的长度是否相同，如果不同时要以东边死筋为准，调整西边活筋，以保持方正。铺贴时要依两边筋拉线，每行砖要以前边铺好后的棱边和拉线为准，铺平、铺直。两块相邻板材接缝要平整。

铺贴时用 1：3 干硬性水泥砂浆。砂浆的稠度要以抓起成团，落地开花（散开）为宜。在要铺贴的洒水扫浆后的基层上铺出宽于板材 5cm 以上宽度的灰条。灰条要用抹子摊平后，稍加拍实，用大杠刮平，要控制在板材放上后高出铺好的地面 $0.5\sim1cm$（依灰浆厚度的不同留量亦有异）。灰条铺好后，要把板材四角平着置于灰条上，不要某个角先行落下，放上板材后，左手轻扶板材，右手拿胶锤在板材中心位置敲振至与地面标高相同高度，而且要前符棱，后符绳（线）。一般横向要试铺完一行时，把板材平着揭起轻放在前边铺好的板材上，或放在身后，但放的次序和方向不能错。然后把准备好的水泥加水调至粥样稠度的灰浆，用短把灰勺均匀地浇洒在灰条上，稍渗水后，把揭起的板材，按原来的位置和方向，四角水平地同时落下摆放在灰条上，用胶锤敲振至平整。也可以在试铺完后，揭起板材，在灰条上用小筛子内盛素水泥均匀地筛撒一层干水泥粉，并用笤帚扫均匀，用小喷壶在干水泥粉上洒水润湿，待水沉下后，把板材按原来位置放好，用胶锤敲振至平整。

在试铺时，如果铺得灰过厚，敲振后依然高于地面设计标高，要把板材起掉，把试铺的砂浆用抹子翻松，取掉一部分后，再重试铺；如果在试铺中，胶锤上去只轻轻几下就平整或低于地面设计标高时，说明垫铺的砂浆较少，要起掉板材，把砂浆翻动一下，再加入适量的砂浆，用胶锤振平、振实。如遇边条时，可随大面铺贴时切割好一同进行，也可以在大面进行完后，由专人负责专门补各房间的边角。水磨石板材铺贴后隔一天，上人勾缝，勾缝时，可用水泥粉把缝隙扫填后用水浇一下，待干水泥粉沉下后在缝上撒干水泥吸之。用鸭嘴等工具把缝勾平。也可以直接用水泥浆勾缝。缝隙勾平后用干净布或棉丝擦干净。第二天养护。如果设计时平整度要求较高，可在交工前，用磨石机磨平一次，然后打蜡处理。这种施工方法不仅适合于水磨石板材的铺贴，而且适合于各种人造板材、天然石材（如大理石、花岗石板及大尺寸的陶瓷通体砖、铀面砖、抛光地砖等）的粘贴。本节由于篇幅关系，只对"一边跑"方法作实例。请读者依以上原理自己去用对称法为拟题，作模拟，本节不再赘述。

本例找方的数字尺寸只是作者依勾股定理设定的。在工作中施工人员可依具体情况自选数字，但为了方便可选一些较常用的数组，记下一些亦是有备无患使用亦方便。如：（3m、4m、5m）、（6m、8m、10m）、（1.8m、2.4m、3m）（2.4m、3.2m、4m）等。

水磨石板墙裙的粘贴，一般采用边长 30cm×30cm 以下尺寸的板材，而且粘贴高度一般不超过 2m，如果是柱面，可以适当高至 3m。但不能粘贴到顶，顶部要与上部有一定间隙。由于这类的板材比较厚，质量比较大，一般均采用水泥砂浆粘贴。近年来随着建筑材料业的发展，大理胶、聚合物灰浆等对这类厚板的立面粘贴既牢固又便于操作，很值得采用。水磨石板材粘贴前的找规矩可参照内墙瓷砖的找规矩方法。只是粘贴时要用胶皮锤振敲牢固。粘贴方法也与瓷砖相似，先在底子灰上弹好若干水平、垂直控制线，另在一边垫铺稳尺（大杠或平木板），在砖背面抹上砂浆，粘贴在相应的位置后用胶锤振平。缝隙用小木片（可用专用的垫缝器）垫平，粘贴完成后，擦净、打蜡，此类不必详述。

水磨石踢脚板的粘贴，是一种比较简单的施工。一般是在地面粘贴完成后进行。施工前把墙面抹灰留下的下部剃口处剔直，把基层上的残余灰浆剔干净，浇水湿润。一般用刷子甩二三遍即可。踢脚板也要提前湿润、阴干备用，踢脚板间的缝隙，应与地面缝隙相通直。地面相应部位是小条时，踢脚板也裁成小条。一个房间内可以任意选定从某一面墙开始。开始粘时要先把两端板材以地面板材的尺寸裁好（地面是整块，踢脚也是整块；地面是条砖，踢脚也是相同尺寸的条砖），在地面四周弹出踢脚板出墙厚度的控制线。把两端准备好的两块踢脚板的背面抹上 1：2 水泥砂浆。砂浆的厚度为 8～10mm 稠度为 5～7 度。把抹好砂浆的踢脚板依地面块相对应的位置，粘在基层上，用胶锤敲振密实，并与地面上所弹的控制线相符，且要求板的立面垂直（可以用方尺依地面来调整）。然后依两端粘好的踢脚板拉上小线，小线高度与粘好的踢脚板一平，水平方向要晃开两端粘好的踢脚板外棱1mm。然后，可依照所拉小线和所弹的控制线，把中间的踢脚板逐块粘好，用胶锤振实，调平、调直，完成一面墙后再进行第二面墙上的踢脚板，一个房间完成后要用与墙面相同的灰浆把上口留搓部分，分层补好压光，然后把踢脚上口清理干净。

## （四）陶 瓷 地 砖

陶瓷地砖，包括陶瓷通体砖、抛光砖和釉面砖一类的地砖。这类地砖的粘贴通常只用两种方法。一种是采用干硬性水泥砂浆，经试铺后，揭起再浇素水泥浆实铺，即同水磨石板地面的铺贴方法相同。另一种方法是在地面基层上先采用抹水泥砂浆地面的方法，对基层进行打底、搓平、搓麻和划毛。经养护后，在打好的底子灰上找规矩弹控制线。找规矩的方法可依照水磨石板地面找规矩的方法。粘贴时，把浸过水阴干后的地砖，用掺加

30％水质量的 108 胶搅和的聚合物水泥胶浆涂抹在砖背面。要求要抹平，厚度为 3～5mm，灰浆稠度可控制在 5～7 度，随之，把抹好灰浆的板材轻轻平放在相应的位置上，用手按住砖面，向前、后、左、右四面分别错动、揉实。错动时幅度不要过大，以 5mm 为宜，边错动，边向下压。目的是把粘结层的灰浆揉实，气泡揉出，砖下的灰浆饱满，如果板面仍然较小线高可用左手轻扶板的外侧，右手拿胶锤以适度的力量振平、振实。在用胶锤敲振的同时，如果板材有移动偏差时要用左手随时扶正。每块砖背面抹灰浆时不要抹得太多，要适量，操作过程中，砖面上要保持清洁，不要污染上较多的灰浆。如果有残留的灰浆要随时用棉丝擦干净。周边的条砖最好随大面，边切割边粘贴完毕。如果地坪中有地漏的地方要找好泛水坡度，地漏边上的砖要切割得与地漏的铁箅子外形尺寸相符合，使之美观。

　　如果是大厅内地砖的铺设，且中部又有大型花饰图案块材，该处的镶铺应在大面积地面铺完后进行，留出的面积要大于图案块材的面积，以便有一定的操作面。镶铺时先在相应的部位抹上一道聚合物灰浆，涂抹的面积要大于板材面积。涂抹后要用靠尺刮平，涂抹的厚度应为板虚铺后高出设计标高 3mm 为宜。而后应在抹平的粘结层上划出若干道沟槽，随即抬起板材轻轻平放在相应位置，视板材的大小分别由两人（或四人）位于板材两边两手叉开平放在板边向里 20～30cm 左右，协调地前、后、左、右错动平揉。边揉边依拉线检查高低和位置，四边完全符线后再用大杠检查中间部位的平整度（因板材面积较大镶铺过程中刚度有变化），局部有较高的可采用平揉或胶锤敲振的方法调治平整。而后刮去余灰把四边用干水泥吸一下，补上留的操作面板材。

　　一个房间完成后第二天喷水养护。隔天上去用聚合物灰浆或 1∶1 水泥细砂子砂浆勾缝。缝隙的截面形状有平缝、凹缝及凹入圆弧缝等。一般缝隙的截面要依缝宽而定。由于陶瓷地砖是经烧结而成，所以虽经挑选，仍不免有尺寸偏差，所以在施工中一定要留出一定缝隙。一般房小时，缝隙也不必太大，可控制在

2～3m 为宜，小缝多做成与砖面一平或凹入砖面的一字缝。一般房间较大时，如一些公共场所的商场、饭店等，则应把缝隙适当放大一些，控制在 5～8mm 左右，或再大一点。否则由于砖块尺寸的偏差造成粘贴困难。大缝一般勾成凹入砖面的圆弧形。勾缝可以用鸭嘴、柳叶或特制的镏子。勾缝是地砖施工中一个重要环节。缝子勾得好，可以增加整体美感，弥补粘贴施工中的不足，即使一个粘贴工序完成比较好的地面由于缝子勾得不好、不光、不平，边缘不清晰，也会给人一种一塌糊涂、不干净的感觉。所以在铺贴地砖的施工中，要细心完成勾缝工作。缝子勾完，擦净后第二天喷水养护。

## （五）缸　砖

缸砖是一种陶质品，是由陶土经成型、烧结而成的一种红色地砖，俗称红缸砖。这种砖经烧结后，形状、颜色、尺寸等偏差均稍大，在使用前应选砖。因档次、价格比较低。所以多用在要求不高的厨、厕地面，普通公共场所地面，站台、踏步、台阶、坡道等处。其粘贴方法有两种。一种是在打好底的底层上用 1：2 水泥砂浆粘贴；另一种是采用聚合物灰浆粘贴。缸砖粘贴前的打底可用 1：3 水泥砂浆，依照抹水泥砂浆地坪的操作方法，只是在最后一次压光时不用钢板抹子，而是用木抹子搓平。

面层的粘贴，要在底子灰上浇水养护后进行。缸砖的粘贴一般留缝比较大，约为 5～10mm 左右。特别是粘贴较大的地面时，为了防止缝隙产生弯曲现象，一般在找规矩时，要在底层灰上弹出若干控制线。控制线越多，对质量越有保证。前、后、左、右要以弹线为准，高低方向要依两边先铺设的条筋拉线为准。条筋的粘贴可参照水磨石或陶瓷地砖粘贴条筋的方法。由于缸砖吸水量比较大，所以在粘贴前，要充分浸泡，而且要阴干后使用，以免造成空鼓现象。粘贴时要依照陶瓷地砖的方法先以一面长墙（或某一边）为基准线，以设计标高的高度，拉出第一条筋的控制依据线。而后从一边向另一边以一定的缝隙，排粘出第一道条筋。然后以第一道条筋为基准线，找出与相邻短墙（另一边）的方角，粘贴出第二条标筋。随之，以第二道标筋为准向另一道长墙找方，并拉出标筋控制线而作为一条活筋。这样可以从第二道边开始，以两道长墙标筋为平整依据拉线，逐行向后退铺出门口外，粘砖时可以用灰浆摊抹在底层要铺砖的位置上，面积为一块砖大小（可稍大些），然后把砖平铺在摊好的灰浆上，用手前、后和左、右方向错动揉压至平实，依拉线和前边粘好的砖调好位置逐块粘贴，一行完成后，再把小线向后移动一块砖位置粘贴下一行。

由于缸砖尺寸偏差比较大，在粘贴时，要两边找直，不能只以一边齐而另一面缝隙偏差过多。缸砖粘完一部分要随时把面层污染的灰浆擦干净，如果采用 1：2 水泥砂浆时，粘结层砂浆厚度应控制在 5～8mm；采用聚合物灰浆时要把灰浆控制在 34mm。第二天浇水养护，隔天勾缝。勾缝采用 1：1 水泥细砂砂浆。稠度为 3～4 度。用小圆阴角抹子或 12mm 直径钢筋做成的镏子，勾成圆弧的凹入缝。缝隙中的砂浆要填满、填实，用镏子溜出光来，稍待吸水后，再溜压一遍。在溜缝过程中，如果吸水较慢，可在第一次溜出光后，在缝隙中撒上干水泥吸水变色后用溜子溜平、溜光。地面有地漏时，应在打底中找出坡度，流水要顺畅。边角及地漏附近的砖，要切割整齐，尺寸、形状合适。勾缝完成后第二天喷水养护。

## （六）外 墙 面 砖

外墙面砖为陶质，分上釉和不上釉砖。外墙砖质地较坚硬，耐老化、耐腐蚀、耐久性性能良好。外墙面砖在粘贴前，要进行选砖、浸砖、阴干后方可粘贴。在外墙面砖的粘贴中，由于门窗洞口比较多，施工面积大，排砖时需要考虑的因素比较多，比较复杂。所以要在施工前经综合考虑画出排砖图，而后照图施工。排砖要有整体观念，一般要把洞口周边排为整砖，如果不允许时，也要把洞口两边排成同样尺寸的条砖，而且要求在一条线上同一类型尺寸的门洞口边和条砖要一致。与墙面一平的窗楣边最好是整砖，由于外墙面砖粘贴时，一般缝隙较大（一般为10mm左右），所以排砖时，有较大的调整量。如果在窗口部分只差1～2cm时可以适当调整洞口位置，所以要尽量减少条砖数量，以利于整体美观和施工操作。粘贴面砖前，要在底层上依排砖图，弹出若干水平和垂直控制线。在阳角部位要大面压小面，正面压侧面，不要把盖砖缝留在显眼的大面和正面。由于外墙面积比较大，施工时要分若干施工单位，逐块粘贴。可以从下向上一直粘起。也可以为了拆架子方便，而从上到下一步架一步架地粘下去。但每步架开始时亦要从这步架的最下开始，向上粘贴。完成一步架后，拆除上边的架子，转入下一步继续粘贴。

面砖的粘贴有两种方法：一种是传统的方法，是在基层湿润后，用1∶3水泥砂浆（砂过3mm筛）刮3mm厚铁板糙（现在多采用稍掺乳液或108胶），第二天养护后进行面层粘贴。面层粘结层采用1∶0.2∶2水泥石灰混合砂浆，稠度为5～7度。粘贴时，要在墙的两边大角外侧，从上到下拉出两道细铁丝，细铁丝要拉紧，两端固定好，两个方向都要用经纬仪打垂直或用大线坠吊垂直。并依照所弹的控制线和大角边的垂直铁丝，把二步架边上的竖向第一块砖先粘贴出一条竖直标筋。然后以两边的竖直标筋为依据拉小线粘贴中间大面的面砖。如果墙面比较长，拉小线不方便时，可以通过两边垂直铁丝线在中间作出若干灰饼，以灰饼为准做出中间若干条竖筋。这样缩短了粘贴时的拉线长度。在粘贴大面前要在所粘贴的这步架最下一行砖的下边，用直靠尺粘托在墙上，并且在尺下抹上几个点灰，用干水泥吸一下使之牢固。粘靠尺和打点灰可用1份水泥和1份纸筋灰拌和成的1∶1混合灰浆。然后在砖背面抹上8～10mm厚的1∶0.2∶2的混合砂浆。砂浆要抹平，把抹过砂浆的砖放在托尺的上面，从左边标筋边开始一块一块依次贴好，贴上的砖要经揉平和用鸭嘴把敲振密实，调好位置。粘贴完一行后，在粘好的砖上口放上一根米厘条。在米厘条上边粘贴第二行砖，这样逐块、逐行、一步架一步架地直至粘贴完毕。外墙面砖粘贴的另一种方法是，在基层上用1：3水泥砂浆打底。打底的方法可参照砖墙抹水泥砂浆的方法。打完底后第二天浇水养护。粘贴前亦要按排砖图，在底子灰上弹出若干水平和垂直控制线，并在所粘贴的一步架最下边一行砖底粘靠尺作为托尺，且要依边端的铁丝和所弹的控制线把两边的竖向条筋粘贴好，以条筋为依据拉线，粘贴中间大面的砖。所不同者，乃是第二种做法采用掺加 30％水质量 108 胶的水泥 108 胶聚合物灰浆或采用掺加 20％水质量乳液的水泥乳液聚合物灰浆。作为粘结层，这种做法由于打过底层灰，在比较平整的底层上粘贴面砖，而且面砖背面所抹灰浆厚度只限于 3～5mm，所以大面的平整度有保证，在粘贴大面时可以不必拉线，施工方便。而且垂直运输灰浆量减少。操作中灰浆吸水速度也比较慢，便于后期调整。近年来又在高层建筑的首层以上采用 903 胶、925 胶等建筑用胶，来作为面砖的粘结层。采用这类建筑胶的优点是更能体现减少粘结层用料、减轻垂直运输量、减轻自重和保证平整度等（采用建筑胶时，只需在砖背面打点胶，不须满抹，按压至基本贴底无厚度或微薄厚度）。特别是采用建筑胶粘贴时，可以不必靠下部靠尺和拉横线（采用这种方法粘贴砖体下坠量极小），而直接从上到下，从左到右依次向下粘贴，如果有时稍有微量下坠时，可以暂时不必调整，而继续向前粘贴，待吸水或胶体凝固一些时，用手轻轻向上揉动至符合控制线即可。在采用建筑胶粘贴时，在养护后要等底子灰干透后再粘贴，以免由于底子灰中水分的挥发而造成脱胶。砖体也不必浸水。在粘贴完一面墙或一定面积后，可以勾缝，勾缝的方法同陶瓷地砖缝的勾缝方法相同，一般要勾成半圆弧形凹入缝，然后擦净，第二天喷水养护。

## （七）大理石、花岗石板

大理石板材，花纹美丽、色彩丰富，是高级装饰中的面层用材。但其多数品种质地比较软，易风化、不耐腐蚀，除少数品种外，多于室内的墙、柱、地、台、踏步、梯板、扶手等部位使用。花岗石板材，质地纯正品种多样，耐腐蚀能力强。多用于室外墙柱、台阶等部位。但花岗石板不耐高温，约在 500℃ 以上易爆裂，加工时应予注意。这类大型板材的施工有传统的安装法和粘贴法及近年来采用的干挂法。

### 1. 粘贴法

粘贴法这里主要指立面的粘贴，粘贴法只适合于板材尺寸比较小，而且粘贴高度比较低的部位，一般板材长边不大于 30cm、粘贴高度在 2.5m 以下和板材长边不大于 40cm、粘贴高度在 2m 以下时采用。而且所粘贴的墙、柱等顶部不能受压，一般要留出不少于 20cm 的距离。

在粘贴前要对结构进行检查，有较大偏差的要提前用 1:3 水泥砂浆补齐填平，并要润湿基层，用 1:3 水泥砂浆打底（刮糙），在刮抹时要把抹子放陡一些。第二天浇水养护。然后按基层尺寸和板材尺寸及所留缝隙，预先排板，排板时要把花纹颜色加以调整。相邻板的颜色和花纹要相近，有协调感、颜色均匀感。不能深一块浅一块，相邻两板花纹差别较大，造成反差强烈一片混乱的感觉。板材预排后要背对背、面对面编号，按顺序竖向码放，而且在粘贴前要对板材进行润湿，阴干后备用。

对于底层，在粘贴前要依排板位置进行弹线，弹出一定数量的水平和竖直控制线。并依线在最下一行板材的底下垫铺上大杠或硬靠尺，尺下用砂或木楔垫起，用水平尺找出水平，如长度比较长时，可用水准仪或透明水管找水平。并根据板材的厚度和粘贴砂浆的厚度，在阳角外侧挂上控制竖线。竖线要两面吊直，如果是阴角，可以在相邻墙阴角处依板材厚度和粘贴砂浆厚度弹上控制线。

粘贴开始时，应在板材背面，抹上 1∶2 水泥砂浆，厚度为 10～12mm，稠度 5～7 度。砂浆要抹平，先依阳角挂线或阴角弹线，把两端的第一条竖向板材从下向上按一定缝隙粘贴出两道竖向标筋来。而后一两筋为准拉线，从下向上、从左至右逐块逐行粘上去。粘贴每一块砖要在抹上灰后，贴在相应的位置上，并用胶锤敲平、振实，要求横平竖直，每两块板材间的接缝要平顺。阳角处的搭接多为空眼珠线形（图 8-3），也有八字形的。每两行之间要用小木片垫缝。每天下班前要把所粘贴好的板材表面擦干净，全部粘完后，要进行打蜡、抛光。

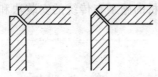

图 8-3 阳角搭接形式

近年来由于建筑材料的进展，在粘贴石材时也常有采用新型大理石胶进行粘贴石材面层的。这种胶粘贴效果颇好，施工也很方便，而且可以打破以前的粘贴法不能使用大尺寸板材和粘贴高度的限制。可以在较高的墙面上使用较大尺寸的板材。采用大理石胶进行面层粘贴时，要在底层干燥后进行。粘贴时只要在板材背面抹上胶体。用专用的工具齿形刮尺（图 8-4）。刮平所抹的胶液，胶液的厚度可用变换齿形刮尺的角度来调整（齿形刮尺在最陡即与板面呈 90°时，胶液最厚；锯齿刮尺与板面角度越小胶液越薄），胶液刮平后将板材粘贴在相应的位置。用胶皮锤敲振至平整、振实，调整至平直即可。

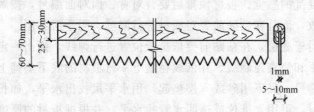

图 8-4 齿形刮尺

## 2. 安装法

石材的安装法，是传统的工艺。虽然施工方法比较繁琐。但是粘结牢固性好，因其内部有拉结，即使粘贴层产生空鼓亦不至脱落。由于石材为高级装饰，一则产生脱落，不易修补。所以为了保险起见，多数工程宁不惜工序繁琐而造成的浪费，也要选择采用安装法。

采用安装法，在板材安装前要依板材尺寸，设计出排板图，并且要严格选材。如有棱角破损的要挑出。然后依花纹、颜色预排板材。相邻板材的花纹、颜色要相近似、相协调。有不同颜色的板材要逐渐变化。不要一块深一块浅。板材预排后要按顺序编上号。编好号的板材要依号序竖向码放，且要相邻码放的板材采用面对面、背对背的放置，以免划伤面层。在要安装板材的结构基层上，要预埋好钢钩或留有焊件，用以绑扎和焊接钢筋网。如果在结构施工中没留有钢钩等埋件时，应依排板图提前在墙基层上打眼埋置埋件等。埋件或钢钩埋置后，待固定灰浆有一定强度时，可以绑扎竖向钢筋。竖向钢筋的数量以不少于板材竖向的块数。如果板材过宽，则要适当增加竖筋数量，至绑扎板材后具有一定刚度。然后在竖筋上绑扎横向钢筋。横向钢筋最下边一道应在最下一行板材距底边 10cm，第二道应比最下一板材的上口低 2～3cm 处，以上每道的间距应与板高尺寸相同。在绑扎钢筋的同时，应进行板材的打孔工作。打孔是在板的上、下两个小面

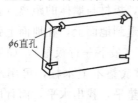

φ6直孔

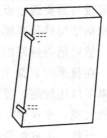

图 8-5　板材打孔示意

上，位于板宽 1/4 处各打一孔（共四孔）。如果板宽超过 60cm，应在中间各增加一孔（共六孔），孔的直径为 5mm，孔深为 15mm，孔中心距板背为 8mm，孔为直孔（图 8-5），如果超厚板

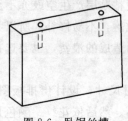

亦作适当变动，打孔后在孔的中心到板背面处锯出 5mm 深的槽，以便绑扎铜丝时，把铜丝卧入槽内。卧铜丝的槽见图 8-6。然后，用铜丝（16 号）或不锈钢，剪成 20cm 左右长，一头插入孔中，用木楔子蘸环氧树脂铆固住。也可以在钻完直孔后，背面向钻

图 8-6　卧铜丝槽

过孔的孔底钻入，使两个方向的孔连通呈"L"形，俗称牛鼻子孔（图 8-7），或使钻头倾斜于小面，由小面钻入，从背面钻出而形成斜孔（图 8-8）。斜孔和牛鼻子孔也要锯出卧铜丝的小槽。斜孔和牛鼻子孔可以把铜丝的一直头穿入孔中扎绕牢固，留下另一头与钢筋网绑扎。

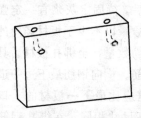

图 8-7　牛鼻子孔

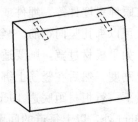

图 8-8　斜孔

安装板材前要通过板材的厚度，板材与墙体的距离（包括钢筋网片和粘结层砂浆厚度）吊垂直返到地面上，在地面上弹出外廊边线。然后把需排好的板材就位（最下一行板材），如果下边比较窄，在找平时，最下一行板材底垫不上木杠，可用木楔垫平。如果下口比较高，要用木杠等垫平，找出水平，而且所垫的木杠不能太宽，要在垫好后能看见所弹的外廊边线，并且准备好小木楔、石膏、牛皮纸等物，搅和好 1：2.5 水泥砂浆。

安装开始时，把就位的板材上口外仰，手伸入板背和钢筋网

中间，把下边铜丝留出的一头与下边钢筋网中最下一道横筋绑在一起。把板材上口扶正，把上边铜丝露出的一头与第二道横筋扎牢。把标高调好，下边用木楔等物垫水平。用水平尺把上口找出水平，立面通过吊线找出垂直，而且第一行砖的底边应与外轮廓线一平。中间的板材要通过拉线。找好平整。确认无误后，用木楔或砖块蘸石膏浆临时固定。两侧和下边缝可能在灌浆时漏浆，要用牛皮纸蘸石膏灰浆贴封严密。把铜丝进一步调整好。然后可以灌浆。灌浆前基层必须经润湿。最好用小嘴水壶在基层上浇洒一道素水泥稀浆，以利粘结。灌浆时要分层进行，一般第一层灌浆为板高的 1/3，但不超过 15cm。灌浆采用 1∶2.5 水泥砂浆，稠度为 9～11 度。边灌边用小铁条捣固，捣固时要轻，不要碰到铜丝或碰撞板面。在第一层灌浆初凝后，一般为 1～2h 后，经过对板材检查，看是否有变形现象。如果有变形，要拆除重来。如果没有产生变形。可以进行第二道灌浆。方法同第一层灌浆，这样逐层灌浆，最上一层灌浆的上口要低于板材上口 5cm 的高度，以利于上一行板材铜丝的绑扎和与上一行的首层灌浆一同完成。这样比较利于结合。待第一行板材的最上一道灌浆初凝后，可以把面层的临时固定物铲除掉，擦干净。第二天可以依排板，把第二行板材按照顺序就位，如前法，把板材上口外仰，把下边铜丝与下层板上口的横向钢筋绑扎好，立直板材，把上口铜丝与上口钢筋绑扎好。把两行板材的缝隙用小木片垫好，通过吊垂直和拉横线的方法把板材调平、调直，再用砖块、木楔等蘸石膏浆临时固定。把缝隙处用牛皮纸蘸石膏浆封严以免跑浆。调整好后，经检查无误后可分层灌浆，第二行板的第一道灌浆要和第一行板材上口留出部分同时完成。在第一道灌浆初凝后，要经检查后，方可进行下一道灌浆。依此方法逐行向上直至全部完成。如果板材比较大，以防临时固定不牢固，可采用木支架等方法增加牢固性。而且每次灌浆高度一定要控制，不要太高以免过高的灰浆层产生较大的侧压力，破坏临时牢固，产生板面变形，而造成失败。每天下班前要把板面擦干净，全部完成后要进行擦缝、打蜡、抛光。一般镜面、光面板材在出厂前均已经过打蜡处理，所以只须擦一二道包蜡即可。也可以在第一道包蜡后，用布蘸煤油在板材上揉擦一遍，以利蜡汁的吸入。稍待，再擦一道包蜡，经晾置后用干布抛光。

### 3. 干挂法

石材的干挂是采用镀辞及不锈钢等耐锈蚀和耐久性好、强度较高的挂件（图 8-9），把板材与墙体连挂牢固。

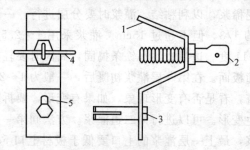

图 8-9　挂件示意

1—3mm 厚挂件主体；2—前后可调带孔螺栓；3—M8 膨
胀螺栓；4—$\phi$5mm 销子；5—O 形上下可调孔

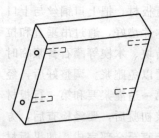

图 8-10　干挂石材钻孔

具体方法是，依设计图先排板（方法和要求同前），然后在板材的侧面小边，垂直于小面，在板的 1/4 高度，上下各钻一个 $\phi$5mm、深 3~4cm 的孔（图 8-10）。

基层上要弹好安装挂件的水平线。水平线要在每行板材位置弹二道，高低位置要依板材的安装高度和板上钻孔的距离及挂件综合计算得出。然后在弹线和排板的每块板材竖缝的交点处，用电锤在基层上垂直于墙面，打 $\phi$10mm 的孔，深度不大于 4cm 挂板时，可作采用流水作业，以提高施工速度，前面有人弹线，中间有人打孔，而后在孔中下好挂件，后边跟人挂板。挂板要从一边开始向另一边挂去。挂时要先把 M8 膨胀螺栓调整一下，先从第一行第一块板的一侧螺栓处开始。初步拧紧螺栓，把第一块板就位，在板材的直孔中用销子把挂件和板穿在一起。板材另一侧，也在同时放好挂件，用销子把挂件和板另一侧穿牢。第二块板是在第一块完成后侧边留下一半长度的销子，这时把第二块板就位，边孔对准销子插入后，把另一面的挂件调好用销子把板材和挂件接挂好。按此法逐块逐行挂去，直至全部完成。

挂板前要在墙两端挂上小线来控制平整度和垂直度。小线要拉紧，不能有垂度，如果墙面太长，中间要设挑线。小线要晃开板边棱 1mm，不要顶线以免影响平整和垂直度。每行板材所挂小线要在同一垂直线上。由于挂件上穿过膨胀螺栓的孔呈 O 形，可以做上下调节，而可调螺栓可以通过螺母的拧动调节板材的外出里进，所以在挂板的同时可以边挂边调直、调正，也可以粗略挂好一行板材后，一同调整。

调整好的板材要拧好膨胀螺丝，在孔上抹上环氧树脂。板与板之间留出 3～5mm 缝隙，在缝隙中嵌入膨胀嵌缝条。嵌缝条凹入板面 5mm 深，然后在缝隙内打入硅胶，用特制的小镏子，溜成凹入的半圆弧状。擦净边上残留的硅胶，最后打蜡抛光。

干挂法施工的方式较多，虽然工艺有别，但原理相通，如图 8-11 和图 8-12 所示可供读者借鉴，在此不作赘述。

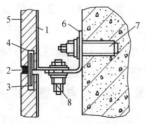

图 8-11　干挂工艺构造示意

1—玻璃布增强层；2—镶嵌油膏；3—钢玻针；

4—长孔（填充环氧树脂粘结剂）；5—板材；

6—安装角钢；7—膨胀螺栓；8—禁锢螺栓

图 8-12　组合挂件三向调节

## 4. 新工艺法

所谓新工艺法不过是人们对这种工艺的一种习惯叫法，实质上就目前而言，从创用年限上讲已无从言"新"了。这种做法仍为湿法作业，不过是安装法中传统法和干挂法的一种结合，其可以不必绑扎钢筋网片而节约钢筋，是一种用不锈钢卡具先把板材与基层连接在一起，而后灌浆的一种施工方法。（由于地域的不同、手法的不同，目前尚有多种类似做法，现只举一种。）

其具体的施工方法是，先依基层的长、宽和板材的大小及板间的缝隙进行排板，排板的方法和要求同前。然后在每块板的两侧小面下边 1/4 处和上边小面两端 1/4 处钻 $\phi6mm$、深 35～40mm 的孔。钻孔时，电钻要垂直于小面（即平行于板材大面），孔中心距板面 8mm。

然后，在基层上弹连接卡具的准线，要求弹线在每行板的下边 1/4 处和上 1/4 处各一道。即每行板材上弹两道。且应在首行板材的地面上弹出墙面外廓线。安板前，可先拉好小线，控制板材的垂直和平整。也可以把一行板材安放完后，再拉上小线一同调整。安板时，把板就位用直径 5mm 的不锈钢丝做成 U 形卡子，把卡子一头插入板的孔中，用小木楔子（硬木）楔实。卡子另一端插入依弹线和板孔位置交点的基层钻孔中（孔数与板上孔数相同，孔与基层呈 45°，孔径 6mm，孔深 35～40mm），用小木楔子轻轻楔上，依线调整后楔实，如此逐块、逐行地安装完毕。在每安装完一行后要进行灌浆，灌浆采用 1：2 水泥砂浆中掺入 10%～20% 水质量的 108 胶，灌浆要分层灌注，每层不可过高，以免砂浆产生较大的侧压力使安装好的板材变形、移动。如果发现板材产生移动，要停止灌浆，拆除重来。灌浆的分层和方法可参照安装法的灌浆方法。

这种方法比传统安装方法施工进度稍快，工序也较简单，不须石膏临时固定，面层较洁净。在安放好板材后，要用平头大木楔放在板材和基层中间的板材上口，上平面的钻孔数量也要依板

214

材边长尺寸不同而增减。如板长在 500mm 内，上孔为 2 个，上边为 500mm 以上时要增至 3 孔，上边为 800mm 时应增至 4 个孔。全部灌完后要清洁面层，而后勾缝、打蜡、抛光。新工艺法墙面安装示意图如图 8-13。

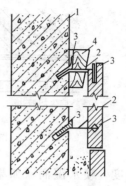

图 8-13　板材安装示意
1—基体；2—U 形钉；
3—硬木小楔；4—大头木楔

### 5. 顶面的镶粘

大型板材在施工中无论是室内或室外，无论是安装或粘贴都要遇到门窗上脸的顶面施工，由于顶面不及立面施工方便，稍有不慎就可能造成空鼓脱落，所以在施工时要格外注意。

在安装上脸板时，如果尺寸不大，只在板的两侧和外边侧面小边上钻孔，一般每边钻两孔，孔径 5mm，孔深 18mm。用铜丝插入孔内用木楔蘸环氧树脂固定，也可以钻成牛鼻子孔把铜丝穿入，后绑扎牢固。对尺寸较大的板材，除在侧边钻孔外，还要在板背适当的位置，用云石机先割出矩形凹槽，数量适当（依板的大小而增减），矩形槽入板深度以距板面不少于 12mm 为准。矩形 4～5cm 长、0.5～1cm 宽。切割后用錾子把中间部分剔除，为了剔除时方便快捷，可以把中间部分用云石机多切割几下。剔凿后形成凹入的矩形槽，矩形槽的双向截面，均应呈上小下大的梯形。然后把铜丝放入槽内，两端露出槽外，在槽入灌注 1∶2 水泥砂浆掺加 15％水质量的乳液，搅和的聚合物灰浆，用木块蘸环氧树脂填正槽内，再用环氧树脂抹平的方法把铜丝固定在板材上（图 8-14）。

安装时，把基层和板材背面涂刷素水泥浆，紧接把板材背面朝上放在准备好的支架上，把铜丝与基层绑扎后经找方、调平、调正后，紧好铜丝，用木楔子楔稳，视基层和板背素水泥的干

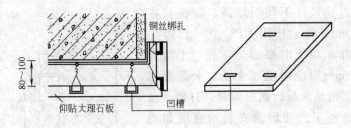

图 8-14　顶面镶粘示意

湿度，喷水湿润（如果素水泥浆颜色较深，说明吸水较慢，可以不必喷水），然后用 1∶2 水泥砂浆内掺水质量 15％的水泥乳液干硬性砂浆灌入基层与板材的间隙中。边灌边用木棍捣固、捣实，捣出灰浆来。3d 后拆掉木楔，视砂浆与基层之间结合完好后，可以把支架拆掉。然后可进行门窗两边侧面板材的安装，侧面立板要把顶板的两端盖住，以增加顶板的牢固。

**6. 碎拼石材**

碎拼人理石、花岗石板，是利用板材的边角料，用砂浆或胶浆、胶料经构思由多种色彩、图案组合，粘贴成的墙、地等面层。这种工艺施工简单，造价较低，美观大方，自然效果极强。碎拼石材中又分为规则拼缝、自然拼缝及冰裂纹。

（1）规则拼缝

· 规则拼缝，是把大小不同的板材均用切割机切割成尺寸不同的正方形、矩形块料。在打好底子的基层上用 1∶2 水泥砂浆（可掺加适量的 108 胶或乳液），在板材背面抹上 8～10mm，抹平后可依事先设计方案或即兴发挥粘贴在底子灰上。粘贴前要对底层进行适当的润湿。最好是在底子灰上刮一道素水泥浆，以利粘结牢固，粘贴时应先在墙面的两边拉竖向垂直线，把两边条筋粘出一部分，然后依据条筋或拉小线，或用大杠（墙较短时）找直，找平粘贴中间大面板材。规则缝粘贴时，缝隙大小一致，或水平或垂直。不能有斜向缝隙，面层只能通过板块的大小、颜色的变化来调节效果。粘贴完成后把面上擦干净，用砂浆勾缝。如果是立面，可以勾平缝，也可以勾凹入的圆弧缝。碎拼石材可以采用小缝（3mm 以内），但一般多为大缝（8～10mm），在采用大缝时，由于板材较厚，所以缝隙较深，勾缝时应分层填平。先用 1：3 水泥砂浆分层填至离板面 5mm 时，待所填抹砂浆六七成干后，再进行最后一层砂浆填抹，抹上后用抹子或圆阴角抹子做圆弧缝，吸水后用素水泥浆薄薄再抹上一层压入底层中无厚度，用抹子或阴角（圆角）捋光，把缝边用干净布擦净。也可以在勾最后一次砂浆时采用 1：2 水泥砂浆（砂子过 3mm 筛）直截捋光、擦净。第二天喷水养护。

（2）自然拼缝

自然拼缝又称随意拼缝。这种方法是在用 1：3 水泥砂浆打底后，经划毛、养护后，在底子灰上用 1：2 水泥砂浆（掺加适量 108 胶或乳液），把大小不同、颜色各异、形状多样的石材板块拼粘在墙、地上。形成一种自然、洒脱的风格。这样工艺的缝隙可要求大小一致，也可以大小有别，特别是在平面（地面），可以在较大的缝隙里填抹与板材颜色比较协调的水泥石子浆，而后经磨平、磨光、填缝，而且缝隙有横有竖亦有斜，立体感、自然感极强。

粘贴方法是先在底子灰上适当湿润，板材要扫净背面浮土，刷一下水待用。粘贴前在底子灰上刮一道素水泥浆。另在墙两端依板材厚度和粘结砂浆厚度拉出竖向垂直控制线。粘贴时，在板材背面抹一层 8～10mm 厚的 1：2 水泥砂浆，抹平后依立线把竖向两边的两道竖筋先粘出一定高度，然后依两边条筋拉线或用大杠控制平粘贴中间的大面板块。如果是平面也应先拉水平线，把两边近阴角处先铺出二道边筋，用大杠靠尺等靠平，再依据边筋，从前向后退铺中间大面板块。这种缝隙做法如果要出来效果较佳，则比较难，因为自然拼缝关键强调自然。在粘贴中一定要达到自然协调的效果，决不可生硬、死板，这需要有一定的经验，审美水准和艺术性。施工中没有任何条条，只需创意，要在实践中摸索和研究。这种施工方法在粘好板块后勾缝时，立面可以勾平缝、凹入缝或凸缝，平缝只要用砂浆抹平压光即可。凹入缝要在勾平缝的基础上，最后一层砂浆初凝前用阴角圆角抹子或钢筋镏子在抹好压光的缝隙上溜出凹入的圆弧来。凸缝是在抹完平后在缝隙上面用鸭嘴按缝隙的走向在缝隙中堆起一道砂浆灰梗，砂浆采用1：2水泥砂浆，灰梗宽1～2cm，厚1cm左右，随用铁皮特制的阳角圆弧捋角器（图8-15）捋出一道凸出的圆

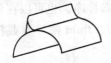

图 8-15　圆弧捋角器

弧来，然后把捋过圆弧边上的平缝用鸭嘴压修一遍。第二天养护。如果是平面，一般要做成平缝，平缝可以采用1：（2～1）：2.5的水泥石子浆。抹填时要高于地面12mm，抹压的方法可参照水磨石地面做法。待水泥石子浆达到一定强度时，进行分道磨平、磨光。最后要擦净、打蜡、抛光。

（3）冰裂纹

冰裂纹施工只限于平面施工。这种施工方法的成品效果更加趋于自然。如果施工的好，产生的效果会令人对施工方法发生兴趣，对施工技艺赞叹不已和对装饰技术有新的认识。冰裂纹地面的具体施工方法是，先在基层上如水泥砂浆地面的操作方法，用1：3水泥砂浆打底（也可用豆石混凝土），待底子达到一定强度时，在上面做面层。面层的粘贴与自然拼缝法相似，是在底子灰上刮一道水泥浆后，把板背面抹上一层的水泥沙浆粘贴在底子上，所不同的是自然拼缝多用异色块材，而且全部用不同规则形状的板材。而冰裂纹则尽量采用同样质地、相同颜色的板材，且不论形状，多以大块料为好。在粘贴时要先把大尺寸块料间隔地粘贴在底层上，粘贴后的板材不要急于振平、振实。在向后退铺出60～80cm，人伸手能够到时，用铁锤把铺过的石板敲裂，裂纹要尽量整齐，不要粉碎，裂纹越均匀越好，大尺寸的块材多敲

几下，小块材要少敲或不敲，敲过后虽然开裂，但缝隙较小，这时要用鸭嘴把开裂的缝隙拨至理想大小，然后把大块料的间隙用小块料，尺寸和形状相当的补上。如果有适合的小块材料，可以随时用铁锤破开来用，这一部分填好后，可以看一下是否自然，且要换一个角度和后退几步变换距离来看一下，不满意可以调整，满意后用一块厚2540mm、边长400mm的木板平铺在石板上由前向后，由左到右，依次用胶皮锤敲振木板，把下边的石材振打平实。然后用大杠检查一下，如果有过高的要个别敲振平整，并用笤帚把打碎的石屑扫干净。再向后退粘下一工作面，直至全部退出。

经适度养护后，可上去填缝，填缝多用水泥砂浆分层填抹，最后抹平压光，冰裂纹多用平缝。而且缝不宜太大，一般5～8mm为宜。破裂的板材，虽有缝隙的分隔，但仍有搓口吻合的感觉。如果缝隙过大和采用凹缝，都会减弱和消逝这种感觉，则冰裂纹将失去应有的效果和意义。冰裂纹又称冰炸纹，应使人看到全部或某一局部时有一种一块冰或玻璃等脆性物质被重物迅击炸裂的效果，主要要强调自然。冰裂纹的缝隙也可以用同样石材粉碎后的石渣作骨料拌制成水泥石子浆填抹、磨平、磨光，后打蜡抛光。碎拼石材，在打底后粘贴面层时也可以不用水泥砂浆而用掺加水质量20％的108胶拌制的水泥108聚合物灰浆，或掺水质量15％的乳液拌制的水泥乳液聚合物灰浆粘贴更佳。

**复习思考题**

1. 内墙瓷砖怎样弹线找规矩和排砖？

2. 浸砖润水程度怎样掌握？

3. 采用什么样的灰浆做粘结层对质量的保证性比较大？

4. 陶瓷锦砖在粘贴前要进行哪些工作？

5. 铺贴地面水磨石板的两种排板法各有什么特点？

6. 参考铺贴水磨石板地面的实例自己拟题，试计算排砖块数和边砖尺寸？

7. 外墙面砖粘贴时，排砖应注意什么？

8. 大理石、花岗石板墙面有几种施工方法，各有什么特点？

9. 大理石、花岗石板的安装法施工是怎样的？

10. 碎拼石材有几种方法，各有什么特点？

# 九、特种抹灰

## （一）防水五层做法

防水五层做法，是刚性防水的一种，一般适用于不均降性不大的部位，如水池、沟道、水塔、便池等。这种做法主要是以多层涂抹和紧压抹灰层来增强涂抹层密实度，使抹灰层形成一个多层密实的防水层，来达到防水的目的。具体做法是，在基层上刮抹一道 1mm 厚的素水泥浆，用抹子反复抹压多遍后，稍待，在上边再抹一道素水泥浆，厚度仍为 1mm，这两道素水泥浆合为第一层，只不过是分两道完成。在抹第二道素水泥浆时抹子要轻，主要是覆盖，这一道要抹严，不要露底子，抹子走上去不能有碰撞砂粒的声音和感觉。

在这道素水泥浆未初凝时，开始抹第二层防水层。这层用 1∶2.5 水泥砂浆，厚 5mm，要反复轻压，但不能破坏底层，又要和底层紧密结合达到密实要求，抹压后在初凝前，要用笤帚在上扫毛以利与下一层的粘结。第二天可进行第三层防水层的操作。第三层用素水泥浆 2mm 厚，亦要分成两道抹，每道 1mm，第一道要反复抹压，主要在于密实；第二道要轻抹不要露底，主要在于覆盖。基本同第一层。在第三层初凝前，进行第四层防水层涂抹。第四层用 1∶2.5 水泥砂浆，厚 5mm，方法同第二层。但在砂浆凝固前要反复多抹压几遍以增加其密实度。提高抗渗能力。第五层是在第四层抹压多遍后，砂浆凝固前，在表面刮抹一道素水泥浆，可一道抹成也可以分二道抹，这样效果更佳。第一道稠度值稍大一些，一般水灰比为 0.6 以上，薄薄刮一遍，吸水后反复抹压，勒入砂浆中无厚度。在这道灰浆初凝前再刮一遍，水灰比值为 0.4～0.5 的水泥浆，抹完后溜一遍水光，收水后逐遍压平、压光即可。

另外，也有通过在抹灰的砂浆中掺加各种防水粉、防水剂、防水浆等方法来提高砂浆的密实性和抗渗性，达到防水的目的。

在涂抹防水砂浆时具体施工方法可依设计要求完成。如果设计无要求时，可按五层做法施工。但对于防水砂浆施工，一般要求每层施工要一次完成。不得留施工缝，如不得已要留施工缝时，留槎处要退成斜梯状。接槎时要在槎口处先用素水泥浆涂刷一遍，并用刷子反复刷严。接槎时要反复抹压槎口，使之严密，并在接完槎的槎口上刮抹一道宽 20cm 的素水泥浆。收水后，用刷子蘸水把槎口素水泥刷一遍以增加接槎的严密性。

## （二）保温灰浆抹灰

保温灰浆，是以导热系数低，多孔、重量轻、保温性能好的材料为骨料，搅拌成灰浆，在某种面涂上涂抹后，起着保温作用的抹灰。一般常用的有膨胀珍珠岩灰浆和膨胀蛭石灰浆。

### 1. 膨胀珍珠岩保温砂浆抹灰

膨胀珍珠岩灰浆是以水泥或石灰为胶结材料，以膨胀珍珠岩为集料，拌制成的水泥或石灰膨胀珍珠岩灰浆。它具有保温、隔热的作用。膨胀珍珠岩灰浆的抹灰一般可分为底层、面层两层或底层、中层、面层三层做法。两层做法是在基层湿润后，用石灰：膨胀珍珠岩＝1：4 的石灰珍珠岩灰浆打底。打底的方法与砖墙抹石灰砂浆相同。打底厚度一般为 15mm，打底子抹灰时，抹子要轻不要过分用力，以免增加抹灰层密度而增加灰浆导热性，减少保温性。面层一般在底层完成后第二天，视情况湿润后，用 1：3 石灰膨胀珍珠岩灰浆罩面。面层厚度为 12mm。要抹平、刮平，用抹子溜一遍，待收水后再压一遍。最后用塑料压子压光，要求每遍压光要轻，不可过于用力。

两层做法多用于油罐、管道等的保温层和室内有保温要求的墙面。一般室内墙面依要求不同，也有为底、中、面三层做法的。三层的具体做法是：底子灰用 1∶4 石灰膨胀珍珠岩灰浆，中层用 1∶4 石灰珍珠岩灰浆找平，这两层做法基本与面层做法相同，只是在第二层完成后，不去压光而用木抹子轻轻搓平。待中层六七成干时，用纸筋灰罩面，面层分为两道完成，两道要垂直抹，一般第一道竖抹，薄薄刮一层。待稍收水后抹第二道，这道要横抹。抹平后要用托线板挂垂直，靠平用抹子压光。阴阳角处要抹成圆弧形，不能有裂纹。在室内抹灰时，有时三层做法采用，底层用 1∶3 石灰砂浆打底，中层用 1∶4 石灰膨胀珍珠岩灰浆找平，用 1∶3 石灰膨胀珍珠岩灰浆抹面，底层的操作同砖墙抹石灰砂浆中的打底部分。中层刮面层的操作同石灰膨胀珍珠岩灰浆的两层做法。只是厚度上应控制在每层 10mm 即可，并要在底层干燥后再浇水湿润后，进行中层和面层操作。

## 2. 膨胀蛭石抹灰

膨胀蛭石是由蛭石经晾干、破碎、筛选、煅烧、膨胀而成。其容重轻、导热系数小、耐火、防腐蚀，是一种良好的保温、隔热材料。膨胀蛭石灰浆，是以水泥、石灰等为胶结材料，以膨胀蛭石为集料拌制的灰浆。膨胀蛭石灰浆操作前，须把基层清理干净，浇水湿润，立面抹灰时，要依灰浆中胶结材料的不同。而在基层上涂刷一道素石灰浆或素水泥浆。也可以刮抹一道 1∶2 的水泥或石灰砂浆（砂子过 3mm 筛），厚度为 2～3mm，作为粘结层。随之用 1∶4 水泥蛭石灰浆或 1∶1∶8 水泥石灰混合蛭石灰浆打底，厚 15mm，方法同砖墙抹石灰砂浆中打底的方法。打底后用木抹子搓平，搓平过程中，手要适当轻，不要过于用力以免把蛭石灰浆压得过实而影响保温效果，和把蛭石中所含的灰浆挤压流失后，影响粘结。第二天，用 1∶3 水泥蛭石灰浆或 1∶1∶6水泥石灰混合砂浆抹面，厚度为 10mm。抹光后要轻溜一遍，待半小时用小压子或塑料压子压光。压光要轻，不要太用力，再过 0.5～1h 再压一遍，要压出光面来。

　　膨胀蛭石灰浆在厨、厕及阴冷的房间墙、顶表面涂抹后，可以防止冷凝水现象存在。膨胀蛭石在平面抹灰时，多用在屋面保温层中的涂抹，涂抹时，要在基层上浇水，在浇水的基层上用 1:（6～8）的水泥蛭石灰浆（可掺 20% 水泥质量的石灰膏），依设计高度摊平，用大杠刮平，用大木拍耙平搓一遍。然后上人用木抹子搓平，随之用铁抹子走一遍水光，厚度要依设计而定，如设计无要求则不少于 50mm，虚铺厚度应为设计厚度的 130%，经压平后，达到设计厚度。水泥蛭石灰浆中的水泥在灰浆中既有胶结作用，又起骨架作用，因此要选用不低于 32.5 级普通硅酸盐水泥，或选用早强水泥。膨胀蛭石的颗粒可选用 5～20mm 的大颗粒级配，使颗粒的总表面积减少，而省省水泥，减轻容重增加强度，增加保温性能。

　　蛭石的存放要用苫布盖严，以防风雨，搬运时不要重压，堆放高度不大于 1m，以防颗粒破碎，灰浆的搅制中，要尽量采用人工，因机械搅拌对颗粒破损比较大。搅拌时，要先把水泥与水调成水泥浆，而后再把水泥浆拨洒在蛭石上，随洒随拌。而且拌和现场要离施工现场近些，以免蛭石吸水快造成灰浆失水而影响施工质量。蛭石灰浆的施工，不要在大风天进行，因为膨胀蛭石体极轻，在搅拌、运输和涂抹中由于风力的作用，易造成较大的浪费，即使是抹完的灰浆，干燥后也可能在风力作用下飞扬。如果是抹屋面的保温层，可在保温层完成后，紧跟抹找平层，如果有困难不能及时抹找平层，最好要在保温层表面用喷浆泵，喷一道素水泥作保护层，以防被风吹后产生飞扬。

## （三）耐酸砂浆

　　在有酸性物质侵蚀的工作间外表面，涂抹耐酸砂浆，可以对酸性物质的侵蚀有抵抗作用。

耐酸砂浆是以水玻璃为胶结剂、氟硅酸钠为固化剂、耐酸粉为填充料、耐酸砂为骨料拌制而成。耐酸砂一般采用石英砂、安山岩石屑、文石石屑，一般工程也可采用质地较好的黄砂但要经耐腐蚀检验；耐酸粉常采用辉绿岩粉、瓷粉及 69 号耐酸灰等。

耐酸砂浆在涂抹前，应对基层进行处理，有凹凸不平处要用 $1:3$ 水泥砂浆剔平补齐；把基层的残留物清除干净，并在基层干燥后方可进行操作。在涂抹耐酸砂浆前，要在基层先涂刷耐酸胶泥二道，二道间隔不少于 12h，而且要相互垂直涂刷；涂刷时要往复进行以利封闭严密；要涂刷均匀，不得产生气泡。耐酸胶泥的配合比可依设计而定，如果设计无要求，可按耐酸粉：氟硅酸钠：水玻璃 $=100:(5\sim6):40$ 的参考配合比进行拌制。拌制时，要先把耐酸粉和氟硅酸钠先行拌匀，而后再慢慢加入水玻璃，边加边拌和，拌至均匀。每次拌料要在 30min 内用完。在涂抹第二道耐酸胶泥后，可涂抹耐酸砂浆。

耐酸砂浆的参考配合比为：耐酸粉：耐酸砂：氟硅酸钠：水玻璃 $=100:250:11:74$。拌制时，先将耐酸粉、耐酸砂和氟硅酸钠按比例取量后，先行拌匀，而后慢慢加入水玻璃，边加边拌和，直至完全均匀。如果设计对配合比有要求可依设计要求拌制和取量。耐酸砂浆搅拌后要在 30min 内用完，每次拌料量要有计划，以免浪费。耐酸砂浆涂抹时要把厚度控制在 $3\sim4$mm，涂抹时抹子要一个方向，不要来回返复，如需用第二抹子时，也要按同一方向抹压，一般是按一个方向一抹子成活，每两层间要相互垂直进行，间隔时间为 $12\sim24$h，直到符合设计厚度要求，一般为 $7\sim8$ 遍成活。面层要压出光面，在阴阳角处均要抹成圆弧形，不要做成直角，以免开裂。涂抹过程中，房间要适当封闭，不可过于通风以免干裂。在涂抹中如出现裂纹，要铲掉后，重新涂抹，以免造成涂抹层耐酸效果不良。全部抹完后要进行养护，养护不少于 20d，且应在干燥条件下进行，而养护期后，要进行酸洗处理，方法是用 30％浓度的硫酸溶液清刷表面。每次清刷后墙面析出的白色物要在下一次清刷前擦去。每次间隔 $12\sim$

24h，间隔时间可依析出物质多少决定，一般前两次间隔时间稍短些，以后逐渐延长，直到再无白色物析出为止。

耐酸砂浆施工前，材料进场后要放在防雨的干燥仓库保管。原材料要进行检验、鉴定。对于氟硅酸钠等有毒材料要作出标记，安全存放，由专人保管。水玻璃类材料的施工温度以 15～30℃ 为宜，低于 10℃ 时应加热后使用，但不宜用蒸汽直接加热。粉料搅拌最好使用密封的搅拌箱，现场要通风，操作人员要穿工作服、戴口罩、眼镜等劳动保护用品，进行酸洗时更要穿胶靴、带胶手套等。施工的基层要求表面平整、清洁、无起砂现象，具有足够的强度，并且干燥，基层含水率要少于 6％。如果是在呈碱性的水泥砂浆或混凝土基层上施工时，要在基层上铺设沥青卷材、沥青胶泥等隔离层。如果是在金属表面施工，则不必设隔离层，可直接把耐酸胶泥刷在金属基层上，但应把毛刺、焊渣、铁锈、油污、尘土等清除掉。

## （四）耐酸水磨石

耐酸水磨石的施工前要对基层进行检查，要求基层平整、洁净、无起砂，具有一定的强度，并且要求干燥。如果是碱性水泥砂浆或混凝土，要在基层上作油毡或沥青隔离层。如有地漏，要找好泛水坡度。在抹水磨石面层前要在基层上先用刷子涂抹一道耐酸胶泥，其配合比为：水玻璃∶氟硅酸钠∶耐酸粉＝1∶0.15∶1。涂刷时要用刷子反复刷抹以利封闭。待 12h 后，涂刷第二遍耐酸胶泥。然后紧跟冲筋、装档、刮平、做找平层，找平层的配合比为：水玻璃∶氟硅酸钠∶耐酸粉∶耐酸砂＝1∶0.015∶0.15∶2.43（粗石英砂）。待找平层抹光、干燥后，在找平层上依设计分格，弹出分格线，依分格线用水玻璃∶氟硅酸钠∶石英粉＝1∶0.15∶1.6 的耐酸胶泥镶嵌分格玻璃条。嵌分格条的方法可参照普通水磨石地面的嵌条方法。在分格条粘嵌完成后，要用水玻璃掺加 15％氟硅酸钠拌合物把分格条刷一下，以利分格条粘结良好。

第二天，刷一道稀耐酸胶泥浆，次日再刷一道稀耐酸胶泥浆，紧跟铺抹面层耐酸石子浆，这道稀胶浆不可涂刷面积过大，要涂刷多少铺抹面层多少。面层耐酸石子浆的配合比为：水玻璃：氟硅酸钠：耐酸粉：耐酸粗骨料＝1：0.155：1.19：4.132。铺抹的石子浆要高于玻璃条 1mm，每次铺抹面积以操作人员数量而定，不可一次铺抹面积过大。耐酸石子浆要随拌随铺，要有计划，每次拌料要在 30min 内铺抹完。铺抹后的石子浆要经振捣、拍平、抹压平整。

耐酸石子浆经抹压后，应在 20～30℃ 的温度下进行养护，养护期内要注意通风、干燥、防晒和防潮，养护期内如有裂缝，可用耐酸胶泥填补平齐，养护期不少于半个月。养护期后要先进行酸化处理，方法同耐酸砂浆的酸化处理。然后，可以进行面层磨平、磨光。磨光时要先配制分子量为 34.6 的盐酸：水＝1：5 的溶液代替水来对面层磨平、磨光。

第一遍要磨至石子大面外露、分格条清晰，把表面擦干、晾干。然后用水玻璃：氟硅酸钠：石英粉＝1：0.7：1 的耐酸胶泥把表面砂眼擦填平整。然后养护 1 周以上，进行第二次酸化处理，处理后，进行第二遍磨光。第二遍磨光后，再用稀胶浆擦砂眼。待胶浆达到强度可进行第三道磨光。最后经酸处理后，冲洗干净打蜡、抛光。耐酸水磨石地面依要求不同，磨光遍数可以由两遍至多遍。磨光的金刚石，由粗逐渐转细，号数越高，所磨面层越细腻，越光亮。

## （五）耐酸饰面砖（板）的镶贴

耐酸饰面砖（板）镶贴前，要在基层上用 1：3 水泥砂浆打底，划毛，经养护后达到一定强度后，进行自然干燥，待底子灰干燥至含水率在大于 6％时，可进行面层镶贴。面层镶贴的工作温度以 15～30℃ 为宜，原材料的使用温度不应低于 10℃，如果低于 10℃要采取加热保温措施。耐酸胶结材料的拌制，最好采用人工拌制，耐酸胶泥拌制时要先把氟硅酸钠与耐酸粉放入密封搅拌箱内先行拌和均匀，而后徐徐加入水玻璃拌和至均匀，底层涂刷耐酸胶泥稀浆参考配合比为：水玻璃：氟硅酸钠：耐酸粉＝1：0.15：1。耐酸砂浆拌和时亦应先把氟硅酸钠、耐酸粉和耐酸砂放入密封搅拌箱中，拌均匀后徐徐加入少量水玻璃，搅拌至均匀。每次拌料要有计划，不可搅拌过多，要保证每次搅拌料应在30min 内用完。面层粘贴前，要对底层进行找方、挂线、找规矩、排砖。其方法可参照瓷砖粘贴的方法。使用耐酸胶泥时稠度为 7～15cm，耐酸砂浆应为 3～4cm。镶贴时应从下向上，从左至右依次进行。阴角处要使立面盖压平面，阳角处要使水平砖盖压立面，主要采用揉挤法，要求把浆挤满，亦可用鸭嘴把或胶皮锤（适于大尺寸板块）敲振平实，用所拉小线或大杠来检验平、直。每次镶贴高度要适当，以免板材下坠产生变形、空鼓。为了提高镶贴速度，可采用在缝隙中加垫小木楔的方法防止板材下垂。砖（板）缝隙中挤出的灰浆要用干布擦净，如果有缝隙不严的要把缝子勾严，这样逐块逐行地从下向上依次镶贴，如果是平面镶贴，有汅水要求的，一定要把坡度找好。板材间的缝隙，耐酸板砖要控制在 2～6mm，天然板材应为 8～15mm。

## （六）沥青胶泥、沥青砂浆铺贴耐酸板（砖）

用沥青胶泥沥青砂浆粘贴耐酸砖板前要在基层上用 1：3 水泥砂浆打底，经养护至产生一定强度后，经干燥（自然）至底层含水率不大于 6％时开始进行面层施工。

面层施工前，要在基层上先涂刷二道冷底子油。冷底子油是由破碎沥青加热熔化后，经冷却至 100℃时，慢慢边注入汽油边搅动至均匀而成。第一道冷底子油配比为：沥青：汽油＝3：7；第二道冷底子油配比为：沥青：汽油＝1：1。并且也要在板材的背面和四边小面涂上冷底子油。

把沥青胶泥或沥青砂浆熬制好，用小桶盛上放在火炉上备用，沥青胶泥熬制的方法是把破碎的沥青加热熔化，加热至180℃，把渣质去掉，脱水，达到不起泡时，把经预热140℃石英粉、石棉干拌物，按沥青：石英粉：石棉＝1：（1～1.5）：0.09质量比的比例，慢慢加入热沥青中，并边加边搅动，直至均匀。沥青砂浆是把预热130℃的耐酸砂慢慢加入热沥青中，边加边搅动至均匀，沥青砂浆的配合比为：沥青：砂＝1：4。沥青砂浆拌和时也可在其中加入适量的耐酸粉。立面的粘贴可用刮浆法和分段灌浆法；平面粘贴，可用挤浆法和灌缝法。刮浆法是依据底层所弹的控制线或所拉的小线为找平、找直的依据，把胶浆或砂浆刮抹在砖（板）的背面，粘贴在底层相应的位置上找平、找直，轻轻用鸭嘴等工具的木把敲平、敲实。

分段灌浆法是，先把边上第一块用刮浆法粘贴，然后把同一行依次的五六块砖（板）虚放在应粘贴的位置上，把与虚放的最后一块砖相邻的下一块砖再用刮浆法粘好，这样每相隔五六块虚放的砖后，要实粘一块，直至完成一行。这时用一根大杠，贴靠在两块粘好的砖上，把虚放的砖紧贴在大杠上，使虚放的砖与底层有一个相当于粘结层厚度的缝隙，把缝隙中灌入胶泥或砂浆的方法即为分段灌浆法（图9-1）。

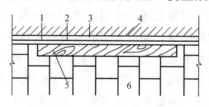

图 9-1　分段灌浆法

1—先用刮浆法粘贴块材 1～2 块；2—浮贴块材 5～6 块；3—留出结合层 5～7mm，然后浇筑沥青胶泥；4—立面基层；5—靠尺；6—地面

挤浆法是在底层上铺略厚于结合层 2～3mm 的胶泥或砂浆，把砖（板）斜向挤至相应的位置，把浆挤入缝隙中，也使砖下结合层满饱的一种镶贴方法。

灌浆法是在底层上铺抹灰浆后，把砖（板）平铺在相应的位置上，调整、振实后，在缝隙内灌浆的一种镶铺方法。

由于使用板材不同及施工方法不同，结合层和缝隙尺寸亦不同。一般挤浆法和灌缝法结合层厚度为 3～5mm，个别板材为 4～6mm；灰缝宽度挤浆法为 2～5mm（个别板材为 4～6mm），灌缝法为 5～8mm（个别板材为 8～10mm）。刮浆法结合层厚度多为 5～7mm，个别板材为 6～8mm；分段灌浆法结合层厚度一般为 6～8mm，个别板材 8～10mm；灰缝厚宽度均为 2～5mm，个别板材为 4～6mm。

在施工中沥青胶泥不应低于要求温度：一般建筑石油沥青胶泥为 180℃；建筑和普通石油沥青混合胶泥为 200℃；普通石油沥青胶泥 220℃。如果施工现场环境温度低于 5℃，应将板材加热至 40℃。

施工后，砖（板）表面残留的胶泥或砂浆，要在冷却后及时铲掉，污染处用煤油擦干净。

## （七）重晶石抹灰

重晶石含有硫酸钡，用它拌合的砂浆抹的面层对"X"光和"γ"射线有阻隔作用，常用来作为"X"射线探伤室、"X"光射或治疗室、同位素实验室等墙面抹灰。抹灰前要认真清理，对凹凸不平处事先要用 1∶3 水泥砂浆找平或凿平。使用的水泥应为强度等级 42.5 的普通硅酸盐水泥。砂子一般采用中砂、砂子要洁净，含泥量少于 2％，重晶石砂粒径为 0.6～1.2mm，要求洁净无杂质。重晶石粉过 0.3mm 筛，要求洁净。重晶石砂浆参考配合比为水泥∶重晶石粉∶砂＝1∶0.25∶（4～5），其中砂与重晶石砂的比例为砂∶重晶石砂＝1∶1.8。重晶石砂浆在搅拌时要严格控制配合比和稠度，拌和用料必须要过秤，搅拌砂浆的水要加热到 50℃，按比例先将重晶石粉与水泥拌和均匀，而后再加入砂与重晶石砂，拌和至均匀后，再加水搅拌，拌料要有计划，要依操作人数和工作量而定，不可一次搅拌过多，每次拌料要在 1 小时内用完。涂抹时，要每两层之间相互垂直，每层厚度为

3～4mm，每天只能抹一层。而且每层要连续操作，不能留施工缝。每层抹完 30min 后，要用抹子压一遍，而后在表面划毛。如果某层涂抹过程中发现有裂缝，要铲除重抹，以免影响效果。如此每天一层，直到符合设计要求厚度。阴阳角处要抹成圆弧状，不能作尖角，以免开裂。最后一层要用抹子压光。全部完成后要用喷雾器喷水养护，每昼夜喷水不少于 5 次，抹灰完成后要封闭门窗一周以上，地面要浇水，以使室内保持足够的湿度。养护期一般不少于 14d。养护温度保持在 15℃以上。

## 复习思考题

1. 防水五层做法的各层用料与厚度是怎样的？怎样施工？
2. 保温砂浆的特性是什么？
3. 怎样涂抹耐酸砂浆？
4. 耐酸水磨石的各层配合比和厚度是怎样的？
5. 试述分段灌浆法耐酸板砖的操作？
6. 重晶砂浆的作用是什么？对施工后的面层应如何养护？

# 十、细 部 抹 灰

细部抹灰，主要是指建筑物的某种部位的操作方法。对于抹灰，不同的部位虽然存在一定共性，但也各有各的特性，即有不同的操作程序和方法。

## （一）檐 口 抹 灰

檐口是建筑物最高的部位，按所用材料和工艺的不同，分为水泥砂浆檐口抹灰、干粘石檐口抹灰、水刷石檐口抹灰、面砖及石材檐口粘贴等。檐口的施工前要在两边大角拉线检查一下偏差值的大小。如果是预制钢筋混凝土板，可以通过拉线和眼穿法用撬棍撬动，下边塞木楔子来调直，然后用笤帚清扫干净，底面如果在预制时粘有砂土，要用钢丝刷子清刷，把个别凸出的石子凿剔平整，并用水冲洗湿润后用 1：3 水泥砂浆把每两块檐板间的缝隙勾平。如果缝隙比较大时，要在板底吊木板模，在上边用 1：3 水泥砂浆或 1：2：4 水泥砂豆石拌制的豆石混凝土灌严、捣实，隔天拆除板模，视基层干湿度，酌情浇水润湿。然后用 1：3 水泥砂浆打底，打底可分两遍进行，第一遍可不粘卡靠尺，只用肉眼穿着抹，先把立面（内外）抹上一层厚度为 8mm 的砂浆，涂抹时抹子要从立面下部和底边一齐或低于低边 5mm 处向上推抹子，以使下部阳角处灰浆饱满不缺灰，抹子要一直推到上阳角把灰浆卷过上阳角的顶面处，在里边立面也抹完的同时，再于上边小面上打灰，使之与里外立面上口卷过来的灰成一体，用抹子反复抹压使之粘结牢固。然后把底面用素水泥浆刮抹一道薄薄的粘结层，紧跟抹底面水泥砂浆，涂抹时要把抹子从外阳角处开始向里推抹，把下边阳角处的灰浆抹饱满。第一遍打底均要求要用力，使之粘结牢固，抹子可以放陡一些类似刮糙；第二遍打底，可在第二遍灰浆四五成干后进行，这遍要把八字靠尺刷水，排好，总长要与檐口长度相等，然后在立面下边阳角处抹上粘尺灰，粘尺灰要抹得薄厚均匀而后在其上反粘八字尺，靠尺的高低，以檐口的底面能抹上灰浆为准。要拉线找直，或用眼穿直，用抹子在尺面上刮几下，使靠尺粘牢固。后在檐底内墙上弹出抹底控制线（这道线也可以在第一遍打底前弹出），外边依靠尺，里边依弹线，把檐口的底面抹平，用软尺刮平，用木抹子搓平。在涂抹过程中，如果底层吸水较快，要适当洒水润湿后再抹，在抹底棉底子灰的同时，可以把檐口的上顶小平面也抹好，抹上顶面时可在内外两侧立面上部反贴八字尺，用卡子把双尺卡牢，用卷尺依下边抹好的底面为依据量出檐口外部、两边上下两靠尺的宽度尺寸（依设计要求的立面高度，两边尺寸要一致），而后拉线依所量两点为据，把外上尺调直，然后依外尺把内尺调直（要求里边比外边稍低一些，使雨水流入内天沟中），把上顶小平面抹上，用木抹子搓平后，把上顶面的里外、靠尺拆掉，把里边靠尺正放在上顶小平面上，把外尺正托在抹好的底面近外角处。用大卡子把上下尺卡住，调整好靠尺，调尺时应以立面能抹上灰为准。先把底尺的两端调好，拉线，依线把中间尺调直，再依下尺为准，把上靠尺调直，要求上下尺要在同一垂直线上。把立面下口所粘的靠尺用抹子敲几下，取下靠尺，在立面依上下靠尺抹上水泥砂浆，砂浆要抹平，并依上下靠尺刮平，用木抹子搓平。稍待用抹子把靠尺向里敲几下，使靠尺向里平移，露出阳角 1mm后，摘下卡子拆下靠尺。第二天，可以抹檐口面层灰。抹面层灰前在打过底子灰的底面距底边阳角 20mm 处弹出一道粘米厘条控制线。然后在线的里侧紧弹线用卡子，卡上一道靠尺，把浸泡过的米厘条的小面抹上一道素水泥浆后，紧贴靠尺外边粘在抹好的底面上，并用素水泥浆把米厘条外侧边抹上小八字灰，待小八字灰浆吸水后，把粘米厘条的靠尺向里平移20mm，把米厘条里

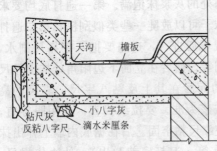

图 10-1　檐口粘米厘条、靠尺示意

侧也抹上小八字素灰浆。然后可依前方法在立面下部的底子灰上打粘尺灰，把靠尺粘贴在立面（反粘靠尺）下部阳角处，使靠尺边棱与米厘条表面一平（在同一水平位置）或稍低于米厘条表面（图 10-1）。

然后，在米厘条两侧与所粘靠尺和里侧所卡的靠尺中间部分，先刮一道素水泥浆，紧跟用 1：2.5 水泥砂浆抹平、压实。抹压过程中，要把米厘条表面和靠尺边上的砂浆刮干净，米厘条和靠尺的边棱抹压清晰，使之起出米厘条和取掉靠尺后砂浆的棱角尖挺、清晰。在抹下部檐的同时或之后，可以把立面上部和内立面上部打上灰反粘八字尺如打底粘尺的方法。要求外尺要高于里尺，使之上部小顶平面向内坡去，使雨水流入内天沟（图 10-2）。内外两道尺要平行，立面外部上、下两道尺亦要平行（檐口立面要高度一致）。然后把上顶小平面用砂浆抹平、压光。

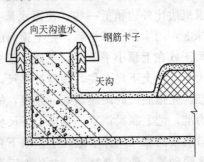

图 10-2　檐口上部用尺示意

上部顶面压完后，把内、外靠尺拆下，刮干净，把内尺正铺在顶面上，外尺正托在抹好的底檐上，用卡子卡住，拉小线把下尺先调正，下尺的里出外进要依底檐的设计宽度而定。上尺要调至与底尺平行且在同一垂直线上，调好靠尺后可以抹立面的面层砂浆。在抹面层前要把上下原粘八字尺留下的小八字角削至与靠尺边一齐，削上尺小八字时，要用抹子贴靠尺由下向上削（斜上）；削下尺小八字时，要用抹子贴靠尺由上向下削（斜下）。抹面层灰时要分两

234

道完成，第一道要薄薄先抹一层，而后跟抹至与上下靠尺一平，抹完后用小靠尺从一头向另一头错动着刮平。随后用木抹子搓平，钢板抹子压光。稍收水后再压一遍。然后用抹子把上、下靠尺依次向里敲动一下，用一手托住底尺，把卡子取下，先把底尺取下而后把里边抹底檐平托的靠尺取下。另将上顶靠尺向内平移调整好用砖压牢把里面的立面抹好，压光后取掉靠尺，把各条阳角，用小靠尺和抹子修压一遍。把表面通压一遍，把下檐米厘条起出（如果抹灰层已经比较干时，可以隔天再起），把缝隙用素水泥浆勾一下。第二天，在把底部大面用纸筋灰罩面，罩面前要适当浇水湿润，罩面分二遍成活，方法可参照内墙抹纸筋灰的方法。

## （二）腰 线 抹 灰

腰线是由于建筑构造上的需要及美观上的考虑，沿房屋外墙的水平方向在砌筑砖墙时，挑砌成突出墙面的线型。挑出的有平砖，也有虎头砖，有一层的单檐，也有逐步挑出的双层或多层檐。也有的腰线与窗楣、窗台连通在一起，成为上脸腰线或窗台腰线。腰线的涂抹方法基本与檐口相同，要在抹前对基层进行清扫，洒水湿润，把个别过高、过低和突出的砖用錾子剔平，用1∶3水泥砂浆打底，1∶2.5水泥砂浆抹面。腰线出墙尺寸要一致，施工时要拉线，使之成为一条直线，棱角要清晰、挺括、表面平整。涂抹时要在立面打灰反粘八字尺把下底抹完。然后上推靠尺到上顶面，将上顶面抹好，而后在上下两面正贴八字尺，用卡子卡固，拉线调正、调直靠尺后，把立面抹完。经修理、压光后，可拆除靠尺，修理棱角，通压一遍交活。腰线的上面要做出里高外低的泛水坡度，底面要做出滴水，最好是在抹面前在底面底子灰上粘米厘条，做出滴水槽（方法同檐口底檐的粘条方法）。如果是多道檐的腰线，要从上向下，或从下向上逐道完成。一般在抹每道檐时，应在正立面打灰粘尺，把底面抹好，方法与单层腰线同。

## （三）门、窗套口

门窗套口，多是为了起装饰作用。门窗套口有两种形式：一种是结构突出于墙面，与窗台、腰线相似，在门、窗口的一周砌砖时挑砌出突出于墙面 6cm 的线型来；另一种是在不出砖檐，只是在抹灰时把侧膀和正面用水泥砂浆抹出套口来，或者两边侧边及上脸不出檐，只有窗台出檐的窗套。门、窗套口施工时，要拉线，把同一层高的套口做在一条水平线上，且要突出墙面的尺寸一致。上脸和出檐窗台的底部要做出滴水。出檐的上脸顶部与窗台上面要抹出泛水坡度。一般要求立边两侧膀的正面与侧边呈90°。出檐的门、窗套口一般先抹两侧立膀，再抹上脸（一般上脸均为钢筋混凝土预制品，吸水较慢，常采用先打底后做成），最后抹窗台（窗套）。涂抹时要在正面打灰粘尺（反贴）把侧面或底面抹好，然后平移靠尺，把另一侧面或上面抹好，而后在抹好的两面上正卡八字尺把正面抹好。不出檐的套口涂抹时，先在阳角正面反粘八字尺把侧面抹好，上脸部先把底面抹好，窗台则先把台面抹好。而后翻尺，正贴在里侧，把正面一周灰条抹好。灰条的外边棱角，可以通过先粘、钉靠尺后抹灰或先抹（宽于设计宽度）后于正面贴尺切割的方法来完成。

## （四）雨篷抹灰

雨篷抹灰的种类有多种，多见的有水泥砂浆雨篷、水刷石雨篷、干粘石雨篷、面砖雨篷或石材饰面雨篷等。如果有相邻的若干雨篷，抹灰前要拉通线作灰饼，使之在一道直线上，有整体感。本身也要找方找规矩。雨篷多为钢筋混凝土现浇或预制。在涂抹前要对基层进行清理。把模板缝挤出的灰浆和过高处用錾子剔平，有油污的要用 10% 火碱水清洗后用净水冲洗。经湿润后，在立面和底面，用掺加 15％乳液的水泥乳液聚合物稀浆刮一道 1mm 厚的粘结层，随后用 1：2.5 水泥细砂浆刮抹 2～3mm 铁板糙。第二天浇水养护，隔天用 1：3 水泥砂浆打底。打底时可依刮糙的干湿度酌情浇水。底面打底前，要先把顶面小地面抹好，方法同水泥砂浆地面的操作即撒水扫浆，设标志点（要有泛水坡度一般为 2％，距落水管口 50cm 处坡度应为 5％），大雨篷要设标筋，依标筋铺灰、刮平、搓平、压光。如果墙面是清水墙，要在雨篷上，墙根部抹上一道水泥砂浆 20～50cm 勒角，以防雨水淋湿下部砖体。

打底时，应先在正立面下部近阳角处打灰反粘八字尺，然后在侧立面下部近阳角处打灰反粘八字尺，这三面粘尺的下尺棱边要在一个水平面上，不能扭翘，然后把底面用 1：3 水泥砂浆抹上，抹时要从立面尺边和靠墙一面门口上阴角边开始，抹出四边的条筋来，然后再抹中间的大面。方法同混凝土顶棚抹水泥砂浆的方法，抹完要用软尺刮平，木抹子搓平，然后取掉靠尺，在立面上部和里边立面上部用卡子反卡八字尺（尺下可垫灰）。抹檐口的方法，把上顶小平面抹完，再翻尺把正侧立面抹好，里边立面抹好，里边立面与地板的阴角要抹成圆弧形（图 10-3）。第二天养生，隔天进行面层抹灰。抹面层时，如果是水泥砂浆罩面，则应参照檐口面层的方法，在底部弹出滴水槽米厘条线，粘米厘条，而后粘尺

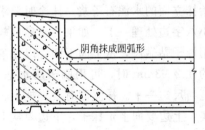

阴角抹成圆弧形

图 10-3 雨篷内阴角图

把底檐和上小顶平面抹好，再在上下面正卡八字尺把立面抹好，修理、压光，起米厘条勾缝。第二天，用纸筋灰把底部顶面分两遍罩面压光即成。

如果是水刷石雨篷，应在打完底子后先把上顶小平面和内里的立面用水泥砂浆抹平压光，然后把底面弹上滴水槽米厘条控制

线，粘好米厘条，在米厘条里侧按一定尺寸（设计）卡上方靠尺，在正面阳角处用水泥石子浆反粘八字尺，而后刮一层素水泥浆，紧跟用水泥石子浆把底檐抹平，一般要把水泥石子浆抹得高于靠尺和米厘条 1mm。经抹压带浆后，与靠尺和米厘条一平。稍待，吸水后视手按上去印迹不明显但还没达到初凝时，用刷子蘸水把表面灰浆带掉，石子露出均匀时用刷子向上甩清水，随用另一支干净刷子把甩上去的水蘸掉，这两道工序衔接要紧，不可使甩上的水在底檐留滞时过长，以免掉石子。也可用喷浆泵放小水流代替刷子甩水。如果冲刷过程中有掉石子或石子浆过软时，要停止冲刷，迅速用干净刷子把浮水蘸掉，稍吸一会水，用水泥石子浆把掉的部分补上，用石头抹子拍平，用干水泥吸一下水。然后再依此法冲刷，底檐全部冲干净后，稍晾片刻，把粘尺取下刮干净，正托在抹好的底檐处，在上边平铺一道靠尺，用卡子把上下尺卡上，把里边底檐的方靠尺拆掉（也可以全部冲完后再起，这样比较安全，只是卡子太多抹立面时不太方便），拉线调好下尺，依下尺用线坠把上尺两端与下尺两端调垂直，而后拉线以两端吊垂直处为准，把上、下尺调直，补好卡子把尺卡牢，开始抹立面的水泥石子浆。抹涂时要求把下阳角反粘八字尺形成的小八字边处理一下。如果突出靠尺较多，要用抹子削一下，但要用抹子贴靠尺，从上向下削，以免削出豁齿来。如果小八字突出的在 2～3mm 时，可用刷子蘸水把小八字边润湿后，用抹子压至与尺边一平。抹立面时要先把上、下近靠尺处满抹上石子浆压实，上边要向上走抹子，下边要从上向下走抹子，尽量使边角处的石子饱满。中间大面抹完后要用小靠尺刮一下，用抹子拍压一遍，刚抹完的面层应高于上下尺 1～2mm。然后同水刷石墙裙涂抹修理的方法，经多次带浆压实后，与靠尺一平，稍晾适时后进行冲刷，方法可参照水刷石墙裙方法。清刷后稍落一下水后，把上、下靠尺取下，把下檐流下的浊水，用刷子甩清水，干净刷子蘸干净的方法，蘸洗干净，起下米厘条，把缝隙勾一下。上部顶面与立面灰层的交接缝，用素水泥浆抹勾一下，用刷子带严。也可以在抹底檐时，不先用砂浆封顶，而是同时用水泥石子浆封顶，封顶时亦应在立面尺下垫水泥石子浆，并且反粘八字尺，使上阳角立面也产生小八字边，这样在抹完立面后，上顶部不产生接缝。只是上顶面不必冲出石子，压光面即可。

如果是干粘石雨篷，施工程序同水刷石，方法可参照干粘石墙面。顺序亦是先打底，把上顶面和里边立面用水泥砂浆压光后，做底檐，翻尺做立面，然后起米厘条勾缝，上部掩缝。

如果是面砖雨篷，要在打底前就要依砖尺寸和所要求缝隙大小考虑打底的尺寸（最好没有半砖），打底后粘贴面层时，要在底子灰上弹若干贴砖控制线。一般立面要盖住低面，可以先粘底檐也可以先粘立面而后再粘底檐，下檐也要留出滴水槽来粘贴的方法可依外墙面砖的粘贴。一般以聚合物灰浆作粘结层为好，立面完成后待砖达到一定强度后，以立面上边留出的灰口，把上顶小面抹平，压住立面砖，使之粘贴牢固，然后勾缝、擦干净即成。

## （五）柱、垛抹灰

柱，可分为排柱和独立柱。垛乃为靠墙柱，多为排垛。柱的抹灰，有水泥砂浆柱、水刷石柱、干粘石柱（首层以上）、剁斧石柱和石材饰面等多种工艺。特别是古建筑和比较高级的建筑中，又有柱帽和柱墩，而且多为用模具扯出复杂的线形。本节只以普通砖或混凝土柱，抹水泥砂浆来叙述其基本施工方法。

如果是砖柱，在涂抹前要对基层进行浇水润湿，混凝土基层除要对基层浇水润湿外，还要对基层上的油污、木丝等进行清除，而后用掺加 15％ 乳液的水泥乳液聚合物灰浆刮抹粘结层，而后用 1∶3 水泥砂浆紧跟刮糙一道，第二天养护。养护后，进行找规矩。找规矩分方柱、圆柱和多角柱。

### 1. 方柱

方柱在找规矩时，如果是独立柱，应按设计图上的尺寸位置，测量柱子的尺寸和位置，在地平上弹出相互垂直的两个方向的中心线，并应依抹灰的厚度，在柱子边上的地面上弹出抹灰后的外边线（最好每面弹出打底和抹面后的两道边线），而且所弹出的四周边线要每个阳角都呈 90°，边长相等的正方形或矩形，这时要上下两人配合，上边人用短靠尺挑线锤，尺头顶在上边柱面上，下边人把线锤稳住，使线坠尖对准边线，依线坠上线与柱面的平行程度，检查柱的偏差大小，如果上部有过高抹不上灰的地方应稍加剔凿，如果低凹得较多者要再打底时分层垫平。若偏差不大时可按坠用缺口模板在柱子的每个面的，上、下、左、右（即上左、上右和下左、下右）做出四个灰饼，如果柱子比较高，可依做好的灰饼上下拉通线做出中间若干灰饼（要求每一步架不少于一个），柱子的四面均要做好灰饼。

如果是排柱，也应把各个柱的横向中心线和排柱公共的纵向中心线弹出，再如独立柱一样的方法弹出四周的边线，吊线检查，处理。在做灰饼时，要先把排柱两端的两根柱子的大面外边的灰饼做好，然后拉通线把中间各柱的前后大面灰饼做好，再依灰饼把相背的前后大面充筋、装档、刮平、搓平。抹完所有柱的两个前、后大面后，把这两面地上的中心线反到打好的底子上吊垂直，用墨斗弹出，然后在前后面两边都正贴上八字尺，用卡子卡好，用钢卷尺在靠尺的上、下选两点，从中心线尺以 1/2 面宽尺寸量至靠尺外边（打底尺寸的面宽 1/2）用靠尺的方法，见图 10-4）。中间以所量两点（这两点上必须要有卡子）为准拉线找直。拉线时要晃开靠尺 1mm。四个角的靠尺均要用此办法固定八字尺，而后适当加好缺欠的卡子。依靠尺把侧面的底子灰抹上，用小靠尺刮平，木抹子搓平。

底子灰完成后，一般在第二天以后进行抹面，如果设计要求有分格（室外柱），要在抹面层前在底子灰上依设计方案弹出分格线，粘好分格条，粘条的方法可依外墙抹水泥砂浆中粘条的方法。所粘米厘条水平方向各柱要在同一水平线上，垂直方向每个柱子同一面上的分格条都应在同一垂直线上，粘条厚度要符合面

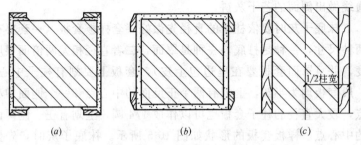

(a)　　　　　　　(b)　　　　　　　(c)

图 10-4　柱子侧边卡尺示意

（a）在前后两大面上反粘八字尺抹两小侧面的灰；（b）翻尺正卡在侧面抹好的
灰层上抹前后两大面的灰；（c）粘卡靠尺都要从中心线向两边量出 1/2 柱宽

层厚度。柱面要平整光洁，颜色均匀一致，棱角清晰、挺括、美观、分格缝平直，排柱前后面要在一条直线上。

## 2. 圆柱

圆柱的独立柱找规矩，也要在地面弹出相互垂直两个方向的中心线，依设计尺寸放出圆的外切四边形（正方形）。以与方柱同样的方法，挂线坠使下边线坠尖稳定后对准外切四边形的切点，检查柱子的偏差度，然后进行修整，如果偏差不大时，要依线坠做出四个方向的上下灰饼来，圆柱的灰饼水平方向越小越好，越小越准确，误差越小。然后上下拉通线做出中间的若干灰饼。如果是排柱，也要同独立柱一样弹出相互垂直的两个方向的中心线，放出圆的外切四边形，然后挂线坠找准地下的中心线和四边形的中点，吊上去，用来检查柱子的偏差。修整后，依所挂线坠，把排柱两端的两根柱子的正反两面的上、下类似独立的方法做出灰饼，再上下拉通线做出中间若干灰饼，而后拉水平通线做出中间所有柱子正反两面的灰饼。在打底子灰时，如果充水平方向的环形标筋，柱子两面侧边可以不必做灰饼，而用套板依正反两面灰饼即可充筋，如果采用竖向标筋则应做出侧面灰饼。侧面灰饼也是用挂线坠，使用缺口木块以正反两面灰饼向中心线和外切四边形焦点退入的相同尺寸，做出两侧上下灰饼，且拉竖向

241

通线做出侧面的若干灰饼。

抹底子灰时要依柱子的直径先做好一套样板套板（一套要有两种尺寸，一种是打底，一种是罩面，二者直径相差两倍面层厚度，并且罩面套板要在里边包上皮），套板上要划有柱子中心，一般套板均为半圆，上划有两个正反面的中心点和一个侧面中心点，较大直径的柱子套板也可以作成1/4圆，上划有正、侧两面的中心点。样板套板的形状如图10-5所示。抹底子灰时，先要充设标筋，标筋可以设水平方向的环筋，也可以设竖直方向的直筋。环筋是在水平方向在某一灰饼高度位置环形抹上一条灰梗，而后用套板依灰饼厚度上下滑动套板，刮出一环形标筋。抹底子灰时，在上下两道环筋中间分层抹上砂浆，用大杠竖向搭在上、下环筋上，上下错动着大杠，水平方向推进环状刮平、搓平。如果是采用竖向直筋时，要在相互垂直的两竖筋中填抹灰浆，用套板竖向，由下向上刮平，也可以在一个半圆内的三条竖筋内的两条空档内同时填抹灰浆一同刮平、搓平，完成一个半圆后，再抹另一边半圆。打完底后第二天可用 1：2.5 水泥砂浆抹面。抹面前要视底子灰颜色酌情浇水湿润，而后可依打底子灰的方法把面层灰抹好。压光时可以用抹子环形压光，也可以用套板竖直方向上下捋光。圆柱的面层要光洁，颜色均匀一致，圆弧顺畅，纵向各柱要在一条直线上，尺寸偏差不大。如果有分格缝时，粘条要

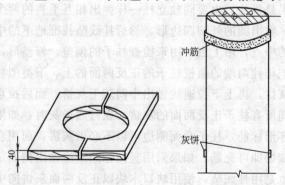

图 10-5　样板套板

用套板套过。分格缝要顺直。

### 3. 多角柱

多角柱，有五边形、六边形、八边形等，但多为六边形和八边形。本节以正六边形柱为例，叙述其找规矩及操作方法。

六边形柱即六角柱的操作方法，在基层的处理方面基本与方柱相同，如果是砖柱，只需清扫浇水湿润。而钢筋混凝土基层则应在清理润湿后，甩毛、刮糙、养护后方可进行打底。

抹底子灰前找规矩时要先看图纸，了解柱子所在轴线上的位置和所给定的外接圆直径。然后弹出外接圆的相互垂直的两道十字中心线，再用纤维板按给定的外接圆，做出一个半圆样板尺，样板尺两端要划上圆的180°的两个中点，把样板尺平铺在柱根部，使样板尺上的中点对准地上的中线，依照样板尺把柱的外接圆划在柱子周围的地面上（图10-6）。因为正六边形的一个特点是，正六边的边长恰好为其外接圆半径的长，所以可用任意一条中心线与圆的交点定为点1，以点1为圆心，以外接圆的半径为半径向两边划弧得到与圆的两个交点，点2和点3。另以点1背面的中心线与圆的交点定为点1′，以点1′为圆心，以外接圆半径为半径，向两边圆上划弧，分别得到点2′、点3′。把相邻各点相互连接，即得到所求正六边形，抹灰后的外包线（图10-

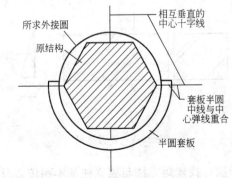

图10-6　正六边形外接圆的边形

7）。这就是正六边形的放线方法。然后可依所划出正六边形的每一条边，均向内平移 8mm（依面层抹灰厚度），得到另一个正六边形。这个六边形可作为打底的控制线。然后依地面控制线用挂线坠（如果控制线离基层太近，操作不方便时，可以向外平移做出临时操作线），用缺口木板把每个面的左上、右上和左下、右下各做出一个灰饼。再拉竖向通线，做出中间若干个灰饼。然后依灰饼，做出标筋，依筋装档、刮平、搓平。抹底子灰时六边形柱竖向可不必粘靠尺，在抹完相邻两面后，把抹子分别平贴各面向里把交角上多余的灰浆削掉，削出一个 120° 的阳角来。抹面层时如有必要，可以在邻面上正贴刃上包铁皮的斧刃靠尺（图10-8），或制出套板来用套板上下捋直、捋光。

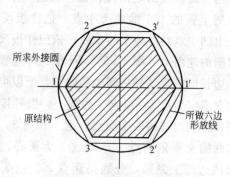

图 10-7　正六边形放线示意

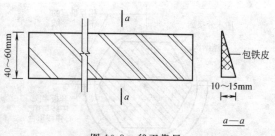

图 10-8　斧刃靠尺

如果是排柱，找规矩方法与独立柱基本相仿，只是要先把两端的两根柱子规矩找好，拉通线抹中间柱子正反两面了上、下灰饼，使各柱在一条直线上。其他面上的找规矩与独柱相同。

## 4. 垛子抹灰

垛子抹灰比较简单，其只有两个阳角，三个面。垛子多为排垛。垛子找规矩时，要在排垛的两边最外边两根垛子上、下各拉出一条水平通线，检查一下各垛是否都在同一直线上，如果有过高的，要进行剔平。然后对基层进行浇水湿润，对于钢筋混凝土基层，要进行刮糙（方法如前），养护。打底前先在排垛两端最外的垛子外阳角的正面距地面 15cm 处做出灰饼，依所做的灰饼厚度（两端灰饼表面距墙面距离尺寸相等），用缺口木板，分别做出两边上部的灰饼。然后两边分别竖向拉通线，做出中间的若干灰饼，再依两边做好的灰饼，横向拉出通线，把中间垛子的面上均做好灰饼，每一垛子水平方向要有两个灰饼，即贴近两边阳角一边一个。两侧的灰饼可先做，也可后做（抹完正面）。一般排垛多为后做。

正面灰饼完成后，可依据所做灰饼，在垛子的两侧面上打灰反粘八字尺，尺棱边与灰饼一平，竖向用线坠挂直，依八字尺为准，把正面的 1:3 底子灰抹好，用短靠尺刮平，木抹子搓平。然后依设计图垛子所在轴线位置，把垛子的中心线（在未抹灰前可把中心线先返至垛前地面上，取用时方便）弹在抹好的垛子正面上，再把侧面的靠尺起掉，刮干净后正粘在抹好的正面阳角边上，用钢卷尺量出以 1/2 设计垛宽（减去面层灰厚）尺寸，等于中心线至靠尺外棱边尺寸。可以只量出上、下两点，中间拉直线找直，如正面砂浆较干燥，靠尺粘不上时，可把靠尺刷水，底子灰上甩水，用木抹子搓出浆后再粘，也可以借助卡子卡牢。然后依靠尺在侧面上部做水平筋，或近阴角做出灰饼。依正面抹好的底子灰或墙面为准，用方尺把水平筋或阴角灰饼找方。用同样的方法，或采用缺口木板做出下边若干标志点或标志筋。然后依靠尺和标筋把侧面抹好、刮平、搓平。

抹面层灰时，一般是先抹侧面，而后抹正面。在抹侧面时，先在正面阳角处打灰反粘八字尺，用以中心线为准向两边量的方法，控制侧面灰层厚度和垛宽尺寸及垛位的偏正。抹侧面时也要找方，方法同抹底子灰时找方。抹好、刮平、搓平后，用钢抹子压光，然后翻尺正贴在侧面，用卡子卡住，垛面的里出、外进可以通过以墙为准用钢卷尺量的方法，也可以先把垛两端最外边的靠尺先固定好，拉通线的方法控制。竖直方向要挂线找直，适当加上卡子，依靠尺抹平、刮平、搓平、压光。

如果有分格条，要在打底后弹出分格线，粘好分格条，正面水平方向要通长拉线控制水平和薄厚，侧面水平方向要用水平尺找平，并用方尺把阴阳角找方，抹面层时靠尺可依米厘条找直。

## （六）遮阳板抹灰

遮阳板分为水平遮阳板和垂直遮阳板；又分为每个窗口一个的单个遮阳板和若干个窗口相连的连通遮阳板；依工艺不同又分为水泥砂浆遮阳板、水刷石、干粘石等多种。遮阳板是为防止较强的阳光直射入室内，使室内温度过高而设置。遮阳板的施工操作，水平方向遮阳板与檐口；雨篷相似，竖直方向遮阳板与柱、垛相似，可参照操作。但一般水平遮阳板的上顶面为一个平面，没有檐口的天沟和雨篷的槽形，流水形式为自由排水，所以在抹顶面时要做出里高外低的泛水坡度，竖向遮阳板的正面，往往不平行于墙面，而是有斜度的斜面，所以在施工中要拉通线统一斜度，统一膀的端头长短。

## （七）阳台抹灰

阳台抹灰比较繁琐，因为阳台涉及的细部比较多。如扶手、栏板、栏杆、阳台地面、台口梁、牛腿底面等。而且用料种类不同而分为水泥砂浆抹面、干粘石、水刷石等多种。多见的为一个阳台不同部位有不同的用料和做法。涂抹阳台前要拉水平和垂直的通线，把各部水平方向和垂直方向及里出、外进等作统一控制。一般阳台各部多为钢筋混凝土构造。所以在抹灰前对基层要进行处理，并浇水湿润，为了保证质量，一般都要进行刮糙或甩毛等结合层的施工。

具体找规矩拉线时，可以采用同样部位单独拉线的方法。如一幢建筑物的一个立面上所有阳台的扶手统一拉线，而栏板又要统一拉线等。也可以只把最突出的部位统一拉线，而其他部位以相同尺寸向里返。在抹扶手时，可以把建筑物的一个立面看作是一面墙，而把两端最上和最下一层阳台的二层扶手视为左上、左下和右上、右下四个灰饼点，用拉水平线和挂线坠、缺口木板的方法在扶手最外边分别做出四个灰饼，并使这四个灰饼在一个垂直平面上，完全按墙面做灰饼找规矩来理解，然后拉紧线做出中间阳台扶手的灰饼，再拉横线做出水平方向的阳台扶手灰饼（每个阳台至少两端各一个）。其他部分也可同理去做出灰饼标志。侧面也要按此方法把侧面看作一面墙，把最上层边上阳台近阴角和近阳角的部位看作左上、右上两点，同理找出下边左下、右下两点，分别用缺口木板抹出垂直灰饼，最好做侧面灰饼时要以正面灰饼找方。由于阳台多为预制吊装，所以各个阳台的偏差比较大，在拉线做灰饼时要全面考虑。高得太多者要适当剔凿，过低的要在刮糙后，分层抹平，每层厚度不超过 10mm，对于基层过光的应进行凿毛处理。扶手的施工操作，与檐口相似，应先在立面打灰反粘八字尺把底面抹好，而后向上平移粘尺把上面抹好，拆尺后分别在上、下卡尺把立面抹好。栏板的抹法与墙面相同，一般多为里外用料不同。外面多为水刷石或干粘石，如有分格条，要上下顺直。

台口梁与檐口相似，下边要做出滴水，上面要向里流水。地面与室内地面相同，但要有泛水坡度，水要流向排水管口，不得有积水或倒坡现象，管口内不得塞入砂浆，排水要通畅。地面与墙面的踢脚阴角要接缝严密不得透渗，以免雨水侵墙。下部挑梁牛脚正面要方正，侧视底边斜度要一致。要求同种类抹灰要颜色一致，均匀，各阳台出墙尺寸一致，水平阳角在同一直线上，竖直阳角在同一垂直线上，外部阳角尖挺、清晰、顺直，内部阳角要用阳角抹子抹成小圆，捋直、捋光。

## （八）台 阶 抹 灰

台阶，由于首层地面与室外标高的差距不同，分为单步或多步：依抹灰种类和工程要求不同分为水泥砂浆台阶、剁斧石台阶、块材饰面台阶及条石台阶等；由于基层的不同又分为砖基层和混凝土基层台阶。台阶在施工前要对基层进行清理，把残留的灰浆铲掉，用钢丝刷子刷一遍，用清水冲干净。如果是砖基层可以在湿润后用 1∶3 水泥砂浆直接打底，如果是混凝土基层，要进行洒水扫浆后，紧跟用 1∶3 干硬性砂浆打底（主要是平面用干硬性砂浆），或用 1∶2∶4 水泥砂豆石拌和的细石混凝土打底。打底的方法是先在最上一步台阶的平面阳角处，在上边打灰，反粘上八字尺，要先抹正立面台阶，后抹两边侧立面台阶，上部稳尺时视立面吃灰均匀即可，然后用拉线或用眼穿的方法，把靠尺调直，上面可以用砖压固，侧边靠尺最好要与正面呈 90°，完全调整好后，把立面抹上灰，立面要求垂直，要依尺抹平整，用木抹子搓平。正立面与侧立面的小阳角，要用一根小短靠尺靠住抹直，立面灰抹好后把靠尺起下，刮干净正贴在立面抹好的底子灰上，用砖头支好。正面靠尺要水平，侧面靠尺可水平也可以里边稍高于外边大约 2% 的坡度（视设计要求和现场情况），底子灰的高低要符合设计要求，也可以自己计算得出。一般要求底子灰加上面层后要低于室内地面 10～20mm。然后先把靠尺周边三面用灰浆抹上一条，如果上面不大，可以直接用大杠找平。如果上部面积比较大，则应按所支好的靠尺拉线做出中间若干灰饼，依灰饼做出标筋。而后装档刮平、搓平，也可以先通过测量的方法在平面上做出四角的灰饼，然后通过拉线找出中间灰饼，充筋、装档、刮平、搓平。

如果上部面积比较大，且是粘贴块材面层时，打底应适当考虑板材的模数因素，待上表面干燥后在上边先排砖。依砖块的尺寸、缝隙，计算出纵横方向的块数，然后在地上弹线，依三面最外的弹线而决定立面抹灰的厚度即阳角的位置，再把立面底子灰抹好，以下各步的底子灰可以逐步下退抹出。上面尺寸要符合设计要求，或块材的模数。一般要求横向水平或有微小坡度，纵向水平，立面垂直高度要符合设计。抹面层时如果是水泥砂浆面层，上部地面可与地面抹灰方法相同，抹面、刮平、搓平，分层压光，下边踏步可同室内踏步的做法。阳角处要用阳角抹子挝成圆角，阴角处也要用阴角抹子挝光，三条阳角相交点要把顶点灰浆削掉一些，成为三角形的小斜面，并用抹子把小三角形的三条边打成小圆角。

如果是剁斧石面层，在抹面层时用水泥米粒石灰浆，养护后，在平面和立面的近阴阳角 2mm 处，弹上镜边控制线，斩剁时如同墙面剁假石的方法剁斩至符合要求。如果是块材粘贴面层，在阳角处平面压立面时要做出檐处理，出檐宽度要依设计而定。

# （九）坡 道 抹 灰

坡道是为使车辆驶入，而在室内、外有高差的建筑门前而设置的通道。坡道有光面坡道、防滑条、防滑槽坡道、糙面坡道和礓磋坡道等。

## 1. 光面坡道

光面坡道有水泥砂浆面层和混凝土坡道，坡道的构造层次一般素土夯实，100mm 厚 3：7 灰土，60mm 厚 C10 混凝土（如是上车坡道要 100～120mm 厚混凝土）。如果是水泥砂浆面层坡道，在打混凝土时要搓平、搓麻。在基层干燥后经洒水扫浆后，与抹水泥砂浆地面相同，用 1：2.5 水泥砂浆抹面压光，交活前用刷子横向扫一遍。混凝土坡道，在打混凝土时用 C15 混凝土，随打随压。

### 2. 防滑条、防滑槽坡道

防滑条坡道的施工：在光面水泥砂浆的基础上为防坡道过滑，在抹面层 1：2 水泥砂浆时纵向每间隔 150～200mm 镶一根短于坡道横向尺寸（两端各 100～150mm）的米厘条，抹完面层后起出米厘条，在槽内填抹 1：3 水泥金刚砂浆，并用护角抹子捋出高于面层 10mm 的凸出灰条，初凝前用刷子蘸水刷出金刚砂，即成为防滑条坡道。

防滑槽坡道的施工与防滑条相同，只是起出米厘条后即成，槽内不填金刚砂浆。也可以在镶条时镶成多种图案增加美观。

### 3. 糙面坡道

糙面坡道是在铺设的坡道混凝土基层上，先用 1：2 水泥砂浆坡道的周边抹出一定宽度的镜边池，在中间大面上填抹水泥石渣或水泥豆石灰浆，而后如同水刷石的方法，经反复拍压、带浆等工序，最后用刷子蘸水把表面水泥浆带掉，露出平整均匀的石子来，以增加坡道的摩擦，达到防滑的目的。

### 4. 礓磜坡道

礓磜坡道又称搓极道、倒齿坡道（踏步）。礓磜的操作是在铺设的混凝土基层上，先用 1：3 水泥砂浆依设计要求抹出坡面，要求底层要平整，横向两边的坡度要一致，并且要把坡面两侧的三角坡面先用 1：2.5 水泥砂浆抹平、压光。

抹面时要用四面光的长方形截面的靠尺，尺的宽度和厚度要依设计要求而定，如果设计无要求时，可采用厚度 6～10mm，宽为 40～80mm，具体尺寸要依坡道的大小而定。如果坡道比较大，靠尺截面尺寸大一些，反之靠尺截面尺寸应小些。第一步开始，要把靠尺平铺在坡面的最上边，然后，以靠尺下边的上棱角为准，后边以坡面为准，用 1：2.5 水泥砂浆抹出一条小斜面来（图 10-9），要求所抹小斜面的宽度要两边一致，而且每步宽度要控制尺寸一致，不然全部完成后，所有的礓磋的阳角将不在一条直线上，有高有低。小斜面抹上后，视干湿度如何，可以在小

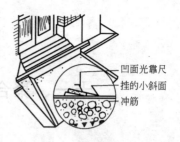

图 10-9　礓磋踏步施工

斜面上洒上 1：1 水泥砂子干粉吸一下水，而后用木抹子搓平，用钢抹子压光。做好一步后把靠尺取下，按设计要求的宽度，把靠尺后退铺在抹好的小斜面灰条上，用米尺量好宽度，如前方法抹第二步。每次靠尺后移的尺寸要一致，抹完一定步数，视吸水程度适时上去修理。修理时，要依原来靠尺的放置位置，放好靠尺把小斜面用抹子压一遍，然后把靠尺取出平铺在压过的小斜面上，使尺棱边与所抹小斜边的阳角一齐，用阴角抹子把阴角捋实捋出光来。然后取下靠尺，把面上轻走一下，即可进行下一步的修理。有时为了保存阳角不为破坏，在处理时要用踢脚板专用阳角抹子，把阳角捋光。

## 复习思考题

1. 檐口抹灰时粘底边八字尺要注意什么？
2. 抹檐口底面找平的依据是什么？
3. 檐口上部小平面向内坡及底部制作滴水的意义何在？
4. 叙述水泥砂浆方柱找规矩的方法。
5. 叙述抹圆柱、排柱的找规矩方法。
6. 叙述六边形柱打底找规矩的方法。
7. 阳台抹灰整体找规矩打底的方法？
8. 礓磋坡道的施工全过程是怎样的？

# 十一、聚合物灰浆抹灰

## (一) 聚合物水泥砂浆喷涂

喷涂，是把聚合物水泥砂浆用喷涂机械喷涂于墙表面的一种装饰工艺。

喷涂按所用材料分为普通水泥砂浆喷涂和彩色水泥砂浆喷涂。喷涂前要准备好排气量 $0.3\sim0.6m^3/min$、工作压力为 $0.4\sim0.6MPa$ 的空气压缩机一台，工作压力 20N 的挤压式砂浆泵一台，振动式砂浆筛、喷枪、胶管及搅拌砂浆用的秤、砂浆稠度测定仪以及铁锹、灰镐等工具。面层喷涂前要对基层进行清理，浇水湿润，用 1:3 水泥砂浆打底，并划毛、养护。面层如采用彩色水泥砂浆，配合比可依设计而定，如果设计无要求时，可依白水泥：细骨料：108 胶：甲基硅醇钠：木质素磺酸钙＝1:2:(0.1~0.15):0.05:0.003 及颜料适量。如果采用普通水泥砂浆则配合比为：普通水泥：石灰膏：细骨料：108 胶：甲基硅醇钠：木质素磺酸钙＝1:1:4:0.2:0.1:0.006。普通水泥以强度等级 32.5 以上为好，细骨料最好采用石屑，粒径在 3mm 以下，颜料应采用耐光、耐碱的氧化铁系列颜料。甲基硅醇钠事先中和至 pH 值为 8~9。彩色砂浆搅制前要计划出水泥的全部用量，先把水泥和颜料搅和均匀备用，以免产生颜色的变化。甲基硅醇钠应先加水稀释至 3% 中和溶液，拌和砂浆时，先把加过颜料的水泥与细骨料拌合均匀，然后顺序加入甲基硅醇钠溶液、木质素磺酸钙溶液、108 胶、水，搅拌至均匀。如果是普通砂浆在搅拌时要先把水泥与骨料搅和均匀，把石灰膏用水调成石灰浆后，再与水泥等一同搅拌。在搅拌中不要把碱性的甲基硅醇钠与酸性的108胶直接接触混合，以免降低108胶的作用。喷涂前底层要适度湿润，但不可过湿。太湿易使喷上去的灰浆产生流坠，如果底层过干，可能影响粘结，强度下降。而且喷涂面层前要先按设计分格线，弹出分格条线，而后用108胶布条依弹线粘上胶条，并在底子灰上喷刷一道30％的108胶溶液，也可在胶水中略掺本色水泥。喷浆分为波纹状和粒点状等形状，喷涂的灰浆稠度要依试验决定。要先用不同稠度的砂浆喷出样板。由设计人员选定，手法也要在大面喷涂前确定。如：喷枪速度、距离、角度、气压等，要先经试喷总结出经验，在喷涂时，要求喷枪速度均匀，一般喷枪要垂直于墙面，离开墙面300～500mm左右。喷波面时不能断续，相邻上下两次同方向，喷枪间接搓要平缓一致，波面均匀，每分格块一气喷成。

喷粒点面层时，三遍连续成活，但间隔要视吸水程度而定。喷粒要均匀分散，不能连成一片。在喷完一个分格块后，进行下一块施工时，要注意不要污染喷好的面层，特别是粒点状喷涂时由于气压要稍大，喷射分散则更要注意，如有必要可进行覆盖。喷涂中要依要求的粒点大小、分布的疏密来调整气压大小和灰浆稠度。在喷涂过程中如有流坠现象应铲除，待底子稍吸水后再重喷。如果中途出现故障，停机时间较长，要对输送管道进行清除，加大压力打水冲洗干净。

每次涂喷要有计划，估算好砂浆用量，合理搅拌，因每次要完成整块的分格块，不能涂喷一半或部分，所以要注意砂浆的搅和量与工作量相差不大，以免浪费砂浆，每天下班前要把输送系统用清水加压冲洗干净，保证输送系统通畅且要及时清理落地灰，保证文明施工。

## （二）聚合物砂浆滚涂

滚涂抹灰，是用聚合物砂浆在墙面抹好后，用各种花纹的滚子，在砂浆表面滚压出不同花纹的一种装饰工艺。

滚涂抹灰前，要对基层进行清理，浇水湿润，如果是砖墙要用1：3水泥砂浆打底，方法同砖墙抹水泥砂浆中打底的方法。如果是混凝土墙，基层不太平的，要经刮糙处理后用1：3水泥砂浆打底，如果基层比较平整，或面积不大时，只需做局部处理。抹面层前应在底子上涂刷30％108胶溶液。滚涂抹灰的用料，可采用普通水泥砂浆加108胶，也可采用彩色水泥砂浆加108胶，普通水泥应选用325号以上，彩色水泥砂浆可用彩色水泥或用白水泥掺加不超过5％的耐光、耐碱的氧化铁系列颜料，骨料采用有一定颜色的中砂或色石渣石屑过3mm筛。施工前要依设计分格位置在底层上弹出分格线，用108胶布条粘上分格条。涂抹时，要依分格块，逐块抹上面层灰，面层可用1：1的水泥砂浆掺加20％水泥重的108胶和适当颜色，拌和的水泥聚合物砂浆。涂抹时，要先薄薄刮抹一遍，而后再找平。一般厚度为3mm。砂浆稠度为9～12度。涂抹完一定面积的面层后，经初步溜平，另一人紧跟用辊子，在涂抹后的面层上滚拉出毛尖和花纹来。滚拉时手法要一致，用力要均匀，运滚速度不要太快，要沉稳，但与抹面层的人不要有太大的距离，以免灰砂吸水干燥而拉出的毛和花纹浅而平淡，要对照样板而滚拉，滚拉时要求运滚平直，一次到头。辊子可用油印机的胶辊或打上花纹眼的滚子，也可以用聚氨脂浇筑（图11-1）。滚涂的操作可分为垂直滚涂（用于墙面）和水平滚涂（用于预制壁板），两种方法相同，只是水平滚涂时，应在辊子把上绑一根木棍，以防水平方向一次拉不了长向的纹路。如果花纹允许，在相邻两次运滚的中间骑缝再滚上一辊子，以防滚空和棱梗现象。

滚涂所用的彩色砂浆，要先计算出水泥用量，采用同批、同种的水泥，按比例先与颜料拌均匀，装袋。使用时再与骨料拌和，而后加水和108胶。配合比一旦制定后，要严格按配合比搅拌，砂浆的稠度不可变化，要掌握在一定范围内。大面积施工前要组织操作人员先做样板，然后按样板施工，每日施工要有计

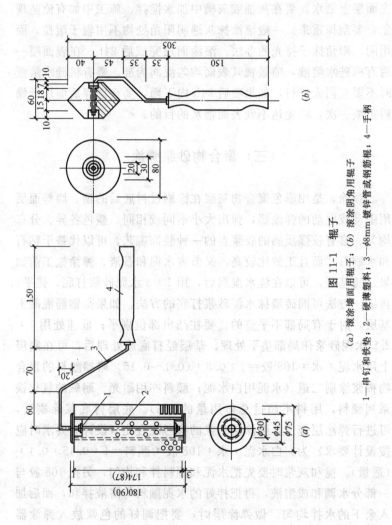

图 11-1　辊子

(a) 滚涂墙面用辊子；(b) 滚涂阴角用辊子

1—串钉和软垫；2—硬薄塑料；3—φ8mm 镀锌管或钢筋辊；4—手柄

划，不能留接槎。施工段一定留在分格缝处，搅拌砂浆要有计划，以免造成浪费。在施工中，对砂浆应经常搅动，以免稠度不同而造成质量问题。如果施工过程中，产生砂浆较干燥时，不要在面层上洒水，要在灰桶或灰槽中加水搅拌。施工中如有流坠现象，要刮掉重来。一般滚涂抹灰遇阴阳角处均不用辊子滚拉，而用阴、阳角抹子捋光的办法。滚涂面层完成后 24h，在表面喷一道有机硅水溶液，喷量视其表面均匀湿润为准。喷有机硅水溶液时不要在阴天进行，如果喷后 24h 内下雨，要在雨停后面层干燥后重喷一次，以免达不到表面憎水的目的。

## （三）聚合物砂浆弹涂

弹涂，是用彩色聚合物灰浆在涂刷过衬底后的顶、墙等面层用手动或电动的弹涂器，弹出大小不同或相同、颜色各异、分布均匀、富有较强质感的胶浆点的一种装饰工艺。可以代替干粘石和水刷石，而且工效比较高，又节省水泥和石渣。弹涂施工前如果是砖基层，可以在浇水湿润后，用 1∶3 水泥砂浆打底，搓平，搓细。方法可同砖墙抹水泥砂浆打底的方法，如果是钢筋混凝土基层，对于有局部不平整的，要在凸出部位剔平；低洼处用 1∶2.5 水泥砂浆作局部垫平处理。基层经打底或处理后，可在底层上用水泥∶水∶108 胶＝1∶0.8∶(0.1~0.15)略掺颜料的聚合物稀浆涂刷二道（水泥用白水泥；颜料亦用耐光、耐碱的氧化铁系列颜料，用料不超过总体用量的 5%）。底层衬底浆涂刷后，可进行弹涂层施工，弹涂层灰浆的参考配合比（设计有要求时应按设计要求）为：白水泥∶水∶108 胶∶颜料＝1∶0.45∶0.1∶(适量)。搅和灰浆时要先把水泥和颜料拌和均匀；另把 108 胶与一部分水调和成溶液，再把拌好的水泥颜料与溶液拌和，而后加入余下的水拌均匀。做弹涂层时，要把调好的色浆放入弹涂器中，弹涂器中灰浆的放入量要相对保持稳定，不可忽多忽少，因为弹涂器内灰浆的量直接影响到所弹涂浆点的大小。弹涂时，要依色浆的颜色多少而选择合作的人数，一般要每人弹一种颜色的灰浆，进行流水作业，第一人弹第一种颜色灰浆后，另一人紧跟弹另一种颜色的灰浆。所弹的浆点要近似圆形，各种色浆弹点都要疏密一致，散布均匀，组合后的彩色浆点要相互衬托，分散均匀一致。弹涂的灰浆稠度可按参考配比，如果设计有要求时，要依设计要求，但也要依温度和环境的变化作适当的整。如果气温较高，比较干燥，可以适当增加灰浆的稠度值，如果气候比较潮湿，吸水较慢，可以适当减少用水量，调整灰浆稠度。弹涂前要组织操作人员作出样板，由设计人员选定（浆点的大小，疏密度和厚度，灰浆的稠度，和颜料的用量、色彩的搭配），并要按所选定的样板，先做手法训练，而且在施工中不断依样板对照进行施工，在施工中灰浆可能由于放置而改变原稠度，这时要有专人负责随时搅动浆体，有必要时应稍加水再搅动。施工配合比确定后，拌制灰浆要由专人负责，严格控制配合比，搅拌用料一定要过秤。一次施工的用料要先计算出来，水泥与颜料应先行按比例进行拌匀装袋备用，以免产生颜色变化的缺陷。色浆点面层干燥后，要用甲基硅树脂溶液在表面喷涂一层面层，以增加抗渗性和

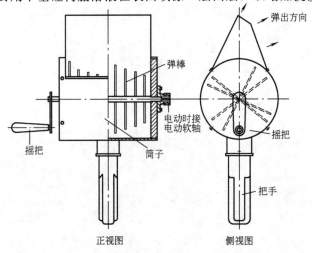

图 11-2 弹涂器

提高耐久性。甲基硅树脂溶液的配制是先在甲基硅树脂中加入1‰～3‰的乙醇胺，搅拌均匀后放入容器中密闭保存，用时加入1倍的酒精搅均匀即可使用。喷涂时以喷涂均匀、不流淌、不遗漏为宜。弹涂器（图11-2），分手动与电动两种。手动以小面积使用为主，比较灵活；电动弹涂器适用于大面积弹点，速度快，效率高。弹涂墙面如有分格缝，应在涂刷衬底浆后，依设计粘布条。

### 复习思考题

1. 聚合物彩色水泥喷涂的参考配合比是怎样的？
2. 彩喷对运枪有何要求？
3. 对滚涂面层运滚时应注意什么？
4. 弹涂工艺对面层的技术要求是什么？
5. 手工和电动弹涂器各有什么特点，适用范围是什么？

# 十二、艺术抹灰

艺术抹灰，是指通过抹灰成果，使人感受艺术的享受，有着美的体现力和感染力。同时也体现工艺的复杂，技术的高超。

艺术抹灰一般是通过模具在建筑物的阴阳角等部位，如灰线、灯光、门窗贴脸、梁角、梁头、柱帽、柱墩等捋出各种复杂的线型。用各种工具堆塑、雕刻出各种花饰、人物、花鸟等立体形态，并包括翻模、制模等。

## （一）灰线抹灰

灰线抹灰，称为扯灰线或捋灰线。它是用模具在建筑物的阴、阳角处扯出不同层次和形状的线型，以增加建筑物的装饰性，给人一种美观和舒适的感觉。由于施工部位不同，抹灰线所用的材料也不同，一般在室内使用石灰砂浆或混合砂浆做垫层和中层，用纸筋灰和石膏灰浆抹面层。而在室外则使用水泥砂浆、水泥石子浆施工，并且依要求不同和档次的区别，有比较简单的"西瓜皮"灰线和不超过四道"唇"的小型灰线，亦有多道"唇"的中型或较复杂的大型灰线。并且有的复杂灰线由于宽度较大，用一个模具（模子）不能完成，而采用两个不同或对称的模子来共同完成。俗称"截模子"。另外依扯灰线时模子的运动方向分为水平灰线和竖直灰线。扯灰线的施工模具可分为死模和活模两种做法，一般死模比较大，是卡在上下两根靠尺上，由一边向另一边推动而扯出线条来，死模在中间任何部分都不能取下，只能在两端靠尺留出的空隙才能取下。捋死模比较简单，不需要很高的技术水平即可操作；活模是在一根上靠尺或下靠尺上即能捋出

259

灰线，模具运行灵活，在任何部位均能取下的一种施工。活模施工要求的技术性较强，因为它只靠一根靠尺，要捋出多道线脚，且要求平直，确需有比较深厚的基本功。室内抹灰线的分层做法，一般为四道：第一道为粘结层，用1：1：1混合砂浆薄薄抹一层；第二道为垫层，用1：1：4混合砂浆略掺麻刀；第三道为出线灰，用1：2石灰砂浆；第四道为罩面灰，用纸筋灰分两遍完成，第二遍纸筋灰应过3mm筛。也可用石膏灰浆罩面。

具体施工方法是，抹灰线前要把墙面的灰饼做好，依所做的灰饼把墙上部按模子方正、大小，量出灰线在墙上的竖向尺寸，并加上粘靠尺的尺寸在内，先把这个面积内的墙面底子灰抹好，搓平（有时为了防止抹墙时把抹好的灰线碰坏，也可以把墙面底子灰先行全部抹完）。后依模子的方正、大小，在抹好的底子灰上找出粘尺的位置，再在房间四周抹好的上部底子灰上弹出一圈封闭的粘尺控制线。并且要把顶棚四周依灰线所占的宽度，加上粘尺的位置，用抹顶棚的方法抹好底子灰。如果是采用死模需要在顶棚上粘上靠尺，应依模子的方正、大小把顶棚的稳靠尺线也弹出。开始抹灰线时，因为灰线厚度比较大，不可能在一天完成，为保证质量要分层进行。第一天可进行前两道的施工。有时遇到较厚的灰线，垫层需要几天才能抹起。所以不要在抹第一道前就粘贴靠尺，一般是在抹出线灰前粘尺即可。在抹垫层灰时要依弹线随时用模子量试垫抹即可，如果稳尺采用钉子钉固的方法，则不考虑在抹出线灰前才稳尺，可以早一些时候钉固靠尺。抹灰线时，头道粘结层完成后，紧随抹垫层灰，一般抹灰线的垫层灰要求稠度值尽量小，在搅拌时一般采用人工搅拌，一定要控制用水量，要用锹铲起高扬，摔下的方法，摔出垫层灰来（俗称牙子灰），只要能粘结牢固的情况下，用水量越少越好，这样能增加每次涂抹的厚度，而又避免产生开裂。在抹垫层灰时，要随抹随用模子量试，不要超出设计厚度。待模子依线放好，摆至方正后垫层灰离模子各部留有3～5mm时为宜，可以抹第三道出线灰，出线灰一般在垫层灰完成后第二天进行。抹出线灰前要依弹线粘稳靠尺，抹灰线的靠尺最好使用新刮好的截面呈矩形的靠尺，靠尺在使用前一天要放在水池中浸泡透，阴干后使用，粘贴时把靠尺截好，用1份水泥和1份纸筋灰搅和的混合灰浆在尺上打点（抹灰饼），依弹线粘在底子灰上，并用小木杠在粘过的靠尺面上平拍、靠平直。如果是死模操作，要依顶棚的弹线把顶尺也粘好，粘好尺后，把模子上好来回推拉几下，要不卡不松为好。如果是活模，顶棚充筋的，模子卡在下尺上时，依模子方正，模子上端正好顶住筋面为好。如果不充顶筋，依模子方正上端只留出1～2mm顶棚罩面的余地即可。墙面所粘贴的靠尺，尺的外大面要竖向垂直，即与墙面平行。在抹第三道出线灰时，要两人合作为好，一人在前用鸭嘴打灰，一人在后边用模子将，死模要从一头向另一头平缓推去，在另一端取下模子，再从头放上模子仍如前，向另一头将去。直至将出线条来，然后可以用纸筋灰罩面，罩面时，打灰人可以采用鸭嘴打灰，也可以采用喂灰板喂灰，这时两人配合要协调，面层要分两遍进行。第一遍用普通纸筋灰，第二遍用过筛后的细纸筋灰，两遍厚度为2mm。要将至棱角整齐、挺括、平直、光滑为止（图12-1）。

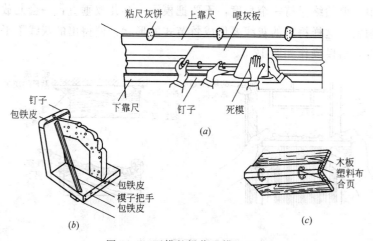

图 12-1 死模的操作及模具示意

(a) 死模的操作；(b) 死模；(c) 喂灰板

抹完一面墙的灰线后要拆除靠尺，做另一面墙的灰线。一个房间全部做完后拆除靠尺，可以把每相邻两条灰线间的接角连接上，这道工序俗称合灰或攒线角。攒线角是一项技术性要求很高的工作，一般要由级别较高的技工来完成，具体方法是：用鸭嘴、柳叶等大小工具把各层灰浆抹好，主要是在抹出线灰和面层时，要用灰线接角尺（攒线尺头，如图12-2）来完成。在抹好灰层后用攒线尺头作刮尺，依抹好的灰线刮顺，再用攒线尺头作靠尺，用柳叶等工具（另用灰线专用阴阳角抹子）压光、捋实，把小阴、阳角捋实、捋光，使之平整、顺直，看不出接槎。两道灰线的交角要交圈。

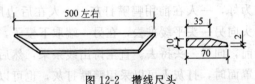

图 12-2　攒线尺头

　　如果是活模，在抹出线灰时，亦要一人在前打灰，一人在后用模子捋线脚。活模贴近靠尺的部分要紧贴靠尺，在运模的过程中，要始终保持一个角度，不要把模子一会儿放垂直，一会儿放倾斜，这样捋出的灰线要形成竹节式的形状，使捋出的灰线不平直，活模操作如图12-3。

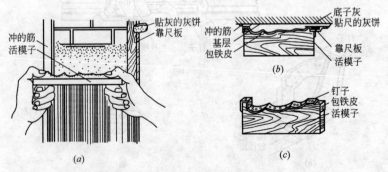

图 12-3　活模的操作

(a) 活模的操作；(b) 活模、冲筋、靠尺的关系；(c) 活模子如果是活模做圆形灰线，一般适用于灯光及半圆的室外门窗璇口及门、窗口上部的半圆形装饰线等。在施工前要先找到圆的中点，在中点处先埋放好一根钉子，周边要用水泥砂浆抹牢固，在模具的一端依设计线型做出模子的线型，另一端以圆的半径长处钻好一个孔，作为穿钉子用。在抹上灰后，把模具（图 12-4）穿在钉子上，绕钉子做环形运动，揣出圆形灰线来。

图 12-4　圆灰线活模

做圆形灰线前要把圆形范围内的基层部位先进行打底，以模具的旋转用铅笔画出圆的外轮廓线，而后进行揣圆形灰线的操作施工。

如果是多边形灯光，在找规矩前，也要依照灰线所占面积，先以抹顶棚的方法，把顶部灰线范围内（加上粘尺位置）打上底子灰。打底子灰一定要抹平、搓细，而后找出灰线的中点，并在重点的位置水泥砂浆中点埋上一根铁钉。另用一根短靠尺在一端钻一个穿钉子的孔，另一端锯成一个三角凹槽，使穿钉孔与凹槽的距离正好等于灰线外接圆的半径做成轮圆尺。用轮圆尺的孔眼，穿上中心钉的钉子上，在轮圆尺的凹槽里放入铅笔，使轮圆尺绕中心钉，环形运动划出多边形的外接圆（图 12-5）（亦可用无弹性的铅丝代替轮圆尺）。然后依外接圆画出多边形的外轮廓线，再以外轮廓线和灰线的宽度尺寸，向内平移画出内轮廓线。并按所使用模子卡靠尺的位置，依外轮廓线向外平移画出粘尺控制线。多边形一般常见的为五边形、六边形和八边形等。

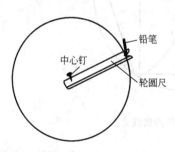

图 12-5　轮圆尺及划圆示意

正五边形的放线方法是，依给定的外接圆半径或直径，划出外接圆后，在圆内通过圆心点画出相互垂直的两条直径，设圆心

点为 $O$，直径交圆的点分别为1、2、3、4。再取 $O$—2 的中点5，以5为圆心，3—5 长为半径，划弧交 $O$—1 于点6，3—6 长即为正五边形的边长。这时可以在圆上任一点为圆心以 3—6 长为半径在圆上依次推进画出五个点。如先以点3为圆心，3—6 为半径划弧，交圆得点7，再以点7为圆心，3—6（3—7）长为半径划弧，交圆得点8，以点8为圆心，3—7 长为半径划弧，交圆得点9，以点9为圆心，3—7 为半径划弧，交圆得点10，分别连接 3—7、7—8、8—9、9—10、10—3 即得所求正五边形（图12-6）。（亦可在圆上分别量取直径乘以 0.587 的长度后稍作调整即为正五边形）。

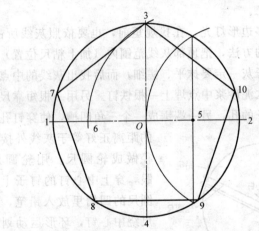

图 12-6　正五边形的放线方法

正六边形的放线方法可参照十、（五）3 之多角柱中六角柱的放线方法（图12-6）。

正八边形的放线方法是，先以给定的直径或半径，画出多边形的外接圆和外接圆的两条相互垂直的直径（方法如前）。设外接圆的圆心为 $O$ 点，水平直径与圆的交点为点2、点1，垂直直径与圆的交点为点3、点4。再以点1、点3分别为圆心，以超过 1—3 距离 1/2 以上的任意长为半径画弧，得交点5，连接 $O$、

5 得交圆上的点 6。再分别以点 1、点 4 为圆心，如以上方法得交圆上的点 7，分别延长直线 6—O 和直线 7—O 分别得到交圆上的点 8、点 9，依次连接点 3、点 6、点 1、点 7、点 4、点 8、点 2、点 9、点 3，即得出所求正八边形（图 12-7）。

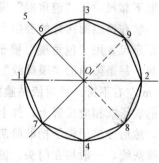

多边形的放线工作完成后，可以用与边数相等根数的靠尺，按所弹粘尺线，把靠尺量接好，用打点灰的方法把尺粘上去。粘上的靠尺要在同一平面上，不能相互扭翘，因为抹灯光灰线要用活模子，且仰面运模难度又比较大，如果灰线尺寸比较宽，可以

图 12-7　正八边形放线方法

在灰线内轮廓线里边另粘一道靠尺，使用两道靠尺来工作，更利于施工质量和进度，同时也不需要很强的技术性。在灯光灰线施工中，如果基层是板条顶，在打底时一定要加钉麻钉。灯光灰线的尺寸比较大，用灰量较多时为防止灯光灰线自重过大产生下坠，可以在打底前于基层灰线的位置上，钉上几根铁钉，钉帽上系细铜丝，在打底时把铜丝留在外边，在抹好灰线粘结层后，用 8 号铅丝或 $\phi 6mm$ 的钢筋做成与灰线形状相似的骨架，用铜丝绑扎牢固，在抹垫层灰时，将骨架埋在垫层中。灰线尺寸更大时，可考虑使用两道骨架，现浇钢筋混凝土顶棚，可以打底前在基层上钻孔安放膨胀螺栓或塑料膨芯及塞木楔钉等方法固定骨架。骨架要设在灰线的凸形线条内，不放在凹条线条中，骨架要有一定的保护层，以免年久内部骨架由于接触空气而锈蚀。完成骨架后要分层抹出灰线，用模子挣直、挣光。然后拆除靠尺，把线脚攒上，方法同前。灯光的线脚由于是在一个平面上，所以比墙顶间灰线容易些。

在抹门窗口贴脸灰线时，应先把口角的侧边与正面贴脸灰线及粘尺的部位先用 1∶3 水泥砂浆打底，而后在底子灰六七成干时，用 1：2 水泥砂浆把口角侧面抹平、抹光，然后翻尺，把尺贴在侧面抹好的阳角处，再把正面依尺抹出一圈离阳角 5cm 左右的水泥砂浆灰条，抹平后，用木抹子搓平，稍溜一下水光，然后取下靠尺，依"包角棍"模子大小，把靠尺向里平移至合适尺寸，粘在口侧面抹好的表层上，用抹子顺序敲几下粘牢，然后依所粘靠尺，用"包角棍"模子把阳角捋出"眼珠线"。一般为了美观，每条阳角的"眼珠线"不能通长做，要把两端各留出15～20cm 左右不捋。然后依贴脸模子的大小，从阳角处量至正面打好的底子灰相应位置上，弹上粘尺控制线，依所弹控制线粘上靠尺，然后分层用模子把贴脸灰线捋出来，最后攒线角。如果是室外抹灰线，一般均在门头、窗璇、柱帽、柱墩、勒角上口、花池等部位。主要以水泥砂浆、水泥石子浆等为施工材料。水泥砂浆的各层做法分别是：第一道为粘结层，用水泥素浆，薄薄抹一层，约 1mm；第二道为垫层，用 1：2.5 水泥砂浆，为了增加灰浆的和易性也可以加入少量石灰膏，涂垫厚度以用模子量试为准，只要留下出线灰的厚度即可；第三道为出线面层灰，即有 1：2 水泥砂浆，边抹边捋，捋至线脚丰满、挺括、平直、表面光洁，有时为了表面光滑，加快施工进度，可以在第三道灰浆捋至基本成形后，在表面刮一道素水泥浆用模子勒入第三层出线灰中，无厚度，可使在捋抹过程中，运模比较滑润，出线比较快，表面更加光滑。采用水泥石子浆抹灰线时，前两道与水泥砂浆相同，而第三道出线灰与面层合二而一。常用的配合比为 1：1 水泥米粒石，或 1：1.05 的水泥小八厘石子浆。作面层时亦是一人在前打灰，一人在后边双手托定模子依靠尺捋至基本成形后，稍吸水，而后用刷子蘸水把表面灰浆刷去，而后再用模子把露出的石子压平。稍待吸水后，用刷子轻轻蘸水刷一遍，然后用喷浆泵喷水，把表面的灰浆稍加冲洗，以露石子比较均匀为好。如果石子在第一次水刷则显现出不均匀，可以多次反复刷压几遍。一般在抹水泥石子浆灰线时要先把面层抹得稍高一些，在刷压的过程中，灰层厚度逐渐趋于平整，如果一开始就抹得正好与模子相符合，经刷压后抹灰层将缩薄，而使模子贴靠尺运行中，就会产生模子贴不到抹灰层的弊病。灰线的抹灰，在整个运模过程中，特别是要注意靠尺的干湿度，尤其是在夏季，要始终保持靠尺的湿润，如果靠尺表面干燥发白，需立即用刷子蘸水把靠尺润湿。保持靠尺湿润的目的，一是尺面湿润，模子在上运行比较滑润，运行自如，另一方面是以免靠尺干燥作业时，粘尺的灰浆失去粘结力，易使靠尺脱落。

一般为了防止靠尺脱落，第二次粘贴与第一次厚度有偏差，常在粘好靠尺后，在尺的附近做出与尺面相同高度的标志，以作为再次粘尺的位置依据。

## （二）花饰的制作和安装

花饰装饰依部位的不同，所有材料也不同，在室内多为石膏花饰，在室外则采用水泥砂浆花饰和水泥石子浆花饰。花饰是使用在高级建筑的室内、外的装饰线、灯光、澡井、梁头、柱帽等部位的装饰工艺，是我国古老的建筑遗产，是建筑工艺中一颗璀璨的明珠。花饰制作工艺分为花饰阳模的制作、阴模的翻制、花饰的倒模、修理及花饰的安装。

### 1. 花饰阳模制作

在花饰制作中，除单个花饰外，一般生产相同若干花饰时，为了花饰的尺寸形状不走样和提高生产速度，提高效率，不采用一个一个单独生产的方法，而是先做出一个样品，用其翻制成阴模，再用阴模倒出所需数量的花饰。

花饰制作阳模的具体方法是，先认真看设计花饰图样，悉心领会设计意图，然后在一块大于花饰实际外轮廓尺寸每边 5cm 以上的平木板上，涂刷上一道隔离剂，用放样的办法把设计花饰的实际尺寸的外轮廓线画在木板的中间，然后用事先搅和好的大泥分层堆塑。堆塑用泥的含水率要极低，只要能粘结在一起不散开的情况下，含水率越低越好。大泥在搅拌时要经过"遛泥"的过程，即把和好的含水量较低、比较散、比较硬的"生泥"，在一块光滑平整的石板等物上摔打。遛泥可以抓起后用力摔下再抓起，再摔下，也可以用木棒拍打，直至把所拌和的"生"泥遛"熟"，即含水量既小而又较柔韧。堆塑阳模时，先依花饰的厚度，在所画的外轮廓线内平堆出一定的厚度（高度），然后用柳叶、鸟舌（如鸟的舌头形状及大小的一种做装饰细部的工具，见图12-8），平头（做花、字等的一种头部平直的小工具，见图12-9）等工具，依不同层次不同花型，由底向上逐层堆塑，堆塑阳模所用的木板，最好是放在能旋转的小矮桌上。在堆塑过程中，要适时转动桌面，从不同的角度进行观视和施工，所堆塑的花饰要逐层用大小工具压实、溜光，而且花饰过厚的还要分层操作，以免产生裂缝。花饰的凹入部分极微细部分，如果无法用小工具压光时，要用5～10mm宽的扁刷或小油画笔轻轻抽打平整、光滑。堆塑时要随时对照设计图进行修整，堆塑出的花饰要尽量体现设计意图。线条挺括的要体现刚劲，线型舒缓的要内寓流畅，尽量做到生动、有活力。塑制好的花饰干燥后可用细砂纸卷成砂纸卷对表面进行磨平、打光，然后用小刷子抽打干净表面的浮土即可。

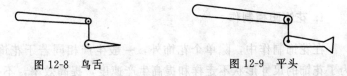

图 12-8　鸟舌　　　　　　　　图 12-9　平头

## 2. 翻制阴模

花饰的阳模堆塑完成后，要用 10mm 厚、宽度大于花饰厚度 1.5cm 的木板，订制一个每边边长大于花饰 3cm 的木框，将木框套在塑制好的阳模上。要求花饰要居木框的正中，把木框与花饰下边木板的缝隙用纸条蘸石膏浆封严。然后用一容器放入水和石膏，迅速打石膏搅拌成石膏浆，把搅好的石膏浆徐徐倒入木框中，在倒入石膏灰浆离木框 5～10mm 时，在框内加入几根竹纤子或铁筛子网片，而后注至与上口一平，用抹子把上口抹平。待石膏凝固后，把木框连同木板一同反过来，把木板取下，用大小工具，把灌注好的石膏中间的泥塑，一点一点挖出，挖时一定要注意不要碰坏灌注的石膏浆。然后用刷子把阴模的里边扫干净，用砂纸卷把模内打磨光滑，要全部打磨到，不要漏磨，而后再用刷子进行清扫，清扫干净后，要用漆片（虫胶清漆，使用前用酒精浸泡溶解）在模内涂刷数遍，而且每刷完一遍后待漆膜干燥后用砂纸打磨光滑，直至内部平滑为止。

### 3. 花饰翻倒

花饰翻倒前要在刷过清漆的阴模内涂刷一道植物油。一般多用豆油，豆油要刷均匀，不能漏刷，但不能刷得太多，不要有积油处。而后用容器搅拌石膏灰浆倒入阴模中，为了增加花饰的强度，可以在灌注石膏灰浆后，石膏灰浆未初凝时，放入竹纤、木棍等做骨架。骨架要埋入石膏灰浆中一定深度。有时为了翻制花饰时容易倒出，在放埋骨架时，在骨架上绑扎一根细麻绳，以备在倒花饰时能拉住细麻绳轻拉，并在阴模上轻轻拍打，而把注灌的花饰，顺利拉出。每次翻倒一个花饰后，要把阳模内清理干净，涂刷一道豆油后再翻制下一花饰。花饰出模后要经过修整外形及打磨。由于多数花饰为了外观自然、洒脱富有生气和活力，以免呆板、生硬，常常在侧视图中呈上大下小的形状。可是在塑制阳模时，如果做成与图相同的真形，然后在制阴模时可以把阳模挖出（挖碎阳模），而在翻制花饰时将产生内大外小而倒不出来。所以在堆塑阳模时要在图示形状的基础之上，把下部外围尺寸增大，而呈现出上小下大的模形，以利翻倒花饰的脱模。在翻倒出花饰后，要把花饰的底部依照图样进行修整。修整花饰一般由上而下按层次进行。修整后的花饰，要从多方角度观看，确认与图样无误后，要用砂纸轻轻打磨光洁。

#### 4. 花饰的安装

花饰的安装有粘贴法和铆固法。一般尺寸比较小的花饰多采用粘贴法。而尺寸比较大，厚度比较厚的花饰多采用铆固法。而采用铆固法时，往往也多为铆固法与粘贴法相结合。

花饰的粘贴方法是先在粘贴的位置上弹画出相互垂直的两道中心线，如果是水平方向的排花，水平方向要拉弹通线，然后在设计的中心间距，弹出每个花饰的垂直方向的中心线。如果是竖向排花，则先依设计位置，竖向吊垂直，弹出竖向垂直线，而后依设计花饰中心间距弹出各花饰的中心水平线，然后在每个花饰的背面画出中心相互垂直的十字线。并把十字线的四个端头返至花饰的侧面，用铅笔做出标记，而用石膏：石灰膏＝6：4的混合灰浆在花饰的背后涂抹 3～5mm 厚，要用抹子抹平后粘贴在相应的位置上，从正面而视四个标记点要与所弹的十字中心线相重合。也可以在未抹粘结灰浆时，把花饰在相应的位置虚放就位，通过竖向吊直，水平找正后依花饰的外廓尺寸形状，画在墙、顶等处，而后再于花饰背面抹上粘结灰浆，粘贴在相应的部位上，花饰粘贴在墙上后，要用手揉平，揉实，并用手扶住稍待片刻，等灰浆凝固后可以放开子，进行下一个花饰的粘贴。铆固法，是依前方法在底层上弹好两个方向的中心线后，花饰上也要画出四个粘贴标记，把花饰虚式就位，在底层上画出花饰外廓形状线后，在底层上打孔，放入木楔并在上边拧螺丝钉，或在底层打孔中放入膨胀螺栓，放好的螺钉或螺栓要拧紧。而且出墙的长度不能超过花饰的厚度，一般要短于花饰厚 5mm 以上，然后在相应的位置处再把花饰就位，使螺钉或螺栓顶位花饰背面。经错动花饰后，将在花饰背面得到钉位的印缝。再依印迹用钻头或柳叶等在花饰背面钻孔，孔径要大于螺栓的直径，每边不少于3mm。而后与粘贴法相同，在花饰背面抹上粘结灰浆，把花饰粘贴上去。铆固法的另一种方法是在粘贴花饰后，用电钻在花饰表面钻孔，孔深要透过花身厚度而打入底层中，然后把钻头抽出，在花饰上部把孔径扩大至能容入膨胀螺栓的螺母。而后在孔中放入膨胀螺栓，上好螺母，适度拧紧，螺母外部要全部埋入花饰中，不能露出表面，而后在孔洞处注入石膏灰浆，表面修整至无痕迹。全部安装完工后要随墙或顶涂刷一道涂料，这种方法适合大尺寸花饰。

### 5. 室外花饰的制作

室外花饰的制作与安装，与室内大同小异，两者之间工艺相同，而用料有别。一般室外花饰均采用水泥砂浆，水刷石或斩假石等材料。室外花饰的制模与室内亦相同，只是在制阴模时要采用水泥砂浆，而不用石膏浆。在阴模制作完成后，要经过养护，而后要在阴模内经反复擦水泥素浆和打磨，间隔进行数次直至内部平滑为止，而后要依前方法在内里涂刷漆片和打磨，间隔进行数道。而后在内壁涂刷植物油做隔离剂后再翻倒花饰。翻倒水泥砂浆花饰时，所用的水泥砂浆一般常采用 1：2 水泥砂浆，以硅酸盐和普通硅酸盐水泥不低于 325 号为好，要控制用水量。为了翻倒速度的提高，稠度值应不大于 4 度。一般以抓在手中稍能出稀浆即可。把砂浆装入阴模后，要轻振外模而使砂浆密实。也可以用双手托起装上砂浆的阴模上下轻拍几下，而使之密实。然后把上面（即花饰的背面）用抹子抹平，在上边洒上 1：1 水泥干砂粉，吸一下水后刮去吸过水的干粉，把背面压一遍，而后把花饰扣出，第二天养护，养护前要进行花饰的修整。养护后要进行打磨。

如果是水刷石花饰，在翻倒花饰时，要用 1：1.1 的水泥米粒石灰浆，稠度为 4，注入涂刷过隔离剂的阴模内，如同水泥砂浆的方法振实。扣出花饰后，经修整后，用刷子蘸水把外表是灰浆刷去，露出石子后，稍待用小嘴水壶冲干净即成如果是斩假花饰，可采用 1：1.1 水泥米粒石灰浆如水刷石花饰一样做法，将花饰扣出后进行修整，并要进行养护，在适度养护后，用特制的工具进行斩剁。另外在堆塑完阳模后，在制做阴模时也有不采用石膏灰浆和水泥砂浆，而是采用明胶制成阴模。制作明胶阴模的方法是，把明胶与水按 1∶1 的比例，放在胶锅中，另用一只大些的锅，在锅中放水，把胶锅放在水锅中，把水锅加热，边加热边搅动，当胶锅达到 30℃ 时，明胶开始溶化，待明胶基本溶化时，开始在胶溶中除去泡沫后，加入明胶质量 1/8 的工业甘油，边加边搅动至均匀。待胶液升至 70℃ 时，从水锅中取出，稍晾后即可浇注。浇注时，要把涂刷过虫胶清漆的阳模放在平板上，套上木框并把缝隙封严，将胶液徐徐注入木框中，木框的四周内壁也要涂刷隔离剂，胶液注入的速度不可太快，以免花饰的细部由于液体流速快而造成密实度不高，使阴模表面不光，走样，有毛刺等。为防止以上缺陷的产生，除注入胶液速度要缓慢外，且在有必要的时候可轻振木板，使胶液密实。浇注好的阴模经 8～12h 后方可取出阳模，好拆去木框，视其表面是否平滑、密实，如有缺陷应重新浇注。如果比较理想，则要用明矾和碱水洗干净，以增加强度。阴模所用的明胶要用同一类的胶，不能混合使用，如果需要翻制的花饰量比较大，要用甲种明胶，翻制的花饰量不大时，可以用乙、丙、丁种明胶。如果翻制的花饰比较大，而且有勾脚时，花饰一般不易扣出，这时可把阴模切成几个，在浇制花饰时，可把分开的几个阴模拼在一起，在浇注花饰的石膏浆凝结后，可先把阳模的拼合紧固解除，而后分块拆开阴模，把浇注好的花饰取出，进行修整。并把拆下后的阴模洗干净再拼好，以便下次再用。如果花饰过大、过厚，由于胶模比较软，浇注后的花饰可能产生变形，这时要制作一个套模，套住阴模而后浇注，以免由于浇注的灰浆比较多，使阴模变形，浇注的花饰亦产生变形。

另外，由于花饰的侧面图中往往是上大而下小（花饰的花叶、花瓣要大于花托），具有勾脚，这样为了不在翻扣后做较大的修整（修出勾脚），除把胶模切开的方法，可以用分模来解决，分模即是在勾脚等处用小型单模与主模组合而成为完整无缺的阴模，这时也需要用套模，将其组套在一起，而后进行花饰的翻制。

　　阴模的套模制作的方法是把阳模的表面刷上三道虫胶清漆，每遍涂刷要在前一道干燥后进行。然后把阳模平放在平木板上，固定好。在上边铺上纸，在纸上抹上大泥，大泥要在阳模的上表高出 2cm，大泥的含水率要小一些，然后待大泥干燥后，在大泥上抹石膏灰浆，在涂抹中，可以适当放入竹片及麻头、细铅丝等拉结材料，以利于增加套模的强度。待石膏浆凝结后，取出阳模，挖出大泥即得套模，在翻制花饰时，先把阴模与分模组合好套上套模，即可制作、翻制花饰，套模如图 12-10 所示。

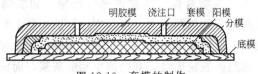

图 12-10　套模的制作

　　制阴模的胶液要清洁干净，不要有杂质，以免影响阴模质量。阴模在浇注花饰时，在连续翻出 5 块花饰后，要间隔 30 分钟左右，而且每次翻出花饰后要用明矾水洗洁净。

## （三）古建筑装饰施工

　　古老式的建筑装饰多以画、雕及塑为主。基本题材多以花卉树木、飞禽走兽和各种历史人物、神话传说等为依据，配上形形色色的花纹镶边装饰于结构的各部位。我国的古老建筑最大特点是具有浓厚的传统民族风格。在建筑中很巧妙地吸收和运用了绘画、书法、雕刻、堆塑等技巧和艺术，使被装饰物达到惟妙惟肖的效果。集我国古建筑手法大致可分为三大类，即：油漆彩画、雕刻和堆塑。

　　油漆彩画，是在平面上用彩漆绘出花鸟虫鱼、飞禽走兽、人物山水、神话及古典故事，是一种只具平面感，而主要强调突出美术绘画和色彩的效果，这类工艺在工种分口上，属油漆工。

雕刻，是在平、立面或各种几何体上使用各种雕刻工具，运用绘画和雕刻的艺术手法，雕刻出各种花饰图案、人物肖像、山水树木等具有立体效果的装饰艺术。一般主要材料以木材为主，灰装、砂浆、石材、砖板亦可进行。木材的雕塑一般以木工为主，抹灰工艺所涉及到的木刻主要在花饰制作时，如果花饰的花纹比较细小而又需要反映清晰，用大泥、石膏制作阳模，当不易达到理想效果时，应予采用木刻阳模。而石材及板砖的雕刻工艺按工种分口，则分别属于石工与瓦工。属于抹灰工艺的雕刻，一般是在抹好砂浆后，在表面尚具可塑性时，即兴或依设计刻画出各种山水花木、人物肖像、飞禽走兽等形象，如装饰抹灰一章中，打毛抹灰一节的刻画方法。也可在抹好的面层上贴上用纸写画好的字或画，然后依纸画的图案轮廓先刻画出轮廓线，去掉粘贴的纸样，依刻画的轮廓线，刻挖掉中间的灰浆，而成为阴文字画或花饰。或者依刻画的轮廓线，把中间部分再用砂、灰浆堆抹起一定不同层次、厚度的阳文字画。

阳文字画一般也俗称垛花、堆花。室内用纸筋灰，室外现在则用水泥砂浆（砂过细筛）施工。其中主要施工步骤为：描印花饰轮廓，捣草坯，填花和修光等。

描印花饰轮廓，即是在抹过的面层尚具塑性的时候，如前所述把绘画好的纸样粘贴在相应的位置上，依纸样用工具刻画出轮廓线。

捣草坯即是制拌纸筋灰和纸筋水泥灰浆后，用柳叶等工具把灰浆依画出的轮廓线初堆出花饰全厚度的一半，作为花饰雏形垫层（常称草坯打底）。打底的灰可用粗纸筋，但要事先在石灰水中沤制比较柔软后，再加入石灰膏或水泥捣制成干塑性灰浆。

填花，即是用较细（过筛）的纸筋灰，在捣草坯（打底垫层）上，堆塑出花饰的真形来。堆塑前要细心看图，领会设计意图，观察细节部分的线型曲向，堆塑出与设计意图相符合的花型花态。填花一项，要求操作人员具有一定的美术功底，审美观，扎实的基本功，高超的技艺及对所使用材料性能的熟悉，以及丰富的实际经验。

修光，是用大小工具或杨木溜子，对所堆塑花饰进一步修整、压光的工作过程，修光过程中要对所堆塑的花饰进一步精加工，使线条更加清晰流畅，花型更加栩栩如生，表面光滑，有艺术感染力。

堆塑，这里所谓堆塑是与以上填花堆塑有着差别性的寓意。填花中的堆塑是在一个平面上进行，乃为一种浮雕的形式，是雕刻中的另种版本（阴文和阳文浮雕）。而这里所谓堆塑是指人物塑像、鸟、兽等独立存在的立体形象而言，它不是在以某平面为依托，于其上作刻、画工；而我国古建筑中的堆塑常使用在屋脊、沿口、飞檐和戗角等处用纸筋灰堆塑出的飞禽走兽及庙堂中的人物塑像等。其主要施工步骤分为：扎骨架、刮草坯、堆塑细坯和磨光等四步。

扎骨架，是用 $\phi$6mm 的钢筋或 8 号铅丝扎成主骨架。绑扎物可采用细铁丝、麻或铜丝均可，主骨架要与结构上预留钢筋绑扎牢固。主骨架要依设计的要求尺寸和形状进行绑扎，不可整体或者局部偏大及偏小，如果骨架某部偏大则可能减薄塑堆灰层的有效厚度，或造成堆塑失败而返工。反之，如有骨架偏小时，则需要加厚草坯层的厚度，可能增加堆塑的整体重量或因草坯层厚度增加而使工期加大，或造成裂纹而影响质量。刮草坯是在骨架上用 1：2 灰膏纸筋灰在上刮抹堆塑的底层灰浆。刮草坯用的纸筋应事先在石灰水中浸泡数月以上，待浸泡至柔软才可使用。拌制纸筋灰时要控制用水量，要经捣制成为柔韧、粘着力较好的灰浆后使用，刮草坯要分层进行，每层厚度约为 8～10mm，要刮堆至初具雏形，刮草坯的过程可理解为抹灰中的打底。

堆塑细坯，即是如抹灰中的罩面，是用细纸筋灰，按设计意图，堆塑出一定的形态。由于堆塑物是针对某种动物的某种动作姿态而产生的创意，所以在堆塑中一定要强调一个"活"字，要体现逼真、栩栩如生的效果。

磨光，是雕塑中的最后一道工序，即可理解为抹灰的修理、压实、压光。磨光是用杨木溜子或大小钢制工具，对细坯表面进行进一步精修和压实、溜光。以使线条更加清晰流畅，表面更加密实、光滑，使之成为带有动感、活灵活现、惟妙惟肖、形象逼真的艺术品。

## （四）古建筑的修缮

古建筑经历久远的年代，受风、霜、雨、雪的侵蚀及人为的破坏势必产生部分或局部损坏，因此为了保持原建筑的风貌，对古建筑的修缮工作就显得尤为重要。

所谓重要，主要是古建筑的风格不同于现代建筑，所用的材料亦与现代建筑材料有别。若要使所修复的对象能产生原有风格，既要对古建筑施工技术及材料性能、配比等有所了解，又要知晓现代材料在古建筑各部位使用应注意的问题。

就古建筑涉及到的抹灰工范畴而言，一般分为软活和硬活两大类。

所谓软活，是指原部件生产制作时使用灰浆的堆塑、雕塑等；所谓硬活，即为原部件生产制作时使用砖石的雕琢、砍磨类制品。软活的修复应依部件损坏的程度不同分层采用色彩相近的灰浆填平补齐，外形应与原部件相似，面层湿灰浆颜色应比原部件深一色，其干燥后可与原件颜色一致。一般可在施工前先调制色灰样板来决定面层灰浆的色彩配合比。

硬活的修复可依部件的损坏程度不同决定是采用灰浆修补（轻微破损），还是采用灰浆做粘接层、砖雕榫接（较大的破损）来修复。硬活损坏程度不大的一般采用灰、砂浆分层修补恢复原样即可。硬活损坏稍大的一般采用砖雕原件缺损部位，吻合茬口后采用灰浆粘接结合榫接，再用灰浆（原色浆）修补缝隙而成。如果原件缺损更大的，可采用剔出剩余部分整件砖雕安装的方法修缮，或利用原件做内模，翻制外模来扣制部件的方法修缮。翻制外模的材料可依使用次数的多少分别采用经溜制过的大泥（胶泥）、水泥砂浆、石膏制硬模；或明胶制软模。制模的方法可依花饰制作章节所述。较大的部件，制模时应制成分模以利脱模。制作外模时应在原件外表面经磨光后涂刷虫胶漆若干道，再次打磨后涂刷一道虫胶漆干燥后，涂刷豆油一道以利脱模。翻制花饰时亦应在外模内表面经如前的打磨→涂刷虫胶漆→打磨→涂刷虫胶漆→涂刷豆油的工序，以利脱模。模制的部件脱模后应经整形、修色而后安装。

## 复习思考题

1. 艺术抹灰包括什么？有什么特点？

2. 抹灰线时采用活模操作对工人有什么要求？

3. 抹灰线的分层做法是怎样的，抹灰线怎样找规矩？

5. 在板条基层上抹灰线、灯光线时为了增强粘结防止坠落应采用什么措施？

6. 制作花饰有哪几个步骤？试述花饰翻倒的过程。

8. 花饰的安装有哪几种，各适用什么样的花饰？

9. 制作水刷石花饰的方法是怎样的？

10. 古建筑的特点是什么？古建筑的手法分为哪几类？

11. 垛花分为哪几个步骤？

12. 堆塑分为哪几个步骤？

13. 堆塑中磨光的作用是什么？

# 十三、机械喷涂抹灰

## （一）概　述

　　机械抹灰是把搅拌好的砂浆，经过振动筛振筛后倾入灰浆输送泵，通过管道，借助空压机的压力，把灰浆运送到龙头（喷头），通过龙头，依设计厚度采用一定的角度和运枪（喷枪头，即龙头）速度，连续均匀地喷射在墙、柱、顶等基层的表面。再通过大板托平、大杠刮平、木抹子搓平等工序来完成底子灰的全部操作（图13-1）。

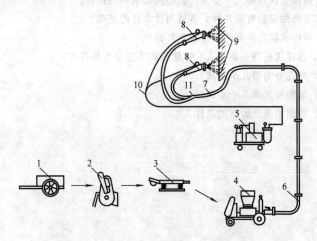

图13-1　机械喷涂抹灰工艺流程

1—手推车；2—砂浆搅拌机；3—振动筛；4—灰浆输送泵；

5—空气压缩机；6—输浆钢管；7—输浆胶管；8—喷枪头；

9—基层；10—输送压缩空气胶管；11—分叉管

机械喷涂抹灰是运用灰浆输送泵，运送砂浆。以常用的 HP-013 型柱塞直给式灰浆泵为例（见图 13-2），其工作原理是：砂浆从料斗通过吸入阀口，流入缸体，在活塞压力冲程时，砂浆被吸入阀口顶起，胶球堵住受料斗进灰孔，缸体前方的排出阀口被推开，此时砂浆即流入稳压室，再经缓冲后均匀地进入管道，在活塞未进入冲程时，由于管道中砂浆反压力的作用，排出阀口自动关闭，而吸入阀口，由于活塞运动后缸体产生真空作用，球阀孔自动打开，砂浆即流入缸体中。依此，活塞往返运动，阀孔一开一合，砂浆均匀连续不断地进入管道，送至喷头，喷射在基层表面。主要技术性能见表 13-1。

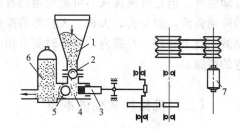

图 13-2　灰浆泵原理图示

1—料斗；2—吸入阀口；3—活塞；4—缸体；
5—排出阀口；6—稳压室；7—电动机

**常用灰浆输送泵主要技术性能表**　　　　　表 13-1

| 型　号 | HP-013 型柱塞直给式<br>（济南冷风机械厂） | 型　号 | HP-013 型柱塞直给式<br>（济南冷风机械厂） |
|---|---|---|---|
| 输灰量（m³/h） | 3 | 电动机转速（r/min） | 1440 |
| 垂直输送距离（m） | 40 | 料斗高度（cm） | 108 |
| 水平输送距离（m） | 150 | 外形尺寸（长×宽×高）(cm) | 150×77×108 |
| 最大工作压力（MPa） | 1.8 | 质量（kg） | 502 |
| 活塞工作冲程次数（次/min） | 90 | 常用工作压力（MPa） | 1.5 |
| 电动机功率（kW） | 4.5 | | |

由于灰浆泵垂直运送灰浆的距离限制，有些高层建筑，在使用机械喷涂抹灰时，要在中间相应的部分增加灰浆泵，来接首泵的运送极限而重新增加灰浆运送动力。在水平距离较大时，也要

采用增加中继站的方法。为了减少阻力防止运送管道砂浆沉淀而产生堵塞，要求所用砂浆的稠度值不可过小，所以机械喷涂的砂浆易产生裂纹，加之机喷抹灰散射的灰浆和落地灰比较多易污染其他装饰成品，所以在较高级的工程中比较少用，即使采用也要有相应技术措施。

机械抹灰的灰浆是由空压机喷射完成，一般喷射压力要比手工抹灰力量大得多，所以灰浆与基层粘结强度比较高。而且机械喷涂抹灰每生产台班可完成 $1000\sim1500m^2$ 左右，一般采用机械抹灰所需人员大约 30 人左右，人均效率大约为每工 $40\sim50m^2$，所以效率比较高。而且利用灰浆泵运送砂浆，减少了垂直人工运输，减轻了劳动强度。但是机械抹灰不可避免地仍有部分操作人员负担较大的劳动强度，如龙头、大板、大杠等的操作者。而且喷射的灰浆易溅入身上、脸上及眼内，操作时要有相应的劳动保护意识和相应的措施。

## （二）机械抹灰前的准备

机械抹灰需要的人员较多，机器开动后，各个环节要紧密配合，工作比较紧张，而且要求有序，所以施工前要进行充分准备。

### 1. 组织

机械喷涂抹灰的操作人员要有组织地分成若干个工作小组，进行各工序的操作。

喷灰准备组：喷灰准备组在喷涂抹灰前，要在浇水湿润后的基层上进行充筋，充筋多为横筋，最下边横筋应在踢脚或台度上口 5cm 处，以上两筋间隔 2m 为好，并用 1：3 水泥砂浆将门窗口护角底子灰抹好，水泥护角可以在机械喷涂前做出，也可在机械喷涂后进行（抹面层前）。下部台度和踢脚一般要先行做好。准备组在正常下可用 6～8 人，也可在机械抹灰前多用几个人先行多做一些准备。在机械抹灰开始后则可少减人，以解决班组人员较少的矛盾。

后台备料组：后台备料组负责筛砂、搅拌、运料、掌握配合比等工作，可由4～6人完成。

机械组：机械组是负责整体机械的运作，是机械抹灰的中枢，一般由2人承担。

喷灰组：喷灰组是指掌握龙头、大板及木杠的操作人员，以每道工序2人计，共需6人，在操作中由于其疲劳部位不同，可以轮流交换进行工作，这样会使疲劳程度相对下降。

修理组：修理组是在喷灰组的工序完成后，稍待，用木抹子把托刮后的灰浆搓平，一般5～6人担任。

清理组：清理组是对落地灰或喷涂中散布的灰浆进行清理，一般用2人。

罩面组：罩面组是在底子灰完成后，用纸筋灰对底层进行抹面，一般依情况不同可考虑10～15人完成。

### 2. 主要机具

机械抹灰的主要机具有组装车（图13-3）、管道、喷枪及其他工具。其规格数量见表13-2。

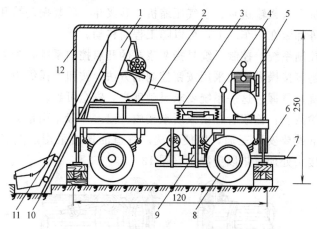

图13-3 组装车示意图

1—砂浆机；2—储浆槽；3—振动筛；4—压力表；5—空气压缩机；6—支腿；

7—牵引架；8—行走轮；9—灰浆泵；10—滑道；11—上料斗；12—防护棚

## 机械喷涂抹灰所需机具设备数量表　　表 13-2

| 序号 | 机具名称 | 主要规格及技术性能 | 数量 | 备　注 |
|---|---|---|---|---|
| 1 | 组装拖车 | 3400mm×2100mm | 1 辆 | 大型汽车或拖车底盘改装 |
| 2 | 砂浆搅拌机 | 200-250-325L,生产率 24m³/台班 | 1 台 | 天津工程机械厂出品 |
| 3 | 灰浆输送泵 | HP-013 型,输浆量 3m³/h | 1 台 | 北京第一通用机械厂或济南冷风机械厂出品 |
| 4 | 空气压缩机 | T-104 型立式双罐单动冷风式,排气量 0.5m³/min | 1 台 | 天津空压机厂或济南冷风机厂出品 |
| 5 | 振动筛 | 电动功率 0.6～1.0kW,筛孔 8mm | 1 台 | 自制 |
| 6 | 底灰金属管道 | 50mm 管径,每根长 3m,10 根 | 30m | 带法兰 |
| 7 | 底灰金属管道 | 50mm 管径,每根长 1m,2 根 | 2m | 带法兰 |
| 8 | 底灰金属管道 | 50mm 管径,每根长 2m,3 根 | 6m | 带法兰 |
| 9 | 底灰金属管道 | 50mm 管径,每根长 2m,4 根 | 8m | 90°弯管带法兰 |
| 10 | 底灰橡胶管道 | 30mm 7 层布,每根长 18m,2 根 | 36m | |
| 11 | 底灰橡胶管道 | 50mm 7 层布,每根长 18m,7 根 | 126m | |
| 12 | 底灰橡胶管道 | 37mm 7 层布,每根长 18m,2 根 | 36m | 1 根备用 |
| 13 | 分岔管 | | 2 个 | 1 个备用 |
| 14 | 连接卡具 | | 20 副 | 铸铁自制 |
| 15 | 橡胶气管 | 6mm 7 层布 | 200m | |
| 16 | 气管分岔管 | | 2 个 | 1 个备用 |
| 17 | 喷枪头 | | 4 个 | 自制 |

组装车：组装车，是用大型汽车底盘改装，组装车是把砂浆搅拌机、灰浆输送泵、空气压缩机、砂浆斗、砂浆振动筛和电气设备等都装在一车之上，可以随工程而移动。

控制系统：控制系统是指灰浆泵的开启控制系统，为了由施工现场直接操纵，而采用按钮控制的方法，按钮的操纵由龙头或助手直接掌握。这一系统要求灵敏度高，安全可靠。

输浆管：输浆管在出泵后至楼内一段，一般采用钢管，在管道最低处要安装三通，以便冲洗。管道的连接采用法兰盘的形式，接头处加皮垫以免漏水（图 13-4）。

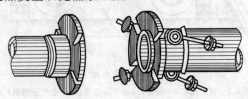

图 13-4　铁管接头

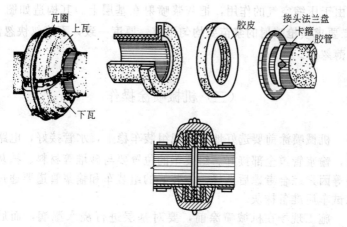

图 13-5　胶管接头

进入楼内的运灰管多采用胶管，胶管的接头采用卡具（图13-5）。输浆管的耐压能力一定要符合要求。在输浆胶管的尽头要接一个分叉管（图13-6），分叉管的两叉可以分接两个 1.2 英寸的胶管，分别接带两个枪头。

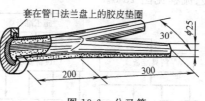

图 13-6　分叉管

喷枪，常称龙头，是机械抹灰的主要工具之一。

砂浆经输浆管运至枪头，使之与空气压缩机打出的压缩空气汇合，

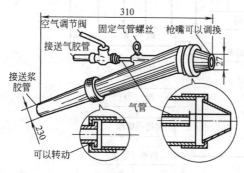

图 13-7　枪头构造示意

283

而由于压缩空气的作用，把灰浆喷射在基层上。其构造如图 13-7。要求喷枪喷射的浆苗要均匀平整，厚度一致，不能忽快忽慢，忽薄忽厚。

### （三）机械喷涂操作

机械喷涂前要选好地点，把组装车稳上，水管接好，电路接通，输浆管道全部接好。组装车的位置要与砂堆等材料、抹灰现场等因素综合考虑后选择。安装好的组装车和输浆管道要通过打水试车后准备抹灰。

施工现场在机械喷涂前，要对基层进行浇水湿润，而后充筋。把门窗口护角做好（底子灰），踢脚、墙裙抹好、压光。在充筋时，墙高在 3.2m 以上的要每步架不少于一道横筋，在 3.2m 以下的一般只抹最下一步架的两道横筋。机械喷涂抹灰的工艺流程见图 13-8。

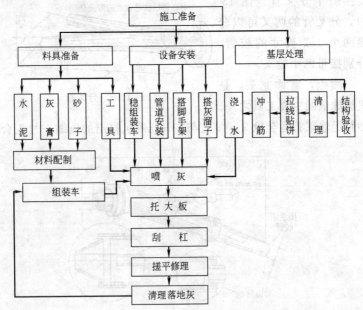

图 13-8 机械喷灰工艺流程图

284

喷涂时，枪手持枪的姿势如图 13-9。两腿叉开，右脚在前半步，身体右侧稍近墙。双手持枪，右手在前握住枪头，左手在后握住胶管，左右方向运枪，由下向上逐步喷射，运枪路线见图 13-10。一般以 1.2～1.5m 宽，两筋间距为高的面积范围为一个喷射段，一段一段从左向右依次喷射。

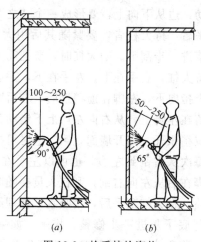

图 13-9　枪手持枪姿势

（a）吸水性大的立墙；（b）吸水性小的立墙

一般 3.2m 高以下的房间，应先喷下一步架，待下一步架刮平、搓平后，依搓平后的墙面为准，再喷抹上边剩余部分的灰浆，然后经托板托平，用大刮依下部抹好的墙为依据，把上部刮平。如果是 3.2m 以上高度的墙体，要从上向下划分喷射施工段，以上边左角第一段开始，从左到右，从上到下逐段喷射，但在每段内仍是从下向上，左右运枪盘旋而上的喷射。喷涂时要调整好压缩空气的气量大小、枪

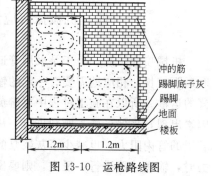

图 13-10　运枪路线图

口与墙面的距离及枪头与墙面的角度，这要根据基层的材料和吸水性大小来决定，具体可参考图 13-9 所示。

在枪头喷射过后，持大杠者要紧随其后，两手分握大板把手，双腿叉开，身体下蹲，从下向上把枪头喷射到墙基的砂浆初步托平。托板向上托平时，不能直线从下向上，而要左右错动运行，边左右错动，边从下向上，要形成一个"之"字形路线。

在大板托平后，持大杠者，要紧随其后用大刮依上下两筋，把托平后的砂浆进一步刮平。刮大杠时，要把筋上的砂浆先刮干净，而后双手持大杠，右手在上，左手在下，手心向左。右手拇指朝上，左手拇指向下，左脚在前稍近墙，右后脚跟稍翘起，脚尖沾地，重心落在左脚上，从右向左，上下错动刮去。第一遍刮时，大杠前棱应稍张开，离开墙面，第二遍时可把大刮放平，上下错动刮平，每次从右刮到左边。也可以左手在上，右手在下，右脚在前，左脚在后从左向右刮，刮杠人员要随时告诉枪手，何处缺灰需要补喷。在大杠刮平后，稍吸水，修理组持木抹子人员用木抹子把砂浆底子灰进一步修整、搓平，如果砂浆吸水比较慢，一定要待砂浆吸水后再搓一遍以免产生裂缝。要搓细、搓平，有少量缺灰之处要及时填补后搓平。在墙面搓平后，清理人员应及时进入房间把喷射灰浆时散射到顶、墙裙、踢脚板、管道、门窗口及地面上的落地灰清理干净，有必要用水刷洗的，要刷洗干净，清理出的砂浆要回收经处理重新使用。

## （四）机械抹灰应注意的事项

机械喷涂抹灰，由于是采用管道作垂直和水平运输，而且有时运距较长，相应地需要有一定的输送压力，才能顺利地完成砂浆的运输。所以在施工过程中要避免一切减少灰浆泵输送压力的因素出现，来保证施工顺利进行。从另一个方面来说，增加输送管线的管内阻力，也减少了灰浆泵的压力，只有输送压力大于阻力时，输送才能进行，反之，则要出现故障。所以在施工中要注意以下几方面问题的出现：

（1）输送泵的球阀在使用中磨损较大，要常进行检查，发现问题及时更换。

（2）运输的管道过长时，要增设中间增继站，补充运送压力。

（3）管道弯头不能太多，而且弯曲半径不能过小，一定不能有死弯。在施工操作中，特别是转换房间的移动过程中，拉胶管时不要把管子弯死。

（4）运送的砂浆和易性要好，不要太粗劣，离析沉淀的速度不能太快，配合比例要掌握准确一致，不能频繁变化，要有专人负责，砂子与石灰膏中不能有大颗粒，要严格过筛，必要时要加塑化剂。

（5）管道的接头要严密，不能渗水，否则易造成砂浆失水而沉淀，产生堵塞事故。

（6）输浆泵在施工中停滞时间不能过长，如果需停滞时间稍长时，也要每隔 4～5min 启动一次输浆泵，以免砂浆在管道内沉淀而造成堵塞。

（7）每次开机，要先用泵打清水，而后打石灰膏，疏通和润滑管道。而后再打砂浆，每天下班停机前也要在打完砂浆后接打石灰膏，用石灰膏把砂浆全部顶出管道外，管内留充石灰膏，以免砂浆沉淀。

另外，在一旦发生堵塞事故时，要首先打开下部三通，降压后关闭，再从枪头开始检查。对于胶管，可在地平上掉打的方法疏通；对于钢管，要用小锤逐段敲打检查，有必要时要逐节拆开，在高架上倒挂倾倒，来清除堵塞物。在排除故障时，非操作人员要远离现场，拆卸管道时，管口和枪口不能对人，以免灰浆喷射伤人。

机械抹灰的操作人员，特别是龙头、大板、大杠的操作人员，必须配戴好劳动保护用品，如眼镜或防护面具、工作服、胶手套、胶靴等。特别是在架上施工，枪手等人员要格外小心，以免管道的作用力使人站立不稳。在架上，大板和大杠操作者要协助枪手握住离枪头 1.5～2m 处的胶管，互相协作，顺利安全、有序地施工。

### 复习思考题

1. 机械喷涂抹灰的工作原理是什么？
2. 机械喷涂抹灰前的准备工作有哪些？
3. 机喷抹灰时对管道有什么要求？
4. 机喷抹灰时对砂浆有什么要求？
5. 机喷抹灰时发生堵塞事故时应怎么办？

# 十四、季节性施工与安全生产

## （一）冬 期 施 工

我国地域宽广，幅员辽阔，四季温差极大，在北方全年最高温差大约为 70℃ 以上，而且负温时间延续近 5 个月之久。抹灰的砂浆在温度的变化下，亦有相当程度的反应，所以冬期施工也是一个技术性的问题。一般在连续 10 天最高温度不超过 5℃，或当天温度不超过 -3℃ 时，应按冬期施工法施工。冬期施工依温度的高低程度和工程对施工的要求，可分为冷做法和热做法。

### 1. 冷做法

冷做法，是通过在砂浆中掺入化学外加剂（如氯化钠、氯化钙、漂白粉、亚硝酸钠），以降低砂浆的冰点，来达到砂浆抗冻的目的。但是所掺加的化学外加剂对结构中的钢筋有腐蚀作用，而又增加砂浆的导电性能，以及在砂浆干燥后化学剂会不断在抹灰层表面析出，使抹灰层上的油漆等粉刷层脱皮，影响美观。所以在一些工程如发电所、变电站及一些要求较高的建筑中不得使用。冷做法施工的砂浆的配合比及化学掺加剂的掺入量，应按设计要求或通过试验室试验后决定。如无设计要求和试验能力，可参考以下方法。

（1）在砂浆中掺入氯化钠时，要依当日气温而定，具体可参考表 14-1。

| 项　　目 | 室外大气温度(℃) | | | | 备　注 |
|---|---|---|---|---|---|
| | $0\sim-3$ | $-4\sim-6$ | $-7\sim-8$ | $-9\sim-14$ | |
| 墙面抹水泥砂浆 | 2 | 4 | 6 | 8 | |
| 挑檐、阳台雨罩抹水泥砂浆 | 3 | 6 | 8 | 10 | |
| 抹水刷石 | 3 | 6 | 8 | 10 | 掺量均以 |
| 抹干粘石 | 3 | 6 | 8 | 10 | 百分率计 |
| 贴面砖、锦砖 | 2 | 4 | 6 | 8 | |

（2）氯化钠的掺入量是按砂浆中总含水量计算而得，因砂子和石灰膏中均有含水量，所以要把石灰膏和砂的含水量计算出来综合考虑。砂子的含水量可依砂的用量多少，通过试验测定出砂子的含水率。砂的含水率可依下式计算：

含水率＝(未烘干砂子质量－烘干后砂子质量)/

未烘干砂子质量$\times100\%$

而再用砂子含水率乘以用量得出含水量。

石灰膏的含水量可依石灰膏的稠度与含水率的关系计算出来。石灰膏的稠度与含水率的关系见表 14-2。

石灰膏稠度与其含水率关系　　　表 14-2

| 石灰膏稠度(cm) | 含水率(%) | 石灰膏稠度(%) | 含水率(%) |
|---|---|---|---|
| 1 | 32 | 8 | 46 |
| 2 | 34 | 9 | 48 |
| 3 | 36 | 10 | 50 |
| 4 | 38 | 11 | 52 |
| 5 | 40 | 12 | 54 |
| 6 | 42 | 13 | 56 |
| 7 | 44 | | |

（3）采用氯化钠作为化学附加剂时，应由专人配制溶液。方法是先在两个大桶中，化 20％浓度的氯化钠溶液；用另外两个大桶放入清水，在搅拌砂浆前，清水桶中放入适量的浓溶液，稀释成所需浓度，测定浓度时可用比重计先测定出溶液的密度，再依密度和浓度的关系及所需浓度兑出所需密度值的溶液。密度与

浓度的关系可参照表 14-3。

密度与浓度关系 表 14-3

| 浓度(%) | 1 | 2 | 3 | 4 | 5 | 6 | 7 | 8 | 9 | 10 | 11 | 12 | 25 |
|---|---|---|---|---|---|---|---|---|---|---|---|---|---|
| 密度 | 1.005 | 1.013 | 1.020 | 1.027 | 1.034 | 1.041 | 1.049 | 1.056 | 1.063 | 1.071 | 1.078 | 1.086 | 1.189 |

（4）砂浆中漂白粉的掺入量要按比例掺入水中，先搅拌至融化后，加盖沉淀 1～2h，澄清后使用。漂白粉掺入量与温度之间关系可参见表 14-4。

氯化砂浆的温度与大气温度关系 表 14-4

| 大气温度(℃) | −10～−12 | −13～−15 | −16～−18 | −19～−21 | −22～−25 |
|---|---|---|---|---|---|
| 每 100kg 水中加入的漂白粉量(kg) | 9 | 12 | 15 | 18 | 21 |
| 氯化钠水溶液密度 | 1.05 | 1.06 | 1.07 | 1.08 | 1.09 |

当大气温度在−10～−25℃之间时，对于急需的工程，可采用氯化钠砂浆进行施工。但氯化钠只可掺加在硅酸盐水泥及矿渣硅酸盐水泥中，不能掺入高铝水泥中，在大气温度低于−26℃时，不得施工。

冷做法施工时，调制砂浆的水要进行加温，但不得超过35℃。砂浆在搅拌时，要先把水泥和砂先行掺合均匀，加氯化水溶液搅拌至均匀，如果采用混合砂浆，石灰膏的用量不能超过水泥质量的一半。砂浆在使用时要具有一定的温度。砂浆的温度可依气温的变化而不同。砂浆的温度可参考表 14-5。

氯化砂浆中漂白粉掺量与温度关系 表 14-5

| 室外温度(℃) | 搅拌后的砂浆温度(℃) | | 室外温度(℃) | 搅拌后的砂浆温度(℃) | |
|---|---|---|---|---|---|
| | 无风天气 | 有风天气 | | 无风天气 | 有风天气 |
| 0～−10 | 10 | 15 | −21～−25 | 20～25 | 30 |
| −11～−20 | 15～20 | 25 | −26 以下时 | 不宜再施工 | 不宜再施工 |

冷做法抹灰时，如果基层表面有霜、雪、冰，要用热氯化钠溶液进行刷洗，基层融化后方可施工。冻结后的砂浆要待砂浆融化后，搅拌均匀后方可使用，拌制的氯化砂浆要随拌随用，不可停放。抹灰完成后，不能浇水养护。

冷做法施工的具体操作，基本与通常抹灰相似。

**2. 热做法**

热做法，是通过各种方法提高环境温度，达到防冻的目的的施工方法。

热做法一般多用于室内抹灰，对于室外一些急需工程，而且工程量也不很大时，可以通过搭设暖棚的方法进行施工。热做法施工时，环境温度要在5℃以上，要把门窗事先封闭好。室内要进行采暖，采暖的方式可通过正式工程的采暖设备。如果无条件，要采用搭火炉的方法，但使用火炉时，要用烟囱，并要有通风措施，以免煤气中毒。所用的材料要进行保温和加热，如淋灰池、砂浆机处都要搭棚保温，砂子要通过蒸汽或在铁盘上炒热及火炕加热。水要通过蒸汽加热或大锅烧水等方法加热。运输砂浆的小车要有保温覆盖的草袋等物。房间的进出口要设有棉布门帘保温。施工用的砂浆，要在正温房间及暖棚中搅拌，砂浆的使用温度应在5℃以上，一般采用水或砂加热的方法来提高砂浆温度。但拌制砂浆的水要低于80℃，以免水泥产生假凝现象。热做法的操作与常温下操作方法相同，但是，抹灰的基层要在5℃以上，否则要对基层提前加温，对于结构采用冻结法施工的砌体，应进行加热解冻后方可施工。在热做法施工过程中，要有专人对室内进行测温，室内的环境温度，以地面以上50cm处为准。

## （二）雨 期 施 工

雨期施工，要对所用材料进行防雨、防潮管理。水泥库房要封闭密闭，顶、墙不能渗水和漏水，库房要设在地势较高的地方。水泥的进料要有计划，一次不能进料过多，要随用随进，运输和存放时不能受潮。

拌和好的砂浆要避雨运输，一般在阴雨时节施工时，砂浆吸水较慢，所以要控制用水量，拌和的砂浆要比晴天拌和的砂浆稠度要稍小一些。砂子的堆放场地也应在较高的地势之处，不能积水，必要时要挖好排水沟。搅拌砂浆时加水量要包括砂子所含的水量。

饰面板、块也要在室内或搭棚存放，如果经长时间雨淋后，在使用时一定要阴干至表面水膜退去后使用，以免造成粘贴滑坠和粘贴不牢而空鼓。

对麻刀等松散材料一定不要受潮，要保持干燥、膨松状态。

抹灰施工时，要先把屋面防水层做完后，再进行室内抹灰，在室外抹灰时，要掌握好当天或近几日气象信息，有计划地进行各部的涂抹。在局部涂抹后，如在未凝固前要降雨时，要进行遮盖防雨，以免被雨水冲刷而破坏抹灰层的平整和强度。在雨期施工时，基层的浇水湿润，要掌握适度，该浇水的要浇水，浇水量要依据具体情况而决定，不该浇水的一定不能浇水，而且对某局部被雨水淋透之处要阴干后才能在其上涂抹砂浆，以免造成滑坠和鼓裂、脱皮等现象。要把整个雨期的施工，做一整体计划，采用相应的若干措施，做到在保证质量的前提下，进行稳步生产。

## （三）安 全 生 产

安全生产是党和国家保护劳动人民的一项重要政策。在施工生产中，每个管理人员和施工人员都必须牢记"安全生产，人人有责"，牢固树立安全第一的意识，积极主动地参加各种安全活动，认真学习国家制定的《建筑安装工程安全技术规程》及五项规定等一系列有关安全生产的文件，提高安全素质，减少施工人员安全事故的发生次数。

施工人员要严格遵守各项安全生产和现场的各项安全生产规章制度。施工人员进入现场必须戴好安全帽，高空作业要系好安全带。高空作业时，工作人员必须要对所使用的架子进行安全检查；架子的立杆下面要铺垫木脚手板或绑有扫地杆以防下沉，平杆与立杆之间的卡扣要拧紧拧牢。小横杆间距不得大于2m，而且不能滑动。脚手板并排铺设不少于三块，不能有探头板。每步架要设有护身栏杆并挂好安全网，下部要设挡脚板，架子必须牢固不得摆动。单排架子要与结构拉结好，双排架子要有斜支撑，为了增加刚度要适当加有剪刀撑。架子上的料具堆放，要分散有序，不能集中堆放，一般每平方米不能超过270kg，使用的工具要放平稳，如大杠、靠尺等较长的工具不能竖立放置，以免坠落伤人。所使用的板材等，一定要码放平稳，防止滑落伤人。运送料具时，要把脚下的路铺平稳，小推车不能装得过满，以免溢出，小推车不能倒拉，而且不能运行太快，转弯时要注意安全，不要碰到堆放的料具和操作人员。施工人员在施工中不能在架子某部集中，以免超荷，造成安全事故。

在零星抹灰时，不要为了省事而利用暖管、片及输水管线条等作为搭设架子的支撑，以免造成安全事故。

在进行机械喷涂抹灰，或砂浆掺合物中含有有毒物的抹灰施工时，要配戴好眼镜、面具、手套、工作服及胶靴等劳动保护用品。

在搅拌灰浆和抹灰的操作中，要注意防止灰浆溅入眼内。在使用机械时，要遵守安全规程，要经集中或单独培训，了解机械的性能和操作方法，持证上岗操作。不该私自开动的机械要严禁使用，使用无齿锯、云石机、打磨机等操作时，面部不能直对机械，使用的机械设备要有防护罩。使用砂浆机和灰浆机搅拌操作时，不要用手或脚在送料口处直接送料。亦不可在机械运转时，用铁锹、灰镐、木棒等拨、刮、通、送料物，在倒料时，要先拉电闸后再用灰镐、铁锹等工具进行扒灰，不可在机械转动中用工具扒灰，以免发生事故。在坡面施工时，操作人员要穿软底鞋，要有防滑措施。在抹灰的操作中特别是在架子上，要防止因卡子滑脱或躲闪他人、工具、小车等而造成的失重坠落；要防止有弹性的工具，由于操作不慎弹出而造成伤人事故。在室外抹灰操作时，严格禁止私自拆除架子上任何部位，及各种防护口位置的安全设施。必须拆除时，要上报工程安全主管人员，在征得同意后，一般由架子工负责拆除。施工人员不得翻跃外架子和乘坐运料专用吊栏。施工中照明的临时用电，应采用安全电压，如果电路上出现故障，要由专人负责检查、维修，无操作证人员严禁私自乱动。

在冬期施工中，室外架子的脚手板要经常打扫，以防霜雪过滑造成失稳而发生事故。在室内要防止煤气中毒和防火等工作，如使用气体作燃料采暖，要有防爆措施。在雨期施工中，要对机械设备做好防护，以免造成漏电事故。在室外施工时，要对架子进行防护和经常检查。如有下沉变形现象，要及时修整。并且在雨期施工中，要做好排水准备和有相应的排水措施，同时要注意防止雷电伤人，要有相应的准备和措施。总之，每个施工和管理人员均应树立安全意识，在安全和进度发生矛盾时，要考虑安全第一。每个操作者都不能违章作业，在发现有不安全隐患时，要向上级或越级汇报，并可依理拒绝施工。

**复习思考题**

1. 冷做法的施工原理是什么？
2. 冷做法施工的大气温度范围是多少？
3. 在室外大气温度为 $-4 \sim -6℃$ 抹水刷石时，在水泥石子中掺入氯化钠应为多少？
4. 热做法施工时要注意什么问题？
5. 热做法施工时对水的加热温度有什么要求，为什么？
6. 雨期施工要注意哪些问题？
7. 安全生产规章对脚手架的要求是什么？
8. 施工人员进入现场应注意哪些事宜？

# 十五、质量检测与评定标准

## (一) 各种抹灰质量标准

### 1. 一般抹灰工程

本部分适用于石灰砂浆、水泥砂浆、水泥混合砂浆、聚合物水泥砂浆和麻刀石灰、纸筋石灰、石膏灰等一般抹灰工程的质量验收。一般抹灰工程分为普通抹灰和高级抹灰，当设计无要求时，按普通抹灰验收。

(1) 主控项目

抹灰前基层表面的尘土、污垢、油渍等应消除干净，并应洒水润湿。

检验方法：检查施工记录。

一般抹灰所用材料的品种和性能应符合设计要求。水泥的凝结时间和安定性复验应合格。砂浆的配合比应符合设计要求。

检验方法：检查产品合格证书、进场验收记录、复验报告和施工记录。

抹灰工程应分层进行。当抹灰总厚度大于或等于35mm时，应采取加强措施。不同材料体交接处表面的抹灰，应采取防止开裂的加强措施，当采用加强网时，加强网与各基体的搭接宽度不应小于100mm。

检验方法：检查隐蔽工程验收记录和施工记录。

抹灰层与基层之间及各抹灰层之间必须粘结牢固，抹灰层应无脱层、面层应无爆灰和裂缝。

检验方法：观察；用小锤轻击检查；检查施工记录。

（2）一般项目

一般抹灰工程的表面质量应符合下列规定：

1）普通抹灰表面应光滑、洁净、接槎平整，分格缝应清晰。

2）高级抹灰表面应光滑、洁净、颜色均匀、无抹纹，分格缝和灰线应清晰美观。

检验方法：观察；手摸检查。

护角、孔洞、槽、盒周围的抹灰表面应整齐、光滑；管道后面的抹灰表面应平整。检验方法：观察。

抹灰层的总厚度应符合设计要求：水泥砂浆不得抹在石灰砂浆层上；罩面石膏灰不得抹在水泥砂浆层上。

检验方法：检查施工记录。

抹灰分格缝的设置应符合设计要求，宽度和深度应均匀，表面应光滑，棱角应整齐。

检验方法：观察；尺量检查。

有排水要求的部位应做滴水线（槽）。滴水线（槽）应整齐顺直，滴水线应内高外低，滴水槽的宽度和深度均不应小于10mm。

检查方法：观察；尺量检查。

一般抹灰工程质量的允许偏差和检验方法应符合表15-1的规定。

**一般抹灰的允许偏差和检验方法**　　　　表15-1

| 项次 | 项　目 | 允许偏差(mm) | | 检　验　方　法 |
|---|---|---|---|---|
| | | 普通抹灰 | 高级抹灰 | |
| 1 | 立面垂直度 | 4 | 3 | 用2m垂直检测尺检查 |
| 2 | 表面平整度 | 4 | 3 | 用2m靠尺和塞尺检查 |
| 3 | 阴阳角方正 | 4 | 3 | 用直角检测尺检查 |
| 4 | 分格条（缝）直线度 | 4 | 3 | 拉5m线，不足5m拉通线，用钢直尺检查 |
| 5 | 墙裙、勒脚上口直线度 | 4 | 3 | 拉5m线，不足5m拉通线，用钢直尺检查 |

注：1. 普通抹灰，本表第3项阴角方正可不检查。

　　2. 顶棚抹灰，本表第2项表面平整度可不检查，但应平顺。

**2. 装饰抹灰工程**

本部分适用于水刷石、斩假石、干粘石、假面砖等装饰抹灰工程的质量验收。

（1）主控项目

抹灰前基层表面的尘土、污垢、油渍等应清除干净，并应洒水润湿。

检验方法：检查施工记录。

装饰抹灰工程所用材料的品种和性能应符合设计要求。水泥的凝结时间和安定性复验应合格。砂浆的配合比应符合设计要求。

检验方法：检查产品合格证书、进场验收记录、复验报告和施工记录。

抹灰工程应分层进行。当抹灰总厚度大于或等于 35mm 时，应采取加强措施。不同材料基体交接处表面的抹灰，应采取防止开裂的加强措施，当采用加强网时，加强网与各基体的搭接宽度不应小于 100mm。

检验方法：检查隐蔽工程验收记录和施工记录。

各抹灰层之间及抹灰层与基体之间必须粘接牢固，抹灰层应无脱层、空鼓和裂缝。

检验方法：观察；用小锤轻击检查；检查施工记录。

（2）一般项目

装饰抹灰工程的表面质量应符合下列规定：

1）刷石表面应石粒清晰、分布均匀、紧密平整、色泽一致，应无掉粒和接茬痕迹。

2）斩假石表面剁纹应均匀顺直、深浅一致，应无漏剁处；阴阳处向横剁并留出宽窄一致的不剁边条，棱角向应损坏。

3）干粘石表面应色泽一致、不露浆、不漏粘，石粒应粘结牢固、分布均匀，阳角处应无明显黑边。

4）假面砖表面应平整、沟纹清晰、留缝整齐、色泽一致，应无掉角、脱皮、起砂等缺陷。

检验方法：观察；手摸检查。

装饰抹灰分格条（缝）的设置应符合设计要求，宽度和深度应均匀，表面应平整光滑，棱角应整齐。

检验方法：观察。

有排水要求的部位应做滴水线（槽）。滴水线（槽）应整齐顺直，滴水线应内高外低，滴水槽的宽度和深度均不应小于 10mm。

检验方法：观察；尺量检查。

装饰抹灰工程质量的允许偏差和检验方法应符合表 15-2 的规定。

装饰抹灰工程质量的允许偏差和检验方法　　　表 15-2

| 项次 | 项　目 | 允许偏差（mm） | | | | 检　验　方　法 |
|---|---|---|---|---|---|---|
| | | 水刷石 | 斩假石 | 干粘石 | 假面砖 | |
| 1 | 立面垂直度 | 5 | 4 | 5 | 5 | 用 2m 垂直检测尺检查 |
| 2 | 表面平整度 | 3 | 3 | 5 | 4 | 用 2m 靠尺和塞尺检查 |
| 3 | 阳角方正 | 3 | 3 | 4 | 4 | 用直角检测尺检查 |
| 4 | 分格条（缝）直线度 | 3 | 3 | 3 | 3 | 拉 5m 线，不足 5m 拉通线，用钢直尺检查 |
| 5 | 墙裙、勒脚上口直线度 | 3 | 3 | — | — | 拉 5m 线，不足 5m 拉通线，用钢直尺检查 |

# （二）质量检查评定方法

## 1. 检测工具

检　测　工　具　　　表 15-3

| 顺序 | 工具名称 | 制作材料 | 用　途 | 简图（单位：mm） |
|---|---|---|---|---|
| 1 | 2m 托线尺及线锤 | 红白松木 | 检查表面凹凸及垂直用 | |
| 2 | 塞尺 | 铝竹或木 | 检查表面凹凸和方正用 | |

| 顺序 | 工具名称 | 制作材料 | 用 途 | 简图(单位:mm) |
|------|---------|---------|-------|---------------|
| 3 | 方尺 | 木或铝制 | 检查角的方正 | |
| 4 | 小锤 | 8号铁丝 | 敲击抹灰层粘结是否牢固 | |

检测质量的工具有 2m 托线板，楔形塞尺，20cm 方尺，10g 小金属锤、小白线（工具见表 15-3）。

### 2. 检查点的选择

对室内平顶和墙面抹灰，抽查不小于 10% 的自然间，每自然间为一个检查单元，每单元检查数量见表 15-4。礼堂、厂房按两轴线为 1 间，抽查不少于 3 间。

**室内抹灰每单元检查数量**　　　　　表 15-4

| 检查项目 | 顶　棚 | | 墙　面 | | | | | | |
|---------|-------|---|-------|---|---|---|---|---|---|
| | 灰线平直 | 梁的阴阳角平直 | 墙面平整 | 墙面垂直 | 阴阳角垂直 | 阴阳角平整 | 阴阳角方正 | 墙裙上口平直 | 分格条平直 |
| 检查点数 | 2 | 2 | 8 | 2 | 2 | 2 | 2 | 2 | 2 |

室外以 4m 左右为一检查层，每 20m 抽查一处，每处 3m，但不少于 3 处。对地面抹灰，按有代表性的自然间抽查 10%，过道按 10m 为一处，每处检查点列入表 15-5。

**地坪检查点数**　　　　　表 15-5

| 检查项目 | 表面平整 | 踢脚上口平直 | 镶条分格平直 |
|---------|---------|------------|------------|
| 检查点数 | 6 | 2 | 3 |

### 3. 检查方法

(1) 对保证项目的检查方法

一般抹灰、装饰抹灰和饰面铺贴项目，用小锤轻敲及观测检查。

地面抹灰项目，依检查试验报告的测定记录。

花饰工程，应依照设计图纸的形状和尺寸采用观测检查。

(2) 对基本项目的检查方法

使用检查工具，实测出具体数据，列入质量检验评定表（表15-6）中，然后依实测结果和允许偏差表中的允许偏差数值，计算出工程合格率。

质量检验评定表 表 15-6

工程名称　　　　　单位：

| 保证项目 | 项目 | | 质 量 情 况 | | | | | | | | | |
|---|---|---|---|---|---|---|---|---|---|---|---|---|
| | 1 | | | | | | | | | | | |
| | 2 | | | | | | | | | | | |
| | 3 | | | | | | | | | | | |

| 基本项目 | 项目 | | 质 量 情 况 | | | | | | | | | 等级 |
|---|---|---|---|---|---|---|---|---|---|---|---|---|
| | 1 | | 1 | 2 | 3 | 4 | 5 | 6 | 7 | 8 | 9 | 10 |  |
| | 2 | | | | | | | | | | | |
| | 3 | | | | | | | | | | | |
| | 4 | | | | | | | | | | | |
| | 5 | | | | | | | | | | | |

| 允许偏差项目 | 项目 | 允许偏差(mm) | 实测值(mm) |
|---|---|---|---|
| | 1 | | 1　2　3　4　5　6　7　8　9　10 |
| | 2 | | |
| | 3 | | |
| | 4 | | |
| | 5 | | |
| | 6 | | |
| | 7 | | |
| | 8 | | |

| 检查结果 | 保证项目 | |
|---|---|---|
| | 基本项目 | 检查　　项,其中优良　　项,优良率　　% |
| | 允许偏差项目 | 实测　　点,其中合格　　点,合格率　　% |

| 评定等级 | 工程负责人：<br>工　　长：<br>班组长： | 核定等级 | 质量检查员 |
|---|---|---|---|

$$合格率 = \frac{偏差值在允许偏差范围内的检查点数}{检查的总点数} \times 100\%$$

经计算，合格率为 80%～90% 时定为合格；合格率 90% 以上为优良；合格率低于 80% 的为不合格。不合格者要进行返修。经返修后达到 80% 合格率者为合格，但经返修后虽合格率达 90% 以上，也只按合格评定。

在专职质检员检查前，施工班组必须对所担负和完成的工程进行自检和互检。自检和互检要有资料，并且与质量检查员的测量结果大致相符。在各项质量检验项目检验后，最后由检查部门汇集资料对整个工程进行评价，定出等级。

## 复习思考题

1. 了解和熟悉各种抹灰的质量标准。

# 附　录

## Ⅰ.每立方米石灰砂浆的材料用量表

| 配合比(体积比) | | 1:1 | 1:2 | 1:2.5 | 1:3 | 1:3.5 |
|---|---|---|---|---|---|---|
| 名　称 | 单位 | | | 数　量 | | |
| 生石灰 | kg | 411.0 | 282.1 | 242.4 | 213.2 | 189.9 |
| 净干砂 | m³ | 0.640 | 0.879 | 0.944 | 0.996 | 1.036 |
| 水 | m³ | 0.455 | 0.382 | 0.364 | 0.341 | 0.358 |

## Ⅱ.每立方米水泥砂浆的材料用量表

| 配合比(体积比) | | 1:1 | 1:2 | 1:2.5 | 1:3 | 1:3.5 | 1:4 |
|---|---|---|---|---|---|---|---|
| 名　称 | 单位 | | | | 数　量 | | |
| 强度等级 42.5 的水泥 | kg | 811.9 | 517.1 | 437.6 | 379.4 | 334.8 | 299.6 |
| 净干砂 | m³ | 0.680 | 0.866 | 0.916 | 0.953 | 0.981 | 1.003 |
| 水 | m³ | 0.359 | 0.349 | 0.347 | 0.345 | 0.344 | 0.343 |

## Ⅲ.每立方米混合砂浆的材料用量表

| 配合比(体积比) | | 1:0.3:3 | 1:0.5:4 | 1:1:2 | 1:1:4 | 1:1:6 | 1:3:9 |
|---|---|---|---|---|---|---|---|
| 名　称 | 单位 | | | | 数　量 | | |
| 强度等级 42.5 的水泥 | kg | 360.7 | 281.6 | 397.4 | 261.2 | 194.5 | 121.0 |
| 生石灰 | kg | 58.1 | 75.7 | 213.6 | 140.4 | 104.50 | 195.03 |
| 净干砂 | m³ | 0.906 | 0.943 | 0.665 | 0.875 | 0.977 | 0.911 |
| 水 | m³ | 0.352 | 0.353 | 0.390 | 0.364 | 0.344 | 0.364 |

## Ⅳ.每立方米水泥石渣浆的材料用量表

| 配合比(体积比) | | 1:1 | 1:1.25 | 1:1.15 | 1:2 | 1:2.5 | 1:3 |
|---|---|---|---|---|---|---|---|
| 名　称 | 单位 | | | | 数　量 | | |
| 强度等级 42.5 的水泥 | kg | 956.3 | 861.6 | 766.9 | 640.3 | 549.4 | 481.2 |
| 黑白石子 | m³ | 1.167 | 1.285 | 1.404 | 1.563 | 1.667 | 1.762 |
| 水 | m³ | 0.279 | 0.267 | 0.255 | 0.240 | 0.229 | 0.221 |

## Ⅴ. 每立方米其他砂浆的材料用量表

| 项目 | | 石灰粘土砂浆<br>(1:1:6) | 素水泥浆 | 麻刀灰浆 | 麻刀混合<br>灰浆 | 纸筋灰浆 |
|---|---|---|---|---|---|---|
| 名　称 | 单位 | 数　　量 | | | | |
| 强度等级 42.5 的水泥 | kg | | 1888.0 | | 60.0 | |
| 生石灰 | kg | 103.5 | | 633.8 | 633.8 | 554.4 |
| 净干砂 | m³ | 0.967 | | | | |
| 黏土 | m³ | 0.160 | | | | |
| 纸浆 | kg | | | | | 152.90 |
| 麻刀 | kg | | | 10.23 | 10.23 | |
| 水 | m³ | 0.222 | 0.393 | 0.695 | 0.695 | 0.608 |

## Ⅵ. 石灰的体积及重量换算参考表

| 石灰成分<br>(块：末) | 在密实状态下<br>每立方米重量(kg) | 每立方米粉化用<br>生石灰数量(kg) | 每立方米生石灰<br>粉化后的体积(m³) | 每立方米灰膏用生<br>石灰数(kg) |
|---|---|---|---|---|
| 10：0 | 1470 | 335.4 | 2.814 | — |
| 9：1 | 1453 | 369.6 | 2.706 | — |
| 8：2 | 1439 | 382.7 | 2.613 | 571 |
| 7：3 | 1426 | 399.2 | 2.505 | 602 |
| 6：4 | 1412 | 417.3 | 2.396 | 636 |
| 5：5 | 1395 | 434.0 | 2.304 | 674 |
| 4：6 | 1379 | 455.6 | 2.195 | 716 |
| 3：7 | 1367 | 475.5 | 2.103 | 736 |
| 2：8 | 1354 | 501.5 | 1.994 | 820 |
| 1：9 | 1335 | 526.0 | 1.902 | — |
| 0：10 | 1320 | 557.7 | 1.739 | — |

# 参 考 文 献

1　严征涛编著. 建筑工程概论. 武汉：武汉工业大学出版社，1989
2　薄遵彦主编. 建筑材料. 北京：中国环境出版社，2002
3　梁玉成编. 建筑识图. 北京：中国环境出版社，1995

# 参 考 文 献